悠扬的

素数

[英] 马库斯·杜·索托伊———— 著
（Marcus du Sautoy）

柏华元———— 译

二百年数学绝唱黎曼假设

THE MUSIC OF THE PRIMES
SEARCHING TO SOLVE THE GREATEST MYSTERY IN MATHEMATICS

U0202821

人民邮电出版社
北京

图书在版编目（CIP）数据

悠扬的素数：二百年数学绝唱黎曼假设 / （英）马库斯·杜·索托伊（Marcus du Sautoy）著；柏华元　译. -- 北京：人民邮电出版社，2019.9
（图灵新知）
ISBN 978-7-115-51607-7

Ⅰ. ①悠… Ⅱ. ①马… ②柏… Ⅲ. ①黎曼猜测—普及读物 Ⅳ. ①O156-49

中国版本图书馆CIP数据核字（2019）第139075号

内 容 提 要

　　黎曼假设，即素数的未解谜题，被视为数学研究的“珠峰”，吸引了一代代数学家投身于数论研究中，其中不乏数学史上大名鼎鼎的人物。而破解这一谜题过程中的发现，已经给电子商务、量子力学和计算机科学等领域带来了举足轻重的影响。本书作者以生动细腻的笔触，将素数的故事娓娓道来。阅读本书不仅能像聆听音乐那样，无须具备数学专业背景即可领略数学之美，而且还能近距离体会数学家的心路历程，以及他们之间竞争与合作的复杂关系，从而对数学家这一群体有更深刻的了解。

　　本书适合任何对数学感兴趣的读者阅读。

◆ 著　　　　[英]马库斯·杜·索托伊
　　译　　　　柏华元
　　责任编辑　温　雪
　　责任印制　周昇亮

◆ 人民邮电出版社出版发行　　北京市丰台区成寿寺路 11 号
　　邮编　100164　　电子邮件　315@ptpress.com.cn
　　网址　https://www.ptpress.com.cn
　　固安县铭成印刷有限公司印刷

◆ 开本：880×1230　1/32
　　印张：11　　　　　　　　　　　2019 年 9 月第 1 版
　　字数：284 千字　　　　　　　　2025 年 1 月河北第 12 次印刷
　　著作权合同登记号　图字：01-2017-1464 号

定价：59.00 元
读者服务热线：(010) 84084456-6009　印装质量热线：(010) 81055316
反盗版热线：(010) 81055315
广告经营许可证：京东市监广登字 20170147 号

纪念

约纳森·杜·索托伊

2000 年 10 月 21 日

对本书的赞誉

入围《经济学人》《泰晤士报》《卫报》和《泰晤士报文学增刊》年度好书

"杜·索托伊将素数发现的全部历程娓娓道来，其间穿插着种种轶事，令人欲罢不能，愿潜心了解其中涉及的关键数学知识。"

——《乡村之声》杂志

"这部精彩的作品就像一首纯粹的诗歌。杜·索托伊对数学的满腔热情流露在字里行间。他赞美智慧，因其照亮了宇宙中最神秘的角落。"

——西蒙·温彻斯特，
英国著名作家、记者，加拿大皇家地理学会会士

"我被杜·索托伊的这本书深深吸引住了。我不懂数学，但是这本书写得很好，故事精彩，细节生动有趣，即使是我也能看懂绝大部分。"

——玛格丽特·德拉布尔，《卫报》

"这本书真的很有吸引力。杜·索托伊将数学知识讲述得通俗流畅，亦将数学大家的形象刻画得鲜明生动。"

——《出版人周刊》

"从数学家持续关注的素数问题入手，杜·索托伊创作出了这样一部引人入胜、令人津津乐道的作品。无论你是否了解数学，你都能够享受这本书带来的阅读盛宴。"

——基斯·德夫林，
斯坦福大学人文科学技术高级研究所联合创始人、执行主席

"杜·索托伊给我们带来了一部迷人而易读的数学史，讲述了数学家对素数和黎曼假设所做的不懈努力。他的慧眼同样审视了现代应用。"

——《经济学人》

"杜·索托伊展示了如何用计算机来发现素数，并揭示了这些细节在电子商务中的应用。他对现代工作的真知灼见引领我们进入当前素数应用的前沿领域，这是以前我们所无法企及的。"

——《洛杉矶时报书评》

"本书见解深刻、逻辑清晰，讲述了一个个扣人心弦的故事。我们能从中读到人类最深刻的悲欢离合的情感，并了解数学家之间的竞争与合作。这本书令人爱不释手。"

——乔治·斯坦纳，《泰晤士报文学增刊》

"这部作品精彩绝伦，情节百转千回。杜·索托伊试图让我们理解数学家在攀登数学珠峰的过程中所付出的艰苦努力。"

——《基督教科学箴言报》

"本书是关于数论的一部佳作。杜·索托伊写得引人入胜，讲述了世界上一群聪明绝顶的数学家如何在混沌中上下求索，以聆听素数的'乐章'的励志故事。"

——《每日电讯报》

"本书能够带领我们探索数学史上的一个未解之谜，并让我们了解素数和 ζ 函数对于解开这一谜题的非同寻常的意义。"

——阿米尔·奥采尔，数学科普作家，2004 年古根海姆奖获得者

"杜·索托伊讲出来的故事是那么地娓娓动听。他用通俗的文字向我们清晰地展示了数论的发展过程。这是一部不可不读的数学科普佳作。"

——《科克斯书评》

目　录

第1章

谁想成为百万富翁

"这个数列是什么呢？我们可以心算一下。…, 59, 61, 67, …, 71, …, 这些不就是素数吗？"控制室里响起了一阵兴奋的窃窃私语声。埃莉的内心一时间泛起阵阵涟漪，但脸色很快便归于平静，生怕因忘乎所以而当场失态，或者显得不够专业。

——卡尔·萨根,《接触》

    1900年8月的某个早晨，空气潮湿闷热。在巴黎大学的一个拥挤的大厅里，第二届国际数学家大会正如火如荼地进行着。来自哥廷根大学的大卫·希尔伯特教授正在台上发表演讲。他是当时公认的最伟大的数学家之一，其演讲内容大胆、新奇。他要讨论的不是那些已被证明的问题，而是一些尚未解决的问题。这与人们长久以来所接受的传统观念背道而驰。当他阐释关于数学未来的观点时，听众甚至能听出他声音中的忐忑不安。"我们当中有谁不想揭开未来的面纱，探索当今科学的下一步发展历程，以及在未来几百年的发展前景和奥秘呢？"为了迎接新世纪的到来，希尔伯特给观众列出了23道难题。他相信这些问题将为20世纪的人们在数学探索之路上指明方向。

    随后的几十年间，人们见证了其中的多个问题得以解决，而发现问题答案的那群人组成了一个著名的数学家团队，即"荣誉团体"。这个团体中包括库尔特·哥德尔、昂利·庞加莱，以及其他许多用思想改变数学格局的人们。不过还有一个问题，也就是希尔伯特的第八问题，似乎将会安好地度过这个世纪而无人折桂，这就是黎曼假设。

在希尔伯特所设置的这些难题中，第八问题在他心中的地位非同一般。有一个德国神话和腓特烈一世有关，这位备受爱戴的德国国王死于第三次十字军东征时期。有传闻称他依然活着，只是安睡于屈夫霍伊泽山脉，当德国人需要他的时候便会醒来。据说有人问过希尔伯特："如果你能像腓特烈一世一样复活，那么 500 年后，你想要做什么？"他答道："我会问'有没有人证明了黎曼假设'。"

在 20 世纪结束之际 ①，面对希尔伯特难题中的顶尖挑战，大多数数学家还是束手无策。然而，这可能不仅是本世纪无法解决的问题，很可能即使 500 年后希尔伯特从沉睡中醒来，这个问题也不会有答案。他那场探索未知领域的革命性演讲，在 20 世纪的第一次国际数学家大会上掀起了轩然大波。然而，对于那些打算参加 20 世纪的最后一次会议的数学家来说，还有一个惊喜等待着他们。

1997 年 4 月 7 日，数学家们的计算机屏幕上闪过一则不同寻常的新闻。国际数学家大会的官方网站宣布，在明年将于柏林召开的会议上，大会将公布一个重磅消息：黎曼假设终于被证明了！黎曼假设是整个数学领域的核心问题。阅读邮件的数学家们一想到即将揭开这一伟大数学奥秘的神秘面纱，内心就激动不已。

这一消息来自恩里科·邦别里教授。没有人比德高望重的他更适合发布这个消息了。邦别里教授是黎曼假设的守护者之一，就职于著名的普林斯顿高等研究院，爱因斯坦和哥德尔也曾在这里工作过。他说话时轻声细语，但是数学家们总会仔细聆听他要讲的每一个字。

邦别里教授在意大利长大，家境优越，家族的葡萄酒庄培养了他高

---

① 本书英文版首次出版于 2004 年。——编者注

雅的生活品味。他被同事亲切地称为"数学贵族"。年轻时，他通常开着漂亮的跑车前往欧洲的会议现场，在会场上留下潇洒的身影。对于自己曾经 6 次去意大利参加 24 小时拉力赛的传言，他也欣然接受。他在数学上的成就有目共睹，在 20 世纪 70 年代当之无愧地收到了普林斯顿大学的邀请，此后一直在那里任教。他将自己对赛车的热情转移到了绘画上，尤其是肖像画。

数学能够吸引邦别里的原因在于，它是一门创造性的艺术。尤其是黎曼假设这种难题，激发了他挑战的欲望。15 岁那年第一次读到黎曼假设后，他便沉溺其中不可自拔。身为经济学家的父亲有一个书库，收藏有大量的数学书。当浏览数学书时，他就被数字的性质吸引住了。他发现，黎曼假设是数论中最深刻且最根本的问题。父亲承诺，如果能解决这个问题就为他买一辆法拉利，这令他热情大增。在他父亲看来，这是使他悬崖勒马的一种无奈之举。

正如邦别里在邮件中所说的，他不再有机会赢得法拉利了。他在邮件开头写道："上周三，阿兰·孔涅在普林斯顿高等研究院的讲座中提到，他对黎曼假设的研究取得了突破。"几年前，阿兰·孔涅将注意力转向了证明黎曼假设上，整个数学界为此欢欣鼓舞。孔涅是该学科的变革者之一。若邦别里是数学界的路易十六，那么孔涅就是罗伯斯庇尔①。他魅力非凡，那火一般的风格与稳重呆板的数学家形象相去甚远。他能说服人们相信他的世界观，其演说也引人入胜。他的追随者都对他充满了崇拜之情。他们都乐于加入孔涅的数学阵营，来捍卫他们心中的英雄，并抵御来自那些仍坚守传统立场的顽固派的反攻。

孔涅供职于巴黎高等科学研究所，相当于法国的普林斯顿高等研究院。他自 1979 年到那里之后，就创立了一种用于解析几何的新语言。

① 法国大革命时期最知名、最具影响力的政治家之一，坚决主张处死路易十六。

——译者注

他不怕该学科会变得极端抽象化。即使是那些平日里同高度概念化方法打交道的数学家，他们中的大多数也都拒绝接受孔涅提出的数学抽象化这一变革。然而，正如他向那些对这一理论持怀疑态度的人们所展示的那样，他所创立的新几何语言却为量子物理在现实世界寻得蛛丝马迹打开了大门。如果这引起了数学界的恐慌，那就顺其自然吧。

孔涅大胆断言，他的新几何语言不但能揭开量子物理世界的面纱，还能解释黎曼假设——这个关于数字的最大奥秘。这令人们感到意外和震惊。他无惧打破常规，挣脱枷锁，敢于冒险，直捣数论核心，直面数学上最晦涩难懂的问题。自 20 世纪 90 年代中期孔涅进入该领域后，坊间曾一度流传，如果有人能攻克这个众所周知的难题，那一定非他莫属。

但是发现这一复杂拼图最后一块的那个人，似乎并不是孔涅。邦别里接着讲到，观众中一位年轻的物理学家"灵光一现"，发现利用他提出的"超对称费米–玻色系统"可以破解黎曼假设之谜。数学家对这个时髦的混合名词知之甚少，不过邦别里解释说，这描述了"在对应接近绝对零度时的物理世界，带有相反自旋的任意子和糊涂子① 组合而成的系统"。这听起来依旧晦涩难懂，但是这毕竟是用于解决数学史上最难的问题的答案，就算再难也在人们的意料之中。据邦别里所说，经过六天夜以继日的工作，并借助一种叫作 MISPAR 的新计算机语言，年轻的物理学家最终攻破了数学界的顶尖难题。

邦别里在邮件结尾处写道："哇！请给他最高的赞誉吧！"黎曼假设最终由一位年轻的物理学家来证明，这完全出乎人们的意料。但是这一天的到来并没有给人们带来太大惊喜。过去的几十年里，人们已经发现，许多数学问题其实与物理问题有着千丝万缕的联系。人们已经隐约觉得，作为数论的核心问题，黎曼假设也许或多或少地涉及粒子物理的问题，可能是以一种人们意想不到的方式。

---

① 这是邦别里自己造的两个词，为了表现粒子物理学的晦涩艰深。——译者注

数学家们于是纷纷改变自己的旅行计划，飞往普林斯顿来见证这一伟大时刻。1993 年 6 月，英国数学家安德鲁·怀尔斯在剑桥大学演讲时，宣布证明了费马大定理。这一消息公布后，全场沸腾。那令人激动万分的一幕，当时在场的人们仍记忆犹新。怀尔斯证明了费马是对的：方程 $x^n+y^n=z^n$ 在 $n>2$ 时无解。当怀尔斯结束演讲放下粉笔的那一刻，在场的人们沸腾了。他们兴奋地开启香槟酒，庆祝这一时刻。记者们也纷纷拿起照相机，开始拍个不停。

然而，数学家们知道，相比于知道费马方程无解，证明黎曼假设才真正关乎数学界的未来。正如邦别里在 15 岁那年发现的，证明黎曼假设旨在理解数学中最基本的对象——素数。

素数正是算术中的原子。素数就是不可分割的数字，无法写成两个较小数字的乘积。数字 13 和 17 都是素数，不过 15 就不是，因为它能够写成 3 和 5 的乘积。素数如同散落在整个广袤无垠宇宙中的珠宝，是能让数学家不惜花上几个世纪来探索的数字。对数学家而言，2, 3, 5, 7, 11, 13, 17, 19, 23, …，这些永恒的数字似乎披上了神秘的外衣，它们独立于我们的物理世界而存在。它们是大自然赐予数学家的礼物。

素数对数学的重要性在于其构造所有其他数字的魔力。每个合数（非素数）都可以由几个素数相乘得出。这就如同在物理世界中，每个分子都可以由化学元素周期表中的原子构成，素数列表就是数学家心中的元素周期表。素数 2、3、5 是数学家在实验室里的氢、氦、锂。掌握这些素数，数学家就能在错综复杂的数学探索之路上披荆斩棘、上下求索，开拓出一片新天地。

尽管素数简单而基础，但还是成为了让数学家孜孜不倦研究的一个最为神秘的课题。素数给这个旨在发现规律和规则的学科带来了空前的挑战。浏览一组素数，你会发现，根本不可能预测下一个素数何时出现。素数数列看起来无序而随机，对预测下一个素数也没有提供什么线索。素数数列是数学的心跳，但它是被强大的咖啡因鸡尾酒所激发起来的脉搏跳动（见下图）。

2 3 5 7　11 13　17 19　23　　29 31　　37　41 43　47　　53　59 61　　67　71 73　　79　83　89　　97

小于 100 的素数：数学的无规律心电图

你能否找到一个创建数列的公式，它有个神奇的法则，能告诉你第100 个素数是什么？从古至今，这个问题便一直困扰着数学家们，成为其挥之不去的噩梦。尽管两千多年过去了，素数似乎还是对那些妄图将它们直接归入公式的人们嗤之以鼻。一代代数学家们聆听着素数的鼓点，一开始他们听到两下敲击，接着是三下、五下、七下。随着鼓点继续敲击，节拍越来越没有内在逻辑，使人不得不相信这就是一片随机的白噪声。追求规律性一直是数学这门学科的重中之重，而数学家在素数这里只能听到一片混乱嘈杂之声。

自然选择素数的方式似乎毫无规律可循。数学家们则接受不了这一事实。如果缺乏数学规律，缺乏简洁之美，那就不值得研究了。白噪声从来就无法让人心旷神怡。法国数学家昂利·庞加莱在书中这样写道："科学家并不是因为自然有用才去研究它的，而是因为他们乐于研究这个。驱使他们研究的乐趣，就是自然之美。如果自然缺少了美感，那就不值得研究；如果自然不值得研究，那么人间或许也不值得来一趟。"

人们或许希望，素数的脉搏在起初的混乱之后可以逐渐平稳下来。然而事与愿违，随着计数的增加，事情似乎变得越来越糟糕。下面分别来看看从 10 000 000−100 到 10 000 000 的数，以及从 10 000 001 到 10 000 000+100 的数里面的素数。首先是从 10 000 000−100 到 10 000 000 的数：

9 999 901, 9 999 907, 9 999 929, 9 999 931, 9 999 937, 9 999 943, 9 999 971, 9 999 973, 9 999 991

从 10 000 001 到 10 000 000+100 的数中，素数却屈指可数：

10 000 019, 10 000 079

很难想象什么样的公式能生出这种规律的数字来。实际上，相比于有序的数列规律，素数的队列更像是一种对数字的无序继承。如同知道前 99 次抛硬币的结果，还是无法让你得到第 100 次的结果一样，素数也是不可预测的。

在数学界，素数被披上了一层最神秘莫测的外衣。其一，一个数只有两种情况，要么是素数，要么不是素数。抛掷硬币也无法决定一个数字能否被更小的数字整除。其二，没有人否认素数序列看起来就像一个随机选择的数列。物理学家已经认同了这一观点：量子的毁灭决定宇宙的命运，每次投掷随机选择科学家所能找到的物质。数学上这么重要的数字，难道是由大自然掷骰子决定的？但如果接受这个事实，那就会让数学界陷入尴尬的境地。随机和无序简直是对数学家的诅咒。

素数尽管具有随机性，但相比其他任何数学文化遗产，它们更具持久性和普遍性。无论我们有没有找到更高效的方法来辨识它们，素数就在那里。来自剑桥大学的数学家 G.H. 哈代在其著作《一个数学家的辩白》中写道："317 是素数，不是因为我们认为如此，或者我们的感知方式是如此，而是因为**它本就如此**，因为数学世界就是如此构建的。"

一些哲学家或许会反驳柏拉图的世界观，即相信有一个超越人类的绝对而永恒的世界存在。但是在我看来，那正是使他们成为哲学家而非数学家的原因之所在。邦别里在邮件中特别提到的数学家阿兰·孔涅和神经生物学家让－皮埃尔·尚热，在 *Conversations on Mind, Matter and Mathematics* 一书中有一段火药味十足的精彩对话。数学家认为数学存在于意识之外，而神经学家果断地驳斥了这种观点："我们为什么在空中看不到用金字书写的 '$\pi=3.141\,6$'，或者在水晶球倒影处出现的 '6.02×10^{23}' 呢？"孔涅则坚称："独立于人类意识之外，存在着一个原生而永恒的数学世界。"在那个世界的中心，则存在着一组不变的素数。

这给尚热一种深深的挫败感。孔涅还断言："数学无疑是唯一的通用语言。"人们可以幻想在另一个世界有不同的化学物质和生物。但是，不论在哪个星系，素数还是素数，始终如一。

在卡尔·萨根的经典小说《接触》中，外星人通过素数和地球上的生命沟通。该书主角埃莉·阿洛维在搜寻地外文明研究所任职，负责监听宇宙中的细微声音。一天夜里，当射电望远镜对准织女星的波段时，他们忽然在背景噪声中捕获了一段奇怪的脉冲信号。埃莉马上从射频信号中识别出了这个节奏。2 次脉冲之后是一个暂停，之后是 3 次、5 次、7 次、11 次，一直到 907 次，全部都是素数。之后又重新开始。

这种宇宙之鼓演奏的乐章，是地球不能听而不闻的。埃莉坚信，只有智慧生命才能创造出这种节奏。"无法想象一些辐射的等离子体，会发送像这样有规律的数字信号。使用素数正是为了引起我们的注意。"她这样说道。外星文明发来的是过去十年间彩票中奖的数字吗？埃莉无法从背景噪声中分辨出来。即使这一素数列表看起来像一串随机的彩票中奖号码，但因其普遍性和恒常性，外星人在广播中选取了这些数字。也正是这一结构特征，让埃莉意识到，这很可能是智慧生物发出的信号。

使用素数交流并非科幻小说的专利。奥立弗·萨克斯在其著作《错把妻子当帽子》中记录了一个真实的故事。26 岁的双胞胎兄弟约翰和迈克尔，通过交换 6 位素数进行深度沟通。第一次发现他们在房间的角落里秘密交换数字时，萨克斯这样写道："乍一看，他们就像两个品酒专家，品尝、赞美各自珍藏的美酒。"一开始，萨克斯不懂这对双胞胎要干什么。但是破解了他们使用的密码后，他就记下一些 8 位素数，以便能出其不意地加入兄弟俩的下次谈话。当兄弟俩发现还有其他素数后，先是大吃一惊，接着陷入深思，尔后便欣喜若狂。当萨克斯还在借助素数表查找素数时，这对双胞胎便开始生成素数了，但究竟是怎么做到的，那就确实是个不可思议的未解之谜了。是不是这些自闭症天才拥有一些世代数学家缺失的奇妙公式呢？

这对双胞胎的故事是邦别里的最爱。

听到这个故事时，我不得不惊讶于且敬畏于他们快速运转的大脑。但令我好奇的是，我的那些非数学家的朋友们，是否也会做出同样的反应？他们是否知道，双胞胎兄弟拥有的这种独特天赋，是多么令人匪夷所思啊？他们是否知道，数学家们殚精竭虑花了数个世纪，就是为了找到这样一种生成和检验素数的方法，而这种能力却是约翰和迈克尔与生俱来的？

在所有人都困惑于这对双胞胎兄弟是如何做到这些时，他们的医生在他们 37 岁时将二人分开，理由是这对双胞胎沟通所使用的神秘密码会阻碍其发展。如果这几位医生听到过大学数学系普通教室里的神秘对话，可能也会要求他们停止讨论吧。

双胞胎兄弟很可能借助了基于费马小定理的方法来检验一个数是否为素数。这种测试方法类似于他们的另一个经常在电视节目中表演的技能：迅速判断出 1922 年 4 月 13 日是星期四。这两种方法都要执行时钟计算或者模运算这样的操作。即使他们没有一套关于素数的神奇公式，其能力也着实超乎常人。双胞胎被医生分开前已经检验到了 28 位素数，远远超出了萨克斯的素数表的上限值。

数个世纪以来，正如萨根书中的主人公监听宇宙中的素数鼓点，以及萨克斯偷听双胞胎交流素数一样，数学家们竭力从素数的噪声中寻找规律。然而，他们的工作和目标总是南辕北辙，一切似乎都无济于事。后来，素数研究终于在 19 世纪中叶取得了一项重大突破。伯恩哈德·黎曼开始用一种全新的视角看待这个问题。从新的角度出发，他逐渐掌握了素数出现无序时所对应的某种规律。隐藏在素数表面的噪声之下的却是一种和谐之音，它不易察觉，却又出人意料。尽管向前迈进了一大步，新乐章之神秘却始终超出我们听力之所及。黎曼，这个数学界的瓦格纳①，是又一位勇士。他对自己所发现的这一神秘乐章进行了大胆的猜想。这一猜想也就是后来为人所熟知的"黎曼假设"。无论谁来证明黎曼关于这一神秘乐章本质所做的假设，都需要解释为何素数具有显而易见的随机性。

黎曼之所以能做出这一假设，得益于他凝视素数所用的数学观察镜。踏入镜面世界的同时，爱丽丝进入了一个上下颠倒的世界。与之相比，在黎曼观察镜之外的奇异数学世界，如同所有数学家所期望的那样，无序的素数似乎变得有规律可循。他猜测，无论人们凝视到的观察镜之外的无垠世界有多远，都存在这一规律。他对镜子另一边所做的内在和谐的预测，就能解释为什么素数表面看起来是如此无序。这一变化来自黎曼的镜像世界，在那里混沌变为有序，这是个最令数学家们叹为观止的世界。黎曼留给数学界的难题，就是证明他凭直觉所感的规律客观存在。

正如邦别里在1997年4月7日的邮件里所写的那样，这预示着一个新时代的到来。黎曼察觉到的东西并非海市蜃楼。这位数学界的贵族，给数学家带来了期待已久的万能钥匙，有望解开素数为何无序之谜。借助这一伟大难题的解决，数学家迫切希望能揭开他们所知的所有其他数学问题的面纱。

黎曼假设的证明将事关许多其他数学问题的解决。对于数学家来说，素数是如此重要，以至于任何在理解其本质方面所取得的突破，都会产生举足轻重的影响。黎曼假设似乎是一个难以回避的问题。当数学

---

① 德国作曲家，以其歌剧闻名。理查德·瓦格纳不同于其他的歌剧作者，他不但作曲，还自己编写歌剧剧本。他是德国歌剧史上一位举足轻重的人物。前面承接莫扎特、贝多芬的歌剧传统，后面开启了后浪漫主义歌剧作曲潮流，理查德·施特劳斯紧随其后。——译者注

家沿着自己的数学方向前进时，似乎所有的路径都不可避免地指向了同一处恢弘的景观，即黎曼假设。

许多人将解决黎曼假设比喻成攀登珠穆朗玛峰。无人攀登的时间越长，我们就越想征服它。最终攀登黎曼假设之峰的数学家，将会比埃德蒙·希拉里 ① 被人铭记的时间还要久。人们对于征服珠峰的赞美，不在于峰顶的景色是如何令人叹为观止，而在于克服登顶过程中所遇到的种种挑战。从这个角度来看，证明黎曼假设和征服世界上最高的山峰意义有别。黎曼之峰是我们都想登顶的，因为我们都知道登顶之后展现在我们面前的风景。许多数学家都曾一厢情愿地认为黎曼假设成立，并据此提出了成千上万个定理。而证明黎曼假设的人将有望成功填补这些定理所存在的缺陷。

如此之多的结果依赖于黎曼难题，这也是数学家们称之为"假设"而非"猜想"的原因之所在。"假设"这个词有更深刻的内涵，是数学家用于构建理论的必要设想。相反，"猜想"仅仅代表着对数学家所认为的世界运转规律的一种预测。许多人不得不接受自己无法攻克黎曼谜题这一事实，并只是将他的预测作为一种可用性假设。如果有人可以将这一假设变为定理，那么所有那些还未被证明的结果都将得以验证。

为黎曼假设所吸引的数学家们，希望有一天能够通过证明黎曼假设为真而声名远播。一些人并不仅仅将其作为一种可用性假设，他们看得更远。邦别里坚信，素数会如黎曼假设所预测的那样有规律可循。这成为了人们追求数学真理的精神支柱。长久以来，人们都是凭直觉发现事物的运转规律。然而，如果黎曼假设被证伪，那么将彻底摧毁我们这种信念。我们对黎曼假设的正确性如此深信不疑，以至于要想扭转这一观点的话，需要彻底改变我们的数学世界观。而那些基于黎曼假设为真所

---

① 新西兰登山家和探险家，是最早成功攀登珠穆朗玛峰峰顶的人之一。——译者注

生成的定理都将灰飞烟灭。

最重要的是，证明黎曼假设意味着数学家能够通过有力的依据，快速确认 100 位素数，或者其他他们想要选择的任意位素数。你可能会理直气壮地反问："这与我何干？"除非你是个数学家，否则黎曼假设证明与否，似乎对你的生活不会产生太大影响。

发现上百位的素数，这听起来就像数针尖上跳舞的天使有多少个一样无关紧要。尽管多数人认为数学的意义在于设计飞机或者发展电子技术，但是很少有人能够想到，探索素数的深奥世界会给他们的生活带来多大影响。的确，即使到了 20 世纪 40 年代，哈代也持相同观点："世间存在一种叫作数论的不食人间烟火的科学理论，高斯和少数数学家或许会为此兴奋不已吧。"

但是，一个新的转折点出现了。素数终于登上了残酷的商业世界的舞台中心。素数不再仅仅是数学界的明星。在 20 世纪 70 年代，三位科学家——罗纳德·L. 李维斯特、阿迪·萨莫尔和伦纳德·阿德曼——将素数的探索从象牙塔中单纯的科研游戏，推广到了重要的商业应用领域。通过研究皮埃尔·德·费马在 17 世纪提出的定理，这三位科学家发现一种方法，让人们在全世界的电商网站上购物时，可以利用素数来保护信用卡号码的安全。这个概念首次问世于 20 世纪 70 年代，当时谁都没想到电子商务会变得像今天一样大受欢迎。如今若不借助素数的力量，网络交易就无法进行。每当你在网上提交一份订单时，计算机就利用一些上百位的素数来提供安全保障。这种技术称作 RSA，得名于这三位发明者名字的首字母。到目前为止，已经有超过百万个素数被用于保护电子商务交易。

每一笔网络交易都依赖于一些上百位的素数来保障交易安全进行。互联网的广泛应用，最终将导致我们每个人都会有一个独一无二的素数身份。忽然间，证明黎曼假设有了商业价值，因其可能会有助于了解素数在数字宇宙中的分布情况。

RSA 的神奇之处在于，尽管**构建**密码依赖于费马 300 多年前关于素数的发现，但要想**破译**密码却有赖于一个我们尚未解决的问题。RSA 的安全性建立在我们对素数的基本问题的无能为力之上。数学家对素数只知其一，于是构建了那些网络密码；他们却不知其二，以至于不能破解那些密码。对这个方程，我们只知其一，不知其二。我们对素数了解得越多，那些网络密码就越不安全。这些密码就是开启网络世界电子锁的钥匙。这就是 AT&T 公司和惠普公司之类的企业会不惜耗巨资用于解密素数和黎曼假设的原因。一旦有所发现，对破解这些素数密码将大有裨益。所有出现在互联网上的公司也都希望第一个知道自己的密码是什么时候变得不安全的。这也就解释了数论和商业为何会同床异梦。商业圈和安全机构正密切关注着数学家的一举一动。

因此，对邦别里的消息感兴趣的不止是数学家。如果黎曼假设被证明，那么会导致在线交易的崩溃吗？美国国家安全局也派人到普林斯顿大学寻找答案。但是当数学家和安全局的人奔赴新泽西时，一些人在邦别里的邮件中嗅到些许可疑的气息。基本粒子被赋予了一些夸张的名字，如胶子、级联超子、粲介子、夸克，最后一个名字来自詹姆斯·乔伊斯的小说《芬尼根的守灵夜》。但"糊涂子"呢？显然不是！邦别里在探索黎曼假设的奥秘之路上有着不可替代的地位，但是那些了解他的人也懂得这是种黑色幽默。

费马大定理在一个愚人节玩笑中落幕，此前安德鲁·怀尔斯在剑桥大学首次证明该定理时出现了漏洞。邦别里的邮件再一次在数学界掀起轩然大波。由于想要见证费马大定理被证明时的伟大时刻，数学家们接过了邦别里抛来的橄榄枝。他们争相转发邮件。随着邮件的快速传播，他们忘记了还有愚人节这档子事儿了。加上这封邮件在许多不知愚人节为何物的国家传阅，使得这个恶作剧比邦别里预想得还要成功。他最终不得不出面承认这封邮件只是个愚人节玩笑。随着 21 世纪的到来，对数学界这种最基本的数字，我们仍然所知甚少。只有素数笑到了最后。

为什么数学家们会这么轻信邦别里呢？他们并不会轻易放弃自己的成果。之前，数学家需要通过严格的测试，方可宣布其成果得到证明，测试之充分远超其他学科。当怀尔斯发现自己第一次完成的费马大定理证明存在一个漏洞时，就意识到，完成 99% 的拼图是不够的，拼出最后一块的人才是赢家，才会为人所铭记。而最后一块，通常隐藏数年才会为人所识。

对素数的探秘已持续了两千多年。对灵丹妙药的渴望，使数学家毫无防备地跳入了邦别里的圈套。多年来，许多人一提起这个难题，就望而却步。但随着 20 世纪渐近尾声，越来越多的数学家摩拳擦掌，谈论着如何攻克这个令人瞩目的问题。费马大定理的证明已经表明，重大难题也可以被攻克。这给满怀期待的人们吃下了一颗定心丸。

怀尔斯对费马大定理的证明，使数学家受到人们的空前关注。这给了他们一种身为数学家的荣誉感，而这种荣誉感无疑使他们更愿意相信邦别里。安德鲁·怀尔斯还被 Gap 公司邀请担任休闲裤的代言人。这听上去真不错，数学家也可以有魅力四射的时刻。数学家们绝大多数时间都置身于一个世界——一个能给他们带来兴奋之情与满足之感的世界。然而，他们却鲜有机会将这种喜悦分享给这一世界之外的其他人。这是一个机会，一个向他人展示自己在孤独而漫长的征程中，上下求索所取得的成果的好机会。

对黎曼假设的证明在 20 世纪进入数学界的高潮期。希尔伯特直接向全世界的数学家发起挑战，希望破解这一难题，由此揭开了这个世纪的序幕。在希尔伯特所列出的 23 道难题中，只有黎曼假设仍然是新世纪的未解之谜。

2000 年 5 月 24 日，为了纪念希尔伯特 23 问题提出 100 周年，数学家和出版界人士在法兰西公学院汇聚一堂，聆听七个新难题的宣布，以挑战新千年的数学界。这些难题出自世界上最优秀的一小群数学家，包括安德鲁·怀尔斯和阿兰·孔涅。七大问题中除了希尔伯特列出的黎曼假设之外都是新问题。这些难题都附带诱人的丰厚奖励，以迎合 21 世纪衍生的价值观。黎曼假设和其他六个难题的奖金，定为每道题 100 万美元。如果精神赞誉不够的话，物质奖励也足以刺激到邦别里虚构的年轻物理学家们。

千禧年难题的主意是由波士顿的一个名叫兰顿·T. 克雷的商人提出的，他以在行情看涨的股票市场交易公共基金来谋利。从哈佛大学数学专业辍学的他，对这一学科的热情不减。他还想将这种热情分享给更多人。他意识到，金钱对数学家来说可能并没有什么激励作用："正是对真理的追求，对数学之美，对数学之力量以及对数学之优雅的回应，激励着数学家们。"但是克雷也不简单，作为一个商人，他知道如何用百万美元激励另一个安德鲁·怀尔斯加入到解答这旷世难题的竞争中来。的确，克雷数学研究所的网站在发布千禧年难题后的第二天，因访问量过大而崩溃了。

这七个千禧年难题，本质上和 20 世纪的 23 个难题大不相同。希尔伯特为 20 世纪的数学家安排好了新的日程表。许多难题都是刚刚起步，甚至意味着会颠覆许多人对该学科的认识。希尔伯特所列的 23 个难题并没有像费马大定理一样，引导数学家关注单一的方向，而是激励他们从更概念化的层面来思索问题。他也没有捡拾数学胜景中的单块石头，而是为数学家们提供了俯瞰整个学科的视角，并激励他们从宏观角度考虑数学。这种新的方式很大程度上归功于黎曼，早在 50 年前他就开始思索数学变革，将其从一门由公式和方程构成的学科，变成一门遍布概念和抽象理论的学科。

新千年的七个难题，其选择标准更加保守。它们是数学难题艺术展中的透纳① 作品。希尔伯特的问题则是现代派和前卫派合作的产物。新问题较为保守的部分原因在于，希望解决者给出的答案能够得以充分证明，从而获得百万美元奖金。千禧年难题几十年来都为数学家们所熟知，黎曼假设更是历时百年。这些问题都很经典。

克雷的 700 万美元并非首次为解决数学问题而发放的奖金。1997 年，怀尔斯就因证明了费马大定理而摘取了保罗·沃尔夫斯凯尔在 1908 年设立的奖项，获得 75 000 马克。怀尔斯早在 10 岁时就对沃尔夫斯凯尔奖的故事有了深刻的印象。克雷相信，如果他也对黎曼假设如法炮制的话，那么这 100 万美元就会有所回报。近期，英国的费伯出版社和美国的布鲁姆斯伯里出版社为证明哥德巴赫猜想的人提供百万美元的奖金，借此宣传新书——阿波斯托洛斯·佐克西亚季斯的小说《遇见哥德巴赫猜想》。为了得到这笔钱，你得弄清楚，为什么每个大于 2 的偶数都可以写成两个素数的和。然而，出版社并不会给你过多时间来破解此难题。只有在 2002 年 3 月 15 日前提供的答案才算数。这两家出版社还很莫名其妙地规定，仅限美英两国居民参加此次活动。

克雷认为，数学家们很少因为自己的工作而受到奖赏和认可。例如，令人向往和追求的诺贝尔奖没有设立数学奖，取而代之的是菲尔兹奖，被视作数学界的至高荣誉。诺贝尔奖倾向于授予那些在各自的领域做出长期贡献的科学家们，而菲尔兹奖的评选仅限于 40 岁以下的数学家。这并非是受固有观念——数学家容易江郎才尽——的影响。约翰·菲尔兹，菲尔兹奖的创立者和奖金提供者，希望借此奖项激励那些最富潜力的数学家去取得更伟大的成就。该奖项每四年在国际数学家大会上颁发一次。第一届菲尔兹奖是于 1936 年在奥斯陆颁发的。

---

① 19 世纪上半叶英国学院派画家的代表，以善于描绘光与空气的微妙关系而闻名于世，尤其对水汽弥漫的掌握有独到之处。他在艺术史上的特殊贡献是把风景画与历史画、肖像画摆到了同等地位。他是西方艺术史上于最杰出的风景画家之一。——编者注

年龄是一道严格的门槛。尽管安德鲁·怀尔斯在证明费马大定理上取得了突出成就，但是菲尔兹奖委员会还是无法在 1998 年于柏林举办的国际数学家大会上授予他这一奖项。这是自他最后的证明被接受以来首次有机会被认可，可惜他生于 1953 年。他们铸造了一个特别的奖牌，以纪念怀尔斯为此所做的贡献，但是这和菲尔兹奖获得者这一卓越称号无法相提并论。获奖者囊括了我们这场戏的许多重要角色：恩里科·邦别里、阿兰·孔涅、阿特勒·塞尔伯格、保罗·科恩、亚历山大·格罗腾迪克、艾伦·贝克、皮埃尔·德利涅。这些人几乎摘取了五分之一的奖项。

但数学家并非是为了金钱而追逐这些奖项的。与诺贝尔奖提供的巨额奖金相比，菲尔兹奖提供的奖金不过 15 000 加元。因此，克雷颁发的百万美元奖金足以和诺贝尔奖相匹敌。相比于菲尔兹奖，以及费伯出版社与布鲁姆斯伯里出版社颁发的哥德巴赫猜想百万美元大奖，赢得这笔奖金不受年龄和国籍限制，也没有解题时间限制，唯一变化的只有汇率。

然而，促使数学家们破解千禧年难题的最大动力不是巨额奖金，而是数学带给人的那种不朽而令人神往的力量。攻克一个千禧年难题，你就能获得 100 万美元。但是，相比于把你的名字镌刻进探索智慧与文明的历史长河中，这根本不值一提。黎曼假设、费马大定理、哥德巴赫猜想、希尔伯特空间、拉马努金 τ 方程、欧几里得算法、哈代 – 李特尔伍德圆法、傅里叶级数、哥德尔数、西格尔零点、塞尔伯格轨迹公式、埃拉托斯特尼筛法、梅森素数、欧拉积、高斯积分等发现，使那些在探索素数之路上做出了不朽贡献的数学家名垂千古。即使我们有朝一日或许会忘记埃斯库罗斯[①]、歌德和莎士比亚这样的名字，那些名字依旧永垂不朽。正如哈代所言："语言会消亡，而数学思想却不朽。'不朽'或许听起来虚无缥缈，但或许数学家最有发言权来解释该词的意义。"

---

① 古希腊悲剧作家。——编者注

那些在探索素数这一伟大征程中做出长久而不懈努力的数学家们，不仅仅是数学里程碑上所铭记的那些名字。素数的故事是一个个鲜活的人物的真实经历。法国大革命的历史人物和拿破仑的朋友们，纷纷向现代的魔术师和网络公司让步。来自印度的职员，兢兢业业执行任务的法国间谍，还有逃离第二次世界大战（简称二战）战火的匈牙利裔犹太人，这三个人的命运都因探索素数的奥秘而交织在一起。所有这些人致力于提出独特观点的目的，就是希望自己的名字能留存在数学的历史长河中。素数让世界各地的数学家们走到了一起，中国、法国、希腊、美国、挪威、澳大利亚、俄罗斯、印度和德国等国都诞生过杰出的数学家。他们都会在每四年举办一次的国际数学家大会上讲述自己的探索故事。

留名青史并非激励数学家的唯一动力。就像希尔伯特敢于探索未知一样，黎曼假设的证明也将开启一段新旅程。当怀尔斯在宣布克雷奖的媒体发布会上做演讲时，他强调问题的解决并不等于为此画上了句号：

有一个崭新的数学世界等待着我们去发现。想象一下 1600 年的欧洲人，他们知道大西洋的对岸是一片新世界。对于那些曾在建设美国的过程中做出贡献的人们，应该给他们颁发什么奖项呢？不是飞机发明奖，不是计算机发明奖，不是芝加哥城市建设奖，也不是小麦收割机发明奖。虽然上述这些事物已成为美国人生活的一部分，但这些都是 1600 年的欧洲人所无法想象的。他们应该为解决经度问题的人颁发一个奖项。

黎曼假设就是数学界的"经度问题"。黎曼假设的解答能为人们探索数字海洋中的神秘水域提供线索。它也仅仅是我们探索自然之数字的一个开始。如果我们仅仅揭开的是如何寻找素数的秘密，那么前方是否又有更多秘密等着我们去发现呢？

第 2 章
算术的原子

当事情变得过于复杂时，有必要停下来想一想："我提出的问题正确吗？"

——恩里克·邦别里，

Prime Territory，发表于 *The Sciences* 期刊

一个振奋人心的消息从意大利巴勒莫的朱塞佩·皮亚齐那里传来。这比邦别里用那个愚人节玩笑捉弄数学界早了两个世纪。根据观测，皮亚齐发现了一颗介于火星和木星之间的、围绕太阳运转的行星。该星被命名为谷神星，它比已知的七大行星小得多，但是发现它的日子，也就是 1801 年 1 月 1 日，被一致认为开启了一个伟大的科学新时代。

几周之后，这颗小行星运行到太阳的另一面。它微弱的光亮在太阳的强光下无迹可寻。当它慢慢消失在人们的视野中时，人们之前所有的兴奋瞬间化为泡影。它已消失在夜空中，人们无法将它同其他的星星区分开来。在 19 世纪，天文学家缺少基本的数学工具，无法从前几周观测到的轨迹数据来计算其完整的运行轨迹。他们似乎弄丢了这颗行星，无法预测它下次会出现在何处。

然而，在皮亚齐发现的行星消失了一年之后，一位来自德国布伦瑞克的 24 岁年轻人宣称，他有办法让天文学家重新找到那颗消失的行星。天文学家别无他法，只得将天文望远镜对准这位年轻人所指的夜空中的

那个区域。简直不可思议，它果真在那儿！这种史无前例的天文预测，简直就像占星家的魔法一样神秘莫测。其他人只能观测到一颗神出鬼没的小行星，一旦消失就难觅其踪；一位数学家却计算出了谷神星的运行轨道。这位奇才就是卡尔·弗里德里希·高斯。他利用极少的行星轨迹观测数据，并结合一种他最新研究出的方法，来估算谷神星未来某天会在何处出现。

发现谷神星的轨迹，使高斯在科学界一夜成名。在 19 世纪早期，随着科学的迅猛发展，数学日益展现出强大的预测能力。高斯所取得的成就充分印证了这一点。天文学家偶然发现一颗行星，却要靠数学家运用分析能力，来预测未来将要发生什么。

尽管在天文学界高斯还是个陌生的名字，但他在数学界已是一名新秀。他成功地预测了谷神星的运行轨迹。但是最让他魂牵梦萦的还是发现数字世界的运行规律。对高斯而言，宇宙中的数字带来了无尽的挑战：要从其他人眼中的混沌中找到数字存在的结构性和规律性。"神童"和"数学天才"的头衔传来传去，却极少有数学家能与高斯比肩。25 岁之前，他的新想法以及新发现的数量之多，超乎人们的想象。

1777 年，高斯出生于德国布伦瑞克的一个农民家庭。3 岁时，他就能纠正父亲算术中的错误了。19 岁那年，他发现了使用尺规绘制一个规整的正十七边形的方法。这件事注定他将把一生献给数学。在高斯之前，希腊人也曾展示过如何用尺规作图绘制正五边形，但从来没有人能够做到用简单的工具来绘制其他边数为素数的正多边形。发现绘制正十七边形的方法后，高斯难掩兴奋之情。这也促使他开始做数学笔记，在接下来的 18 年里，他一直保持这个习惯。这份笔记由他的家人保管至1898 年。它成为了数学发展史中最重要的文件之一，不仅仅是因为里面有许多高斯已经证明但没有发布的结果，更重要的是，其中有些想法，其他数学家直到下个世纪才重新证明出来。

少年高斯做出的一个最伟大的贡献就是发明了时钟计算器。这是一种构想而非实物，可以使用之前难以处理的数字来做运算。时钟计算器的工作原理和传统时钟类似。假设现在时针指向 9 点，再过 4 个小时，时针会指向 1 点。因此，高斯使用时钟计算器来计算的话，答案是 1 而不是 13。如果高斯想要进行更复杂的运算，如 7×7，那么时钟计算器将会得到 49（即 7×7 的结果）除以 12 的余数。结果同样指向 1 点。

高斯也萌生了这样的想法——利用时钟计算器来做 7×7×7 这种幂运算。这时，计算器的力量和速度就凸显出来了。高斯并不是简单地用 49 再乘以 7，而是用上一次的结果（也就是 1）乘以 7。这样一来，就无须计算 7×7×7 的结果（结果是 343），还可以事半功倍，同时得到被 12 除的余数 7。高斯开始探索超出自身计算能力的大数。这时，时钟计算器开始真正派上用场了。虽然对于 7^{99} 他还是束手无策，但是使用时钟计算器能够给出这个数被 12 除的余数 7。

高斯注意到，表盘上除了 12 个小时的刻度外没什么特别的东西。他引入了用时钟进行运算的理念，用到的就是表盘上显示时间的刻度，有时也被称作模运算。举个例子，如果你将 11 输入时钟计算器，用 4 去除它，得到的结果就是 3（点），因为 11 被 4 除余 3。高斯创立的这种算术分支理念，为 19 世纪的数学带来了一场革命。正如显微镜为人们打开了新世界的大门，开发时钟计算器为数学家解锁长久以来隐藏在数字世界的新规律提供了一把金钥匙。时至今日，高斯的时钟算法在网络安全方面仍有着举足轻重的地位，其中采用的时钟计算器，表盘刻度比可观测宇宙中所有的原子数还要多。

幸运的是，高斯这个穷人家的孩子，并没有因为家庭条件不好而埋没他的数学天赋。在他出生的那个时代，数学研究大多需要贵族阶层提供资助，或者像费马那样利用业余时间从事。高斯的赞助人是布伦瑞克公爵，卡尔·威廉·斐迪南。斐迪南的家族一直以来都支持自己爵位领地的文化和经济发展。事实上，他的父亲创立了卡罗琳学院（今布伦瑞克工业大学的前身），德国最早的理工大学之一。他的父亲坚信，教育是布伦瑞克商业繁荣的基础。斐迪南继承了父亲的这一理念，他一直在苦苦寻找值得资助的那个天才。1791 年，费迪南第一次见到高斯，就对他的才华留下了深刻的印象，决定资助他在卡罗琳学院完成学业，以开发他真正的潜能。

1801 年，高斯的第一本书问世，以示对公爵的敬谢。此书名为《算术研究》，汇集了高斯发现的许多算术知识，这些之前都记录在他的日记中。学术界普遍认为，该书标志着数论作为一门学科而存在，而不仅仅是一本有关数字理论发现的合集。此书的出版使数论这门学科加冕为"数学王国的女王"（高斯喜欢的称呼）。对高斯而言，素数是数学王冠上的宝石，一代又一代的数学家为之神往而又为其所伤。

人类探索素数最早的证据可能是来自公元前 6500 年[①] 的一块骨头。这块骨头叫作伊尚戈骨（Ishango bone），是于 1960 年在靠近赤道的非洲中部山区发现的。骨头上刻着 3 排线纹，包含 4 组刻痕。在其中一排上，我们发现了 11、13、17、19 条刻痕，这是 10～20 的素数。其他的刻痕似乎是自然数。这块陈列在比利时皇家国家科学院的骨头，究竟是我们的祖先对理解素数特性的初步尝试，还是随机选取了一些碰巧是素数的数字，我们尚不得而知。然而，这块古老的骨头，或许见证了人类对素数理论的初步探究，这使它越发引人遐想。

一些人认为，古代中国文明是最早辨识出素数特征的文明体系之一。古代中国人将偶数赋予女性气质，而将奇数赋予男性气质。[②] 除了这种直接的划分之外，他们还将那些非素数的奇数——比如 15——看作具有女性气质的数字。有证据显示，在公元前 1000 年之前，他们就已

---

① 后来，遗迹经重新考察，现在普遍的观点是它有两万多年的历史。——译者注

② 此处应指《周易·系辞下》中所说的"阳卦奇，阴卦偶"。——编者注

经总结出了一套相当实用的方法，来理解素数有别于其他数字的独特之处。假设你有 15 个豆子，你可以排列出一个整齐的 3 行 5 列的矩形。不过，当你有 17 个豆子时，你就只能排列出一个 1 行 17 列的矩形。对中国人来说，素数是具有阳刚之气的数字，它们坚决不肯被分解成两个更小数字的乘积。

　　古希腊人同样给数字赋予性别气质。他们还在公元前 4 世纪就率先发现，素数是构成所有数字的基础。每个数字都可以写成几个素数的乘积。尽管他们错误地将火、空气、水和土壤看作构成万物的基本元素，但在识别算术的构成元素时，他们的见解是正确的。几个世纪以来，化学家们致力于确定构成万物的基本元素。古希腊人的直觉最终体现在德米特里·门捷列夫的元素周期表中，表中完整地罗列出了各种化学元素。古希腊人已在发现算术的基本构成元素上遥遥领先，而如今的数学家仍对如何构建素数表一筹莫展。

　　一名来自伟大的古希腊文明研究所（也就是亚历山大图书馆）的图书管理员，是已知的完成素数表的第一人。就像数学界的门捷列夫一样，埃拉托斯特尼在公元前 3 世纪发现了一种简便的方法，用于在数列中寻找素数，比如 1～1000 的整数。他先把 1～1000 的所有数字都写下来，之后找到第一个素数 2，再把数列中每两个数字的第 2 个数字划去，因为那些数字都能被 2 整除，所以不是素数。然后他在剩下的数字中找到第一个数字，也就是数字 3。于是他把数列中每 3 个数字中的第 3 个数字划去。道理同上，它们都可以被 3 整除，当然也不是素数。只需要重复这一过程，选择列表中尚未划去的下一个数字，然后划去所有能被新素数整除的数字，就可以得到一张素数表。这种方法后来被称作**埃拉托斯特尼筛法**。每个新素数会产生一个"筛子"，埃拉托斯特尼用它来清除数列中的非素数。筛子的网孔在每个阶段都有变化，算到 1000 之后，他就可以保证留下的数字都是素数。

高斯小时候收到了一份礼物———本包含前几千个素数的书，这些素数可能是利用古老的筛法构造的。对高斯而言，这些数字的变化毫无规律可循。预测谷神星的椭圆轨迹已经颇有难度，而分析土卫七（土星的卫星之一，形状像汉堡包）这类星体的旋转轨迹几乎是不可能的任务。探索素数所带来的挑战类似后者。与地球的卫星月球相比，土卫七的引力远远没有那么稳定，旋转也无规律可言。尽管土卫七的旋转和一些小行星的运行轨道都毫无规律可循，但至少我们知道，这是由太阳和行星的引力决定的。但素数为何以这种方式排列，人们对此一无所知。高斯凝视着素数表，他发现其中毫无规律可循。难道数学家们要承认，素数是自然的神奇造物，如同夜空中星星的排布一样，既没有规律，也无从解释？对此，高斯是无法接受的。数学家生存的主要动力就是寻找规律，发现和解释自然之本质，并预测未来的发展。

2.1 寻找规律

我们上学时都曾做过的一道数学题体现了数学家对素数的探索。这道题是这样的：给你一个数列，请你预测下一个数字。下面有三个数列：

1，3，6，10，15，…

1，1，2，3，5，8，13，…

1，2，3，5，7，11，15，22，30，…

面对这样的列表，无数问题闪现在数学家的脑海中。这些数字背后的规律是什么？怎样才能预测下一个数字？有没有办法总结一个公式，可以不用运算前面 99 个数字，就能直接得到第 100 个数？

上述第一组数列由所谓的**三角形数**构成。序列中的第 10 个数字，就是构成一个由 10 行豆子组成的三角形所需的豆子个数，这个三角形的第一行有 1 个豆子，最后一行有 10 个豆子。因此，只需要将一开

始的 N 个数字相加，即可得到第 N 个三角形数，用公式表示为 $1+2+3+\cdots+N$。如果你想知道第 100 个三角形数，一种劳心费力的方法就是把 1~100 的数相加。

实际上，高斯的老师就特别喜欢出这种问题。他知道学生们计算这个问题会花费大量时间，于是他就能趁机打个盹儿。每个学生解出该题后，就把答题卡交给老师。当其他同学开始卖力计算的时候，10 岁的高斯只用了几秒的时间，就把答题卡交上去了。老师十分生气，认为高斯在故意捣乱。但是当他查看高斯的答题卡时，看到上面赫然写着答案：5050。高斯并没有写出计算步骤。老师觉得，高斯一定是用了什么办法来作弊。但是高斯解释道，需要做的只不过是把 $N=100$ 代入公式 $1/2\times(N+1)\times N$ 中，无须计算数列中的其他数即可得到结果。

相比于正面解决问题，高斯是从侧面出发的。他认为，在一个由 100 行豆子组成的三角形中计算豆子总数，最好是取另一个类似的三角形，将其倒置在第一个三角形上面。至此，高斯得到了一个由 101 行组成、每行包含 100 个豆子的矩形。这样一来，就能轻而易举地计算出该矩形中豆子的总数了，即 $101\times100=10\,100$。那么一个三角形就只有一半的豆子数目，即 $1/2\times101\times100=5050$。100 在这里无关紧要，用 N 来代替就能得到一个通用的公式，即 $1/2\times(N+1)\times N$。

高斯有自己的计算思路，他并没有直接求解老师提出来的问题。横向思维，也就是研究问题的新视角，是数学研究中的一个至关重要的主题，也是像年轻的高斯那样思考的人能够成为伟大数学家的原因。

第二个数列，即 1，1，2，3，5，8，13，…，由**斐波那契数列**构成。这一数列背后的规律就是，每一个数都是它前两个数的和，例如 $13=5+8$。斐波那契是 13 世纪的一位来自意大利比萨的宫廷数学家。他是从兔子繁殖的规律中发现这个数列的。他原本希望通过宣扬阿拉伯数学家的发现来带领欧洲数学走出"黑暗时代"，然而却失败了。相反，他所研究的兔子使他在数学界名垂青史。他建立的兔子繁殖模型预测了每个新季节的兔子数量增长模式。这一模式基于两大法则：每对成熟的兔子会在每个季节产下一对新兔子；每对新的兔子会历时一季进入繁殖期。

这些数字并不只是兔子这一物种的专利。斐波那契数列在自然界随处可见。例如，花瓣的数目，冷杉球果的螺纹数，以及贝类的生长花纹。

那么，有没有一种像高斯计算三角形数一样，能快速得到第 100 个斐波那契数的公式呢？同样，乍一看我们似乎也得把前 99 个数字两两相加，因为每一个数都是它前两个数的和。是否有这样一个公式，只需要把 100 这个数代入，就能得到结果了呢？这就相当困难了，尽管我们可以简化生成数字的法则。

生成斐波那契数的公式基于一个特别的数字，它被称为**黄金比**，即 1.618 03…。和 π 一样，黄金比也是个无限不循环小数，每一位小数并无规律可言。但是它浓缩了几个世纪以来，千百万人视如珍宝的完美比例的精华。如果你仔细研究卢浮宫或者泰特美术馆的油画，你就会发现，那些艺术大师通常会选择长宽比为 1.618 03… 的画框。实验发现，人的身高和肚脐到地面的高度的比值同样符合黄金比。黄金比在自然界是一种难以解释的流行比例。尽管小数部分的扩展混乱无章，但这个数字依然是生成斐波那契数的关键。第 N 个斐波那契数可以通过关于黄金比的 N 次幂的公式来得出。

暂且搁下第三个数列，1, 2, 3, 5, 7, 11, 15, 22, 30, …，稍后再回来挑战一下。斯里尼瓦瑟·拉马努金因发现了这个数列的性质而在数学界树立了很高的声望。他是 20 世纪最著名的数学家之一，有着异乎寻常的能力，可以在其他数学家一无所获的数学领域发现新规律和新公式。

人们从自然界发现的还不止是斐波那契数列。动物王国也深谙素数之妙。有两种蝉，十七年蝉（Magicicada septendecim）和十三年蝉

（Magicicada tredecim），因其固定的生命周期而得名。它们精确的生命
周期，分别是 17 年和 13 年。它们孵化出来后就一直生活在地下，以树
根里的汁液为食。到了它们生命的最后一年，它们就会由幼虫变为若
虫，然后大批地钻出地表。这一事件非同凡响，因为每隔 17 年，十七
年蝉便会在一夜之间霸占整座森林。它们高声鸣叫，交配，觅食，产
卵，然后在 6 周之后死亡。在接下来的 17 年间，这片森林又恢复安宁。
但是，为什么这些物种都选择了一个素数作为其生命周期的长度呢？

　　这里有几种不同的解释。由于这两个物种都将其生命周期进化为素
数，它们很少会在同一年大批涌现。事实上，它们每隔 $221 = 17 \times 13$ 年，
才有一次机会共享森林。试想一下，假如它们选择两个非素数，比如 18
和 12，作为其生命周期的长度。在相同的时间段内，它们会同时出现 6
次，也就是每隔 36 年、72 年、108 年、144 年、180 年以及 216 年。这
些数字是以 18 和 12 为因数的合数。由此可见，以 13 和 17 这两个素数
作为生命周期的长度，可以避免两种蝉类之间的过度竞争。

　　另一种可能性就是，有一种和蝉几乎同时出现的真菌。这种真菌对
蝉而言是致命的，因此蝉对其生命周期进行调整，以避开真菌。蝉通过
将其生命周期调整为 17 或 13，使得二者同时出现时，真菌出现的概率
更小。对蝉而言，素数不仅仅是一些稀奇古怪的抽象数字，更是关乎其
生死的密码。

　　蝉的进化或许能揭示素数的奥秘，但是数学家希望能以一种更系统
化的方式来发现素数。在所有的数字难题中，数学家孜孜以求的，正是
获得素数的神秘公式。不过，在试图发现数学界无处不在的公式与规则
时，请务必谨慎。纵观历史，许多人在发现数字 π 的小数位规律之路上
一无所获，茫然不知所措。π 是数学中最重要的数字之一，激发了一代
代人探索的热情。在卡尔·萨根的小说《接触》的开头部分，外星生物
利用素数来吸引埃莉·阿洛维的注意。书中无限的信息深藏于 π 的小数

延续中，一时间各种 0 和 1 涌现出来，其中的规律意味着"早在宇宙诞生之前，就有智慧存在"。达伦·阿罗诺夫斯基的电影《π》也反映了这种流行的文化现象。

数学家已经证明，所有的数字都有可能出现在无限不循环小数中。这是一个警告，针对的是那些沉迷于探索诸如 π 之类的无限不循环小数中隐藏的信息而不能自拔的数学家们。因此，如果你探索时间足够长的话，也许会发现 π 其实包含了《创世记》的计算机代码。人们也得找到发现规律的正确视角。π 的重要性不在于其无限不循环的小数所包含的奥秘，而在于能让我们换一个新视角来思考问题。素数也是如此。依托素数表和横向思维，高斯能够以正确的视角来探索素数，发现隐藏在无序表象背后的规律。

2.2 证明：数学家的见闻

发现数学世界的规律和法则，这只是数学家日常工作的一部分。他们的另一部分工作则是**证明**这些规律的存在。证明这一概念的提出，也许标志着数学真正开始应用演绎法这门艺术，而不用仅仅依靠数字命理学（numerology）的发现了。这个转折点意义重大，数学界的"炼金术"终于让位于"化学"了。古希腊人率先理解了这一点：无论你需要计算多少数字，或者要检验多少实例，某些事实为真都是可以被证明的。

数学的创新历程往往始于猜想。猜想通常又源于数学家的直觉，而这一直觉是他们长久以来在探索数学世界的过程中形成的。他们能够感知到探索之路充满坎坷、遍布荆棘。有时候，简单的数学实验就能揭示一个人们猜测可能会一直存在的规律。比如，17 世纪的数学家发现了一种用来测试数字 N 是否为素数的方法：先计算 2 的 N 次幂，再将其除以 N，如果余数为 2，那么这个数就是素数。他们觉得这种方法应该是正确的。借助高斯的时钟计算器，数学家尝试在时钟上用 N 小时刻度来计算 2^N 的值。那么难点就在于证明这个猜测是否正确了。这些数学上的猜想或预测，专业名词叫作"猜想"（conjecture）或者"假设"（hypothesis）。

数学上的猜想只有被证明后才能称作"定理"。正是有了这么一个从"猜想"或"假设"到"定理"的过程，数学才能逐渐发展成一门成熟的学科。费马给数学界留下了大量的预测。后来的几代数学家们，也因证明费马的预测而留名青史。诚然，费马大定理总是被称作定理而非猜想。但这种情况很少见，它被称为"定理"有可能是因为费马在丢番图的《算术》一书的空白处写了几行字，大意是他已经有了一个非同凡响的证明，可惜证明过程过长，此处写不下。费马从未在其他任何地方记录过他所设想的证明，而这段关于页边距过小而写不下的言论，也成为了数学史上最大的谜团之一。直到安德鲁·怀尔斯提出论据，证明了为何费马提出的方程无整数解之前，人们都认为这只是费马的胡思乱想罢了。

高斯上学时的经历，正是猜想通过证明蜕变为定理的过程的缩影。高斯创建了一个公式，可以生成任何你想要的三角形数。但他如何保证这一公式放之四海而皆准呢？他的确无法通过测试列表中的每个数来检测公式是否能给出正确答案，因为这个列表无限长。相反，他借助了数学证明这一有力的武器。将两个三角形拼成一个矩形，无须进行无限次的验算，就能保证公式始终成立。相比较之下，17 世纪基于 2^N 的素数验证方法，早在 1819 年就退出数学界的舞台了。该测试方法对所有小于 340 的自然数都有效，但当测试到 340 时，会得出 341 是个素数。这正是测试出错的地方，因为 $341 = 11 \times 31$。这一错误直到高斯设计出钟面刻度为 341 小时的时钟计算器才被发现。时钟计算器用于简化计算诸如 2^{341}（毕竟这个数在传统计算器上有 100 多位）之类的数字。

来自剑桥大学的数学家哈代著有《一个数学家的辩白》一书。他常常把数学发现和证明的过程描述为勾勒远景。他写道："我始终认为，数学家首先是一个观察者——一个眺望远处连绵不断的山峰，并记录下所见所闻的人。"一旦数学家发现了远处的山峰，接下来要做的就是向人们描述如何才能到达那里。

你从一个风景熟悉而又平淡的地方出发。这片熟悉之地的边界内，有数学公理、那些与数字有关的不证自明的真理，以及那些已得到证明的命题。证明，它就像一条从这片故土穿过数学风景，通往远处山峰的道路。行进速度则受制于演绎法，正如下棋时要合理移动棋子一样，要想通关，你得下对棋。有时候你会陷入僵局，这时就要剑走偏锋，走走边路或者回头路，做到险中求胜。有时候你还需要等待新武器的出现，比如高斯发明的时钟计算器，以便能继续攀登。

对于数学观察者，哈代这样描述：

虽然只需轻轻一瞥，即可获得 B，但他们还是敏锐地发现了 A。最后，他们发现了 A 通向的一处山脊。沿着山脊一直走到尽头，他们发现到达了 B。他们如果希望别人也能看到，就以一种直接的方式或以一种自己能识别的方式指向它。当他们的学生也能看出其中的玄机时，这个研究、理论或证明就算完成了。

证明的过程就是描述数学家通往地图坐标处的那段跋山涉水的旅程。阅读该证明过程的读者，也能体会到如作者般拨云见日的心路历程。这一切不仅因为他们最终发现了登顶的道路，还因为他们明白新发现不会破坏新路线。通常，证明里的 i 懒得加点，t 也懒得加横杠。这是为了描述旅程，而不是为了重现每一步。数学家在证明中提供的论据，旨在为读者在脑海中勾勒出一座山峰。哈代常常将我们给出的论据形容为"具有吸引力的浮夸辞藻，上课时挂在黑板上的图片，以及激发学生想象力的教具"。

　　数学家痴迷于证明，但不会仅仅满足于一个数学猜想上的实验证明。对于其他学科而言，这种态度往往令人费解，甚至会受到嘲讽。截至目前，哥德巴赫猜想已经验证了多达 4×10^{14} 个数字，然而依旧无法被称作定理。大多数其他学科都乐于将这种数据作为强有力的论据，然后将注意力转移到其他事情上。如果将来突然出现了新的证据，需要重新评估数学标准，那就照做吧。然而从目前来看，如果这对其他学科意义重大的话，为什么数学却不一样呢？

　　许多数学家每当想到这一点时便会不寒而栗。正如法国数学家安德烈·韦伊所言："严谨之于数学家，如同良知之于人类。"部分原因在于，数学上的证据很难评估。揭开素数的奥秘所花费的时间，远比数学其他任何部分所花费的时间都要长。连高斯都曾被大量的数据所迷惑，误以为他对素数的直觉是正确的，然而之后的理论分析证明他被耍了。这就是证明必不可少的原因：起初的想法未必可靠。当其他所有学科都将实验证据奉为金科玉律时，数学家已经懂得了不能轻信任何未经证明的数据。

　　数学的研究对象是头脑中"虚无缥缈"的思想，因此在某些方面，数学家更依赖于证明来使其与现实世界产生关联。化学家可以开心地研究固体富勒烯分子的结构；基因学家可以直面基因测序给他们带来的实实在在的挑战；甚至物理学家也能通过测量感受到最小的亚原子级粒子和遥远的黑洞[1]的存在。而数学家要做的却是理解那些不存在明显物质实体的对象，比如八维空间[2]里的图形，或者数量大到超过宇宙中原子数量的素数。给定这些抽象概念的调色板，数学家可展开天马行空的想

----

① 黑洞虽然无法直接测量，但是可以通过间接方式得知其存在和质量。——译者注
② 在数学中，一个 n 个实数的序列可以被理解为 n 维空间中的一个位置。当 $n=8$ 时，所有这样的位置的集合被称为八维空间。通常这种空间被定义为向量空间，不涉及距离。八维欧几里得空间是一个配备了欧几里得距离的八维空间，它由点积定义。——译者注

象。如果不经过证明，那么建造的房子可能会像纸糊的一样，一捅即破。对于其他学科而言，通过观察实物加上做实验，就能证明一个物体的存在。其他科学家可以用眼睛直接观测物质实体；数学家却要凭借第六感一般的数学证明来捍卫他们所说的那门看不见的学科。

再次证明那些已被发现的规律，也能帮助人们在数学上做出更大的贡献。许多数学家更乐于挑战从未被解决的问题，因为沿途中可能会发现妙不可言的数学新知识。而在探索某些问题时，数学先驱们可能不得不走过一段在旅程伊始从未想过的布满荆棘的道路。

但是，为什么数学家会如此孤注一掷地证明某个命题为真呢？或许最令人信服的答案是，数学家对此乐在其中，因为他们所做的事情是令其他学科望尘莫及的。高斯设计的三角形数公式一经证明，就放之四海而皆准。相比之下，其他学科又有几条规律能与其比肩呢？数学也许是一门"虚无缥缈"的学科，但是有效的证明或多或少地弥补了无有形实体这一缺陷。

对其他学科而言，长久以来形成的世界观，一旦遇到改朝换代就会分崩离析。与此不同的是，数学证明的效力是持久不变的。我们因此坚信，素数的相关事实不会因未来的新发现而改变。数学是一座金字塔，是由一代代数学家在前人呕心沥血铺就的基石上搭建而成的。因此，你无须担心这座金字塔在建造途中会坍塌。这种永恒之感令数学家为之着迷。除了数学以外，估计没有哪个学科敢声称，古希腊人所确立的学科观点到今天依然成立。我们今天也许会感到可笑，希腊人竟将水、火和空气看作构成物质的基本元素。未来的人们是否也会像我们看待古希腊人的化学世界观那样，对我们当前的认知——比如，门捷列夫周期表中的 109 个元素 ① 是构成世界的基本元素——嗤之以鼻呢？相反，所有数

---

① 现在的元素周期表第七周期已经排满，共 118 种元素，其他的元素还处于预测阶段。——译者注

学家都要从古希腊证明的素数开始学习。

坚不可摧的证明，带给数学家的除了来自其他学科的嫉妒之外，还有嘲笑。数学证明能够顶住时间的考验，正如哈代所言，是"永垂不朽"的。这就是那些为生活的不确定性所困扰的人们会不约而同地从这门学科里寻找答案的原因。一次又一次，数学都向那些希望逃离纷乱尘世的年轻人敞开了大门，给他们提供了一个供心灵休憩的港湾，以及无尽的精神慰藉。

数学家对数学证明坚不可摧的信念，也体现在克雷为千禧年难题所制定的规则上。在证明被宣布有效并获得数学界同行的认可两年之后，奖金才会发放。当然，出现小差错也在所难免。但事实是，我们普遍认为，在证明过程中就能发现差错，而无须等待多年，直到新的证据出现。

数学家相信自己拥有绝对正确的证明，是否自视甚高呢？会不会有人反驳说，所有的数字都源于素数这一证明，也会像牛顿经典物理和原子不可分割理论那样被推翻呢？大多数数学家都相信，关于数字的这一不证自明的公理，即使在未来审视，也会颠扑不破。建立在这些基础上的逻辑规则，如果用对了，就能证明更多关于数的命题，而这些证明也不会为新发现所推翻。或许这有些可笑，但这就是数学的最高宗旨。

在穿越数学世界的途中，数学家在记录发现的"新大陆"时，也会有情绪波动。当他们发现了一条路径，可通向几代人可望而不可即的数学山峰时，他们会激动不已，欣喜若狂。这种心情就像谱写了一个精彩的故事，或者创作了一首优美的乐曲，能直击人的心灵，将其从现实带向未知世界。能有幸一睹像费马大定理和黎曼假设那样遥不可及的山峰之芳容，简直不枉此生。但这也无法与一路上披荆斩棘时的成就感相提并论。即使是那些沿着前人足迹攀登而上的人们，也会在灵光一闪发现新证明的那一刻，从心底油然升起一种成就感。这就是数学家们甘愿前赴后继地投身于"证明"的原因，即使他们对黎曼假设之类的命题深信不疑也是如此。这是因为对数学而言，结果固然重要，但过程也同样珍贵。

数学究竟是一种创造行为，还是发现行为呢？许多数学家在创造事物和发现科学绝对真理这两种感觉间摇摆不定。一种说法是，数学思想通常独具个性，并依赖于创造性思维（创造性思维有助于激发这些数学思想的产生）。然而，另一种说法也旗鼓相当，即数学思想富含逻辑，这意味着数学家都生活在同一个充满永恒真理的数学世界中。这些真理只是静静地等着被发掘，而在发掘过程中加入创造性思维并不会破坏其原貌。哈代很好地概括了创造和发现之间的关系，完美地化解了数学家为此所产生的分歧。他总结道："我相信，数学就在我们身边。我们要做的就是发现或者观察它的存在。那些我们所证明的定理，那些我们夸张地称为创造物的东西，只不过是我们通过观察所记录下来的罢了。"但是转过头，他又喜欢将数学证明过程描述得更具美感。他在《一个数学家的辩白》一书中写道："数学不是一门需要冥想的学科，而是一门需要创造力的学科。"哈代的这本书，连同亨利·詹姆斯[①]的笔记，被格雷厄姆·格林[②]誉为两本不可不读的佳作。通过这些著作，人们能够了解如何成为一名具有创造力的艺术家。

尽管素数和数学的其他一些方面超越了人类认知的范畴，但是大多数数学知识都很有创造性，是人类智慧的结晶。数学家的故事告诉我们，这门学科的证明是可以通过不同方式来阐述的。怀尔斯有关费马大

---

① 美国作家（后加入英国国籍），被认为开创了心理分析小说的先河。其笔记有着极为重要的价值，记录了他的想法和观点，陪伴了他几乎大部分的工作时间。——译者注

② 又译为格雷安·葛林，英国小说家、剧作家、评论家。他的小说混合了侦探、间谍和心理等多种元素。——译者注

定理的证明就像瓦格纳的歌剧《尼伯龙根的指环》①一样晦涩难懂。数学是一门创造性艺术，它受到一定规则的制约，就像写诗和弹奏蓝调音乐一样。数学家在做证明时，也会受到一定逻辑规则的限制。然而，即使在限制条件下，他们依旧十分自由。实际上，"戴着镣铐跳舞"的美感在于，你被推向了一个新方向，却发现了你从未想过可以独立发现的新事物。素数就像音阶里的音符，每一类文明都以其独特的方式演奏这些音符，诉说着远远超出人们想象的历史和人文印记。素数的历史是一部对永恒真理的探索史，同时也是反映社会现实的一面镜子。17～18世纪，随着人们越来越热衷于机器，在探索素数时，他们也会更注重实践以及实验研究。相比之下，处于欧洲文艺复兴时期的人们在探索素数时，会受到当时那些抽象新概念、新思想的影响。如何选择讲述穿越数学世界的历程的方式，取决于数学家当时所处的社会文化环境。

2.3　欧几里得的预言

这些故事来自古希腊人的口口相传。他们意识到，证明的力量在于能够铺就一条永久的通往数学山峰之路。一旦实现了证明，就无所谓路途遥远，也无所谓海市蜃楼。举个例子，我们怎么能确定，数字中就不会有无法用素数构成的漏网之鱼呢？希腊人首先给出了证明，使他们以及后人深信是不会有什么漏网之鱼的。

数学家常常从一个普遍理论的特例入手，进行证明，然后研究为什么该理论对此例成立。他们希望论证的观点或方法能具有普适性。例

---

① 《尼伯龙根的指环》(*Der Ring des Nibelungen*)，本意为尼伯龙人的指环，是一个由四部歌剧组成的系列，由瓦格纳作曲及编剧，于1848年开始创作，至1874年完成，共历时26年。其创作灵感来自北欧神话故事及人物，特别是冰岛人的传说 (Icelanders' sagas)。——译者注

如，为了证明每个数都可以表述为素数的乘积，先从一个特例入手，即140。假如你已经确定，小于 140 的每个数，要么是素数，要么是素数的乘积。那么，140 是什么数呢？它会不会就是反常数，也就是无法用素数乘积表述的那条漏网之鱼？首先你会发现这个数并非素数。接下来要怎么做呢？只要把它分解为两个较小数的乘积就好了。比如140＝4×35。现在我们已摸到窍门了。我们已经证明了小于 140 的两个数 4 和 35 都能写成素数的乘积，即 4＝2×2 和 35＝5×7。由此，就能得出 140 实际上是 2×2×5×7 的乘积。因此 140 也就不是什么漏网之鱼了。

希腊人发现，这种将特例转化为一般性规律的方法，能应用于所有的数。有意思的是，他们的证明是从假设某个命题为真开始的，也就是**存在**既非素数又不能用素数乘积来表示的反常数。如果有这样的反常数，那么当我们按顺序计数检查时，就一定能遇到第一个这样的反常数，我们称之为 N（有时候亦称为**最小罪犯**）。既然假设数字 N 不是素数，那么它就一定能表示为两个更小的数 A 和 B 的乘积。如果不能，那么 N 就是素数。

既然 A、B 两数比 N 小，那么关于 N 的问题就简化为 A 和 B 能否写成素数乘积的问题了。因此，如果把 A 和 B 的素因数相乘，那就一定能得到最初的那个数字 N。现在 N 可以由素数乘积来表示，这和一开始的假设相矛盾。因此，存在反常数字这一说法就不攻自破了。由此可知，每个数字要么是素数，要么可以由素数的乘积来表示。

当我和朋友们探讨这个问题时，他们感觉似乎被耍了。这相当于先假设你有个想证明不存在的东西确实存在，然而你最终证明了其确实不存在。这种陈述确实让人有点不知所云。采用这种思考不可思议之事（thinking the unthinkable）的策略，是希腊人用于证明过程中的一种强力武器。它利用了命题要么为真、要么为假这一逻辑事实[①]。假设一个命题为假，然后推出矛盾，从而推出最初的假设错误，得到该命题一定为真的结论[②]。

希腊人的证明过程迎合了多数数学家"爱偷懒"的毛病。他们不是直接对所有数字进行无穷的运算，来证明所有的数字均可以表述为素数的乘积，而是做出一些抽象假设，抓住这类运算的核心。这就好比有一架无穷长的梯子，你无须亲自去爬就能知道它的样子。

比起其他的希腊数学家，欧几里得最有资格被视为证明之道的开创者。他是希腊学院的成员之一，该学院是由埃及托勒密王朝国王托勒密一世于公元前 300 年左右在亚历山大城建立的。在那里，欧几里得写出了足以载入史册的最具影响力的教科书《几何原本》。在该书第一部分，他建立了用于描述点线关系的几何公理。这些公理被当作不证自明的几何真理，因此，几何在那时可作为一种数学工具，用于描述物质世界。之后，他借助逻辑推理，推出了 500 条几何定理。

在《几何原本》一书的中间部分，欧几里得处理了数字的性质。也就是在这一部分中，我们发现了许多真正意义上的数学推理过程。在命题 20 中，欧几里得阐释了一个关于素数的简单而基本的事实：素数有无穷多个。他着眼于这一事实：所有数字都可以由素数相乘得到。紧接着，他做出进一步证明。他反问自己，如果这些素数就是构建所有数字的基石，是否可能存在一个确定的数字来描述这些基石的总数？化学元素周期表是由门捷列夫构建的，所有的物质都可以由当前发现的 109 种原子构成。素数是否也是这样呢？假如有个"数学界的门捷列夫"跳出来，

---

① 经典逻辑中有排中律和（不）矛盾律的规定。排中律指两个互相矛盾的命题不能同假。（不）矛盾律指两个互相矛盾的命题不能同真。总之，两个互相矛盾的命题必定一真一假。——编者注

② 即"反证法"。——编者注

让欧几里得来找出他的"素数周期表"之外的素数，那么会怎样呢？

举例来说，为什么不是所有的数字都可以简单地写成 2、3、5、7 这几个素数的乘积呢？欧几里得想到，你可能会去找由其他素数构成的数字。你可能会这么想："那挺简单的，就拿下一个素数 11 为例吧。"这肯定不是由素数 2、3、5 或者 7 构成的。但是这种策略早晚会失效，因为即使到现在我们也没有推导出下一个素数的确切方法。也正是因为这种不可预测性，欧几里得需要另辟蹊径，以找到一种行之有效的办法，不管素数的列表有多长。

这些的确是欧几里得自己的想法，还是仅仅由他记录下来的来自亚历山大城其他人的想法，我们就不得而知了。无论何种情况，他都可以展示如何构建数字，而这些数字是无法通过已知的有限素数列表来构建的。选取数字 2、3、5、7，欧几里得将它们相乘，得到 210。接下来的这一步是神来之笔：他在这个乘积的基础上加 1，用这样一种方式合成了一个无法被 2、3、5、7 整除的数字。给乘积加 1 就意味着，被这些素数除的时候永远会余 1。

现在欧几里得了解到，所有的数字都可以用素数的乘积来表示，那么数字 211 呢？它不能被 2、3、5、7 整除，因此应该还有其他的素数可以构成这个数字。然而这个特例中，211 本身就是个素数。欧几里得并没有宣称这种方法构建的都是素数。他只是想找到由"数学界的门捷列夫"所列的素数表之外的素数构成的数字。

举例来说，如果有人宣称所有的数字都可以由有限的素数 2、3、5、7、11、13 构成，那该怎么办呢？依照欧几里得的方法，可以计算出 $2\times3\times5\times7\times11\times13+1=30\,031$。这个数字就不是素数。综上所述，欧几里得的结论是，给定任意多个有限素数，可以创造出原先列表中没有的素数。本例中的新素数就是 59 和 509。但是通常情况下，欧几里得无法确切得知新素数的值。他只知道这个数一定存在。

以上证明令人拍案叫绝。欧几里得并不知道如何精确地生成素数，但是他可以证明存在无穷多的素数。很明显，我们也不知道欧几里得计算出的数字能否生成无穷多的素数，虽然通过它们也足以证明存在着无穷多的素数。由于欧几里得的证明，我们再也无法得知素数的周期表，或者一窥素数基因组成代码的奥秘了。类似收集蝴蝶标本的简单做法，已经无法使我们理解这些素数了。于是终极难题出现了：数学家在装备有限的情况下，将挑战无穷无尽的素数。我们如何才能在混沌无序的素数丛林中开辟出一条道路，并发现预测其行为走向的规律呢？

2.4　寻找素数

历代数学家力求在欧几里得探索素数之路上，能够百尺竿头、更进一步，但均以失败收场。不过，其中也不乏一些令人瞩目的猜想。但是正如来自剑桥大学的哈代所言："关于素数，就算一个傻子也能提出聪明人回答不了的问题。"例如，孪生素数猜想说的就是，判断是否存在无穷多个素数 p，使得 $p+2$ 也是素数。这样的 [1] 素数对的一个例子是 1 000 037 和 1 000 039。注意，这里是两个素数最靠近彼此的时候，因为 N 和 $N+1$ 不可能都是素数。（$N=2$ 时除外，因为这些数中至少有一个能被 2 整除。）奥立弗·萨克斯书中提到的自闭症天才双胞胎，他们会有发现孪生素数的特殊办法吗？两千年前的欧几里得已经证明了存在无穷无尽的素数，但是没人知道是不是超过一定范围后就不再出现如此接近的两个素数。我们相信存在无穷多的孪生素数。可猜想相对容易，证明起来则难于上青天。

---

[1]　后来有人提出了更强的哈代 – 李特尔伍德关系。华人数学家张益唐也做出了相当大的贡献，通过证明将两素数之差缩小到 7000 万。之后，陶哲轩带领团队和志愿者继续在此方向努力，将差缩小到 246。——译者注

数学家致力于提出一个能生成所有素数（即使不能，那也得至少能生成一个素数列表）的公式。费马认为自己就有这样一个公式。他猜想，如果将 2 求 2^N 次幂，然后加 1，得到的值是 $2^{2^N}+1$，这就是一个素数。这个数字被称为第 N 个**费马数**。例如，取 $N=2$，将其作为 2 的指数，得到 4，再求 2 对该数的幂次，得到 16。然后再加 1，就得到了一个素数 17，也就是第 2 个费马数。费马认为这一公式总能得到素数。但是结果证明，他的猜想是错误的，费马数很快就会变得非常大。仅第 5 个费马数就有 10 位数字，超出了费马的运算能力。这正是第一个非素数的费马数，它可以被 641 整除。

费马数深得高斯之心。事实上，17 是费马素数，也是高斯完成正 17 边形作图的关键。在他的伟大著作《算术研究》中，高斯说明了原因。如果第 N 个费马数是素数的话，那么可以仅利用尺规作图就画出一个正 N 边的几何图形。第 4 个费马数是 65 537，这是个素数，因而可以通过尺规作图完成正 65 537 边形。

虽然费马数只生成了 4 个素数就黯然落幕了，但是费马在探索素数性质的其他领域取得了更大的成就。他发现一个有意思的事情，就是如果某些素数被 4 除，余数是 1 的话，比如素数 5、13、17 和 29。这种素数可以用两个平方数的和来表示，例如 $29=2^2+5^2$。这成了费马的另一个谜团。尽管他宣称对此已做出了证明，却未能留下更多细节。

1640 年圣诞节那天，费马在一封寄给名叫马兰·梅森的法国修道士的信中写下了他的发现，即某些特定的素数可以写成两个平方数的和。梅森的兴趣不仅仅局限于做礼拜之类的宗教事宜。他热爱音乐，并首先提出了谐波相干理论。同时他也热爱数字。梅森和费马定期通过书信交流在数学上的发现，梅森也将费马的观点传播给更多受众。梅森因促进各国数学家之间的沟通交流而声名远播。

和历代沉迷于探索素数规律的人们一样，梅森也深陷其中。他虽然也无法找寻到一个生成所有素数的公式，但是无意间发现了一个公式，该公式经证实，从长远来看，与费马的公式相比，在寻找素数上更加有效。和费马一样，他也先考虑 2 的幂。但是他并没有加 1，而是减 1。比如，$2^3-1=8-1=7$，这就是一个素数。音乐上的天赋也对梅森大有助益。音符频率加倍，即可升阶八度音程，所以 2 的幂次可以产生悦耳的泛音。你也许想改变一音程，而听到一个不和谐的、和先前的频率不一致的音符，即一个"素数"音符。

梅森很快就发现，该公式并非每次都能生成素数。例如，$2^4-1=15$。梅森意识到，如果 n 不是素数的话，那么 2^n-1 也不可能是素数。不过他大胆地宣称，如果 n 不超过 257，且是 2、3、5、7、13、19、31、67、127、257 中的任一数字，那么 2^n-1 一定是素数。他还发现，即使 n 是素数，也仍然无法保证 2^n-1 是素数。通过手动计算 $2^{11}-1$ 的值，得到 2047，它是 23 和 89 的乘积。梅森能确定诸如 $2^{257}-1$ 之类的大数是素数，历代数学家对此赞不绝口。这个数字有 77 位。是因为掌握了什么超越人类计算能力的神秘算法公式，才让这个修道士确定这个数就是素数吗？

数学家相信，如果人们继续探索梅森的数列，一定会发现有无穷个 n 满足条件，使 2^n-1 生成的是素数。但是我们还无法证明该猜想为真。我们期待当代的欧几里得能证明，梅森利用该公式生成的素数会有无穷个。或者，这个遥不可及的山峰也只是海市蜃楼而已。

和费马以及梅森同时代的数学家，开始从数字命理学的角度探索和解读素数，但他们所使用的这种方法并不符合古希腊人的证明思想。这一定程度上解释了为何费马难以对其诸多发现做出证明。当时的人们明显对这种需要提供逻辑解释的问题缺乏兴趣。与数学家不谋而合的是，该学科越来越注重实践。这是因为，在一个日益机械化的社会，研究结果是靠其在实际应用中的效果来检验的。然而在 18 世纪，一位数学家使人们重新燃起了对数学证明的热情。他就是出生于 1707 年的瑞士数学家莱昂哈德·欧拉，他解释了许多由费马和梅森发现的、但未被证明的理论。欧拉的方法为此后我们理解素数打开了一扇新的理论之窗。

2.5 欧拉：数学之鹰

在 18 世纪中叶，宫廷资助之风盛行。当时的欧洲处于大革命前夕，各个国家纷纷实行开明君主专制。实行此政策的君主分别是：柏林的腓特烈大帝，圣彼得堡的彼得大帝和凯瑟琳大帝，巴黎的路易十五和路易十六。他们的资助促进了学术界的发展，这反过来又促进了启蒙运动时期理性主义的盛行。他们确实将其看作自己备受宫廷智囊团支持的标志。他们也深知科学和数学在提升国家军备实力和工业实力方面拥有巨大潜力。

欧拉的父亲是一位牧师，他原本希望欧拉能子承父业，在教堂工作。然而，少年欧拉过早展现出的数学天赋，引起了当权者的注意。很快，欧拉就收到了欧洲各地科学院抛来的橄榄枝。他想要加入法国科学院，那里是当时数学研究最活跃的地方。不过后来，他在 1726 年接受了圣彼得堡科学院发来的聘书。当时彼得大帝正在推行教育改革，以提升俄罗斯帝国的教育水平。该科学院为此提供了坚实后盾。他还加入了来自巴塞尔的朋友组成的数学阵营，他们使高斯在幼年时就燃起了对数学的兴趣。他们在圣彼得堡写信给欧拉，问他能否从瑞士带来 15 磅咖啡、1 磅最好的绿茶、6 瓶白兰地、12 打上好的烟斗和几十包扑克牌。欧拉带着这些礼物包裹，历时 7 周，一路上经历乘船、徒步、坐马车等舟车劳顿的经历，终于在 1727 年 5 月抵达了圣彼得堡，那个他能追求数学梦想的地方。他随后做出的贡献是如此巨大，涉猎的范围是如此之广，以至于直到欧拉 1783 年去世后的大约 50 年里，圣彼得堡科学院还在发表其收藏在档案馆里的文件。

　　在圣彼得堡科学院度过的岁月里，欧拉身上发生过各种各样的故事。其中一个故事可以完美地诠释宫廷数学家所扮演的角色。凯瑟琳大帝正在招待法国著名的哲学家和无神论者丹尼斯·狄德罗。狄德罗一直仇视数学，认为它没有任何实际意义，所能做到的仅仅是在人与自然之间隔上一层面纱。凯瑟琳很快就厌烦了这个客人，不单单是因为狄德罗对数学的蔑视，更是因为他对朝臣宗教信仰的嘲弄令人恼火。欧拉很快被召进宫，来让这个令人忍无可忍的无神论者闭嘴。出于对凯瑟琳大帝提供资助的感激，欧拉欣然前往。当着狄德罗的面，欧拉义正词严地说："先生，$(a+b^n)/n=x$，因此上帝存在。为什么呢？请回答我！"据说，狄德罗面对这个数学公式，一时间不知所措，只得仓皇而逃。

　　这件趣事是由英国著名数学家和逻辑学家奥古斯塔斯·德·摩根[①]在 1872 年讲述的。这个故事可能是为了娱乐大众而被人添枝加叶、大肆渲染。不过，它反映了当时大多数数学家喜欢贬低哲学家的心态。但这同时也反映出，欧洲宫廷贵族认为，他们必须将数学家与文学家、艺术家和作曲家同等视之。只有了解了数学家的世界，他们的人生才称得上完整。

　　凯瑟琳大帝对通过数学方法证明上帝存在并不太感兴趣。她更关注的是欧拉在液压、船舶设计和弹道上所做的研究与贡献。这位瑞士数学家的兴趣极为广泛。他不但研究数学在军事上的应用，还得到了数学与音乐有关的理论。但令人哭笑不得的是，他的这一理论，在数学家看来，过于依赖音乐知识；而在音乐家看来，又过于依赖数学知识。

　　他的一个众所周知的成就，就是解答了"柯尼斯堡七桥问题"。普列戈利亚河，现在被称作普雷戈里亚河，流经柯尼斯堡，在欧拉所处的时代属于普鲁士（现在属于俄罗斯，被称作加里宁格勒）。其河流分支在

---

① 英国数学家，他明确提出了德·摩根定律，将数学归纳法的概念严格化。他曾担任伦敦数学学会的第一任会长。——译者注

小镇的中心形成了两个小岛。柯尼斯堡人为了渡河方便，修建了七座桥。

能否有人穿过小镇，而每次只经过一座桥，然后再回到原处呢？这已经成了长久困扰该镇市民的一大难题。欧拉在 1735 年证明，这是一个不可能的任务。他的证明经常出现在拓扑学教材的开篇处。在拓扑学中，一个问题的实际物理维度无关紧要。欧拉解决该问题的关键，在于连接小镇不同部分的网络，而不在于这些不同部分的具体位置和彼此间的距离。伦敦地铁线路图的绘制就利用了这一原则。

正是那些数字使欧拉沉浸其中，不能自拔。正如高斯所写的那样：

> 来自这些领域的特殊之美，抓住了那些进取之人的心。但是没有人像欧拉那样兴奋，他几乎在每一篇关于数论的文章中，都不吝表达自己的喜悦之情。这种喜悦之情，源于他做出的每一项研究，还源于他发现的某些规律在实际应用中所带来的可喜变化。

和克里斯蒂安·哥德巴赫的通信点燃了欧拉探索数论的热情。哥德巴赫是一位生活在莫斯科的德国业余数学家，被圣彼得堡科学院聘为行政秘书。和先前的业余数学家梅森一样，哥德巴赫也深深沉浸在数字的世界里，经常做一些与数字相关的试验。在给欧拉的信中，他提到了自己做出的以下猜想：每一个偶数都可以写成两个素数的和。欧拉回信给哥德巴赫，让他来试验自己提出的许多证明方法，以验证费马的各种神秘发现。费马缄默不语，给世界留下了许多素数的谜团。与之截然不同的是，欧拉乐于向哥德巴赫展示，他证明了费马的命题，即素数可以写成两个平方数之和。欧拉甚至成功地证明了一个与费马大定理相关的实例。

欧拉尽管对数学证明热情高涨，但是从本质上来说，他是一名实验型数学家。他的许多论证都带有某种数学风气，包含并不完全严格的步骤。如果这带来了有意思的新发现，他也不以为意，泰然处之。作为数学家，他计算能力超群，善于利用数学公式推导出一些稀奇古怪的数字关系。正如法国的科学家弗朗索瓦·阿拉戈所发现的那样："欧拉运算起来毫不费力，如同人类呼吸或者鹰在风中翱翔一样。"

与其他计算相比，欧拉对素数的计算情有独钟。他制作了一张最大素数可达 100 000 的素数表，还做出了一些其他贡献。在 1732 年，他还首次证明，费马提出的素数公式，即 $2^{2^N}+1$，在 $N=5$ 时不成立。利用新的理论思想，他成功地证明了如何将这个 10 位数字分解成两个更小数字的乘积。最引人注目的是，他似乎发现了一个可以生成神秘素数的公式。1772 年，欧拉将 $0\sim39$ 的所有数字逐个代入公式 x^2+x+41，并计算出所有结果。于是他得到了以下数列：

41，43，47，53，61，71，83，97，113，131，151，173，197，223，251，281，313，347，383，421，461，503，547，593，641，691，743，797，853，911，971，1033，1097，1163，1231，1301，1373，1447，1523，1601

利用这个公式能生成的素数如此之多，这似乎有点不同寻常。欧拉意识到，这一运算过程可能会在某一点被迫中断。很显然，在输入 41 时，结果就可以被 41 整除。当然，当 $x=40$ 时，得到的已经不是一个素数了。

然而，这个公式依旧令欧拉大为惊叹。他开始研究，如果用其他数字替代 41 的话，会不会有同样的效果呢？他发现，公式 x^2+x+q，除了 $q=41$，还可以让 $q=2$、3、5、11 或者 17，在输入从 0 到 $q-2$ 的所有数字时，也可以输出素数。

伟大如欧拉，也无法找到一个简单如斯的公式，以生成所有素数。正如他在 1751 年所写的那样："有些神秘的真相，对于人类来说是不可触及的。我们只需瞥一眼素数表就会明白，有些存在确实既无序又无规律可言。"这些组成遍布公式、公理的数学世界的基本元素，竟然以这样一种随意而不可测的方式存在着，着实令人不可思议。

但事实是，欧拉缺少的只是一个解开素数身上"紧箍咒"的方程。但这要等几百年后一个伟大的人物横空出世，来完成欧拉未能完成的任务。这个人就是伯恩哈德·黎曼。不过，正是由于高斯提出了经典的横向思维方法，才最终启发了黎曼从新的视角探索素数。

2.6 高斯的猜想

如果几个世纪以来，数学家在探寻生成素数序列的神秘公式之路上都无功而返的话，那么或许是时候另辟蹊径，采取一种不同的策略了。15 岁的高斯在 1792 年就是这么想的。在此一年前，他收到了一份生日礼物，那是一本介绍对数的书。直到几十年前，学校才大力推广对数表。随着计算器的发明，对数表在人们的日常计算中不再是不可或缺的。但是几百年前，每个航海家、银行家和商人都会研究这些表，将复杂的乘法变成简单的加法。在高斯收到的新书背面，是一张素数表。不可思议的是，素数和对数竟出现在一起。经过复杂运算后，高斯发现，这两个看起来毫不相干的主题之间似乎有着千丝万缕的联系。

1614 年，第一张对数表问世，那是一个巫术和科学并存的时代。该对数表的创作者是一位苏格兰领主，名为约翰·纳皮尔，他被当地居民视为一个在暗处从事魔法活动的人。他一身黑袍，潜伏在城堡周围，肩上站着一只乌黑的公鸡，嘴里念念有词，从代数启示录中预测到，最后的审判将在 1688 ~ 1700 年来临。将数学技能用于玄学的同时，他也揭开了对数函数的神秘面纱。

如果在计算器上输入一个数字，比如 100，然后求对数，那么计算器就会输出另一个数字，即 100 的对数。计算器的工作就是解答以下问题：找到数字 x，使得 $10^x = 100$ 成立。此处计算结果为 2。如果输入的是 1000 的话，也就是 100 的 10 倍，那么计算结果就是 3。对数增加了 1。这就是对数的重要特性：它将乘法变成了加法。每当我们将输入数据**乘**以 10 时，将先前的结果**加** 1，就能得到新的结果。

对数学家来说，如果能意识到他们可以谈论的并非只有那些由 10 的整次幂生成的数字的对数，那么就已经迈出了至关重要的一步了。例如，高斯在对数表中查找 128 的对数时发现，对于 10，取其 2.107 21 次幂，就可以得到一个约等于 128 的数值。这些计算均记载在纳皮尔于 1614 年制作的对数表中。

在 17 世纪，对数表推动了商业和航海业的蓬勃发展。对数为乘法和加法搭建了一座沟通的桥梁，帮人们将复杂的大数乘法运算变成简单的对数加法运算。对于大数的乘法运算，只需要对其对数进行加法运算，然后利用对数表找到最初乘法的结果即可。利用对数表，海员减少了失事船舶的数量，而售货员扭转了交易的崩盘。

但是，那张附在对数书后面的素数表，激起了青年高斯的兴趣。和对数不同的是，素数表在实际生活中被认为无用武之地，而那些实验型数学家研究它们只是出于好奇罢了。（在 1776 年由安东尼奥·费尔克尔制作的素数表，当时被认为毫无用处，以至于载有它的书在奥土战争中被用作弹药筒。）对数可以预测，素数却比较随机。比如，似乎根本无法预测 1000 之后的第一个素数是多少。

高斯迈出的重要一步就是提出了一个不同的问题。他并没有尝试去求下一个素数的精确值，而是看看能不能预测出某个数值范围内有多少个素数，比如前 100 个数字中，前 1000 个数字中，以此类推。对任意数 N，是否有办法估算出 $1 \sim N$ 内到底有多少素数？ 例如，$1 \sim 100$ 的范围内有 25 个素数。如果换到 $1 \sim 1000$ 或者 $1 \sim 1\,000\,000$ 的话，那么这个比重会有怎样的变化？高斯开始了对素数表的探索之旅。当观察素数比重时，他发现，随着计算的数字越来越多，一条规律逐渐浮现了出来。尽管素数还是那么无序，一个惊人的规律似乎就要浮出水面了。

如果看看以下的表格，其中列出了 10 的不同幂次以内的素数个数，基于更先进的计算方式，那么这一规律就显而易见了。

N	1 ~ N 范围内的素数，通常称作 $\pi(N)$	平均而言，需要计算多少数字才能得到一个素数
10	4	2.5
100	25	4.0
1 000	168	6.0
10 000	1 229	8.1
100 000	9 592	10.4
1 000 000	78 498	12.7
10 000 000	664 579	15.0
100 000 000	5 761 455	17.4
1 000 000 000	50 847 534	19.7
10 000 000 000	455 052 511	22.0

这个表格包含了更多的信息，能将高斯发现的规律更清晰地展示出来。在最后一列，这一规律就不证自明了。这一列，就是素数占所有考虑在内的数的比重。例如，1～100 的数字中，有 1/4 是素数，所以差不多平均每往后计算 4 个数字就能找到下一个素数。而在 1～10 000 000的数字中，有 1/15 是素数。（也就是说，一个 7 位电话号码有 1/15 的可能是素数。）对大于 10 000 的 N 来说，根据最后一列的比重，似乎幂次每增加 1 就增长 2.3 左右。

因此，高斯每次进行 10 倍递增数字时，便在素数与所有数字之比上加约 2.3。乘法和加法的关系可以用对数准确地表述出来。高斯可能在那本对数书中发现，这一关系就明明白白地摆在眼前。

高斯每次把数字乘以 10 后，素数比重每次增加 2.3 而不是 1 的原因在于，素数对除 10 之外的幂次的对数青睐有加。在计算器上求 100 的对数，结果就是 2，也就是方程 $10^x=100$ 的解。但是这也并没有要求我们必须算 10 的 x 次幂。可能是因为大部分人都有 10 根手指，所以就对10 情有独钟了吧。选择的数字 10，称作对数的**底**。我们可以谈谈以其他数为底的对数。例如，以 2 为底 128 的对数，就要解另外一个方程，找到符合 $2^x=128$ 的 x。在计算器上计算以 2 为底的 128 的对数，得到的结果就是 7，因为我们需要对 7 个 2 进行相乘才能得到 128。

高斯发现的素数，在对数中可以利用一个特殊的数为底，这个特殊的数就是 e，保留 12 位小数为 2.718 281 828 459...（和 π 一样，这个数字是无限不循环小数）。在数学上，e 和 π 的地位相当，在数学界无处不在。这就是为何要将以 e 为底的对数称作"自然"对数的原因。

高斯 15 岁那年看到的对数表，令他产生如下猜想：对于 1～N 的数字，大概每 log(N) 个数字后就会出现一个素数（这里 log(N) 指以 e 为底的 N 的对数）。不过，高斯并没有宣称自己发现了一个巧妙的公式，可以精确计算出 N 以内的素数个数，它只是能大致估计出素数的个数罢了。

这和他之后重新发现谷神星所应用的方法相似。基于记录数据，他提出了一种天文学方法，可以更好地预测出可供观测的小区域空间。高斯将这种方法运用在素数上。历代数学家都为如何发现能够准确预测下一个素数的公式所深深困扰着。某个数字到底是不是素数？高斯并没有执着于此，反而触碰到了某种规律。他另辟蹊径，探索一个更宽泛的问题，即 1～1 000 000 的数字内到底有多少素数，而不是纠结于哪些数字为素数。这时，一条规律似乎呼之欲出了。

高斯在寻找素数的方法上做出了重要的思想转变。这就好比前人聆听素数的乐章时是一个音符一个音符地听，这样是无法感受到整体韵律之美的。将精力集中在统计有多少个数字上，高斯就发现了一种新方法，来聆听最动人的主旋律。

在高斯之后，1～N 的素数个数用符号 π(N)（这只是一种表示形式，和 π 并无关系）来表示就成为了一种约定。有些遗憾的是，高斯使用了一个可能会让人当作圆周率 3.141 5... 的符号。我们把它当成计算器上的一个新按钮就好了。输入 N，然后按 π(N) 键，计算器就会输出 1～N 的素数个数。例如，1～100 的素数个数就是 π(100)=25，1～1000 的素数个数就是 π(1000)=168。

注意，你还可以用这个新的"统计素数"按钮，来准确检查何时会得到一个素数。如果你输入 100，然后按下按钮，统计 1～100 的素数个数，那么结果就是 25 个。如果你输入 101 的话，结果是 26 个素数，那么第 101 个数就是一个新的素数。也就是说，当 $\pi(N)$ 和 $\pi(N+1)$ 不同时，$N+1$ 就是一个新的素数。

为了彻底弄清楚高斯发现的这个规律，我们可以查看 $\pi(N)$ 函数的图像，其中统计了 1～N 的所有数字里包含的素数个数。以下为 $\pi(N)$ 的函数图像，计算了 1～100 的素数个数 N（见下图）。

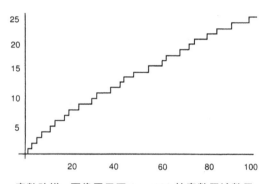

素数阶梯：图像展示了 1 ~ 100 的素数累计数目

我们可以从图中看到，在较小范围内，结果呈阶梯状跳跃，很难预测什么时候会出现下一个台阶。在这一范围内，我们看到的仍旧是素数的细枝末节，也就是独立的音符。

现在回过头看原来那个函数，让 N 取更大的值，比如计算 100 000 以内的素数总数（见下图）。

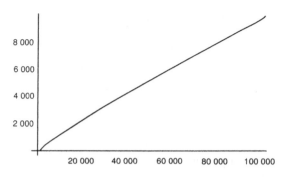

素数阶梯：图像展示了 1 ~ 100 000 的素数累计数目

此时单一步骤变得无足轻重，我们要看的是这个函数的总体攀升趋势。这就是高斯听到的最动人的主旋律，并能通过对数函数模拟这一主旋律。

尽管素数是不可预测的，但是从上图来看，素数阶梯似乎是一条平滑的直线。这成为了最神秘的数学难题之一，也是素数探索史上的一个里程碑。高斯在那本对数书的背面记录了他所发现的利用对数函数计算 N 以内的素数个数的公式。尽管这一发现举足轻重，他却没有告诉任何人。关于这一发现，世人听到最多的，就是他说过的高深莫测的一句话："你不知道，一张对数表里藏有多少首诗。"

高斯为何对如此重大的发现缄口不言，这始终是个谜。事实上，他也只是初步发现了素数和对数函数的某一关系。他知道，自己无法解释或证明两者之间为何有所关联，也不清楚当统计数量变大时，这种规律是否会突然消失。高斯不愿宣布的未经证明的这一结果，标志着数学史上的一个转折点。尽管古希腊人将证明看作数学进程中一个十分重要的组成部分，但是高斯之前的数学家醉心于利用数学进行科学的猜测。如果某一猜测成立，他们也就不太热衷于通过一套严格的程序来证明其为何成立了。数学始终充当其他科学的工具。

　　高斯强调了证明的重要性，打破了传统思想的桎梏。对他而言，数学家的首要使命就是提供证明，这是至今都遵循的最基本的理念。如果不证明对数和素数间的关系，那么高斯的发现对其而言将一文不值。布伦瑞克公爵提供的资助，使他可以自由选择并专攻于某项数学研究。驱使他研究素数的不是名利，而是出于对他所热爱的学科的一种独特理解。他在印章上刻下座右铭"少而精"（Pauca sed matura）。对高斯而言，未经过充分证明的结果，也就只能记录在日记本里或者随手写在对数表背面。

　　对高斯而言，探索数学知识纯属个人行为，是一个人的征程。他甚至利用密码给自己的日记加密。其中一些密码较容易破解。例如，在 1796 年 7 月 10 日，高斯写下了阿基米德的名言"我知道了"（Eureka）[①]，后面跟着一个方程：

$$\text{num} = \Delta + \Delta + \Delta$$

　　这代表了他的发现，即每个数字都可以写成一组三角形数之和，即 1、3、6、10、15、21、28，等等。高斯用这些数在课堂上写成了一个公式。例如，50＝1＋21＋28。但是其他的密码依旧成谜。高斯于 1796 年 10 月 11 日写下的"victus GEGAN"，始终无人能够破解。一些人指责说，高斯对自己的新发现守口如瓶，而他的保守令数学的发展晚了半个世纪。如果他能对自己一半的发现做出解释，且解释中不出现密码的话，那么数学可能会获得更快的发展。

　　另一些人则认为，高斯对自己做出的发现守口如瓶的原因在于，法国科学院曾经拒绝过那篇他写就的关于数论的鸿篇巨制《算术研究》，称其内容太过晦涩，且篇幅过长。因拒稿而深感受挫的高斯，为了使自

① 阿基米德为了帮国王验证王冠是否为纯金打造而冥思苦想，在洗澡的时候发现浮力等于排开水的重量，于是一边光着脚跑出去，一边喊着："我知道了!"——译者注

已免于受到更多伤害，在发表任何东西前都要坚持找到数学拼图的最后一块。《算术研究》面世后并没有立即得到好评，部分原因在于，高斯将其公之于众时，依然使用密码。他一直强调，数学就像一座建筑物，而建筑师从来不会给人们留下脚手架来看建筑是如何建成的。这种观念无益于数学家理解高斯的数学。

但是，法国科学院之所以将高斯满怀期待的投稿拒之门外，也受到了其他因素的影响。对于 18 世纪末的法国，数学的存在意义就是不断满足这个日益强大的工业国家的发展需求。1789 年爆发的法国大革命，预示着拿破仑需要一个高度集中化的军工理论教学体系。因此，他创建了中央公共工程学院（现在称为巴黎综合理工大学），以进一步推动其战争计划。拿破仑宣称："数学的发展和完善，与国家的繁荣息息相关。"法国的数学家致力于解决弹道和液压方面的问题。不过，尽管法国如此强调数学的实用性，一些被誉为欧洲顶级的纯理论数学家仍是其引以为豪的。

其中一位数学界泰斗就是来自巴黎的数学家阿德里安－马里·勒让德。他比高斯大 25 岁。肖像画里的勒让德，是一位大腹便便的绅士，那张脸又大又圆。和高斯不同的是，勒让德来自一个富裕家庭。但是在法国大革命时期，他的家族家道中落了。因此，他只能靠数学天赋谋生。他同样对素数和数论感兴趣。在 1798 年，也就是少年高斯发明时钟计算器的 6 年后，他宣称发现了素数和对数间的实验性关系。

尽管此后证明，高斯的发现比勒让德的略胜一筹，但是勒让德提高了 N 以内素数统计的精确度。高斯猜测，N 以内的素数个数大概为 $N/\log(N)$。尽管这已经非常接近实际数字了，但是当 N 的值越来越大时，自然就偏离了实际结果。如下图所示，下方曲线代表少年高斯猜测的素数个数，上方曲线代表实际的素数个数。此图表明，尽管高斯取得了一定成就，但还有一些提升空间。

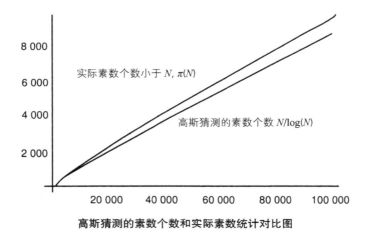

高斯猜测的素数个数和实际素数统计对比图

在此基础上，勒让德稍加改进，将 $N/\log(N)$ 替换为：

$$\frac{N}{\log(N)-1.083\,66}$$

该公式进行了一个常量的校正，使高斯的曲线更接近实际素数个数的曲线。只要这些函数的值在可计算的范围内，$\pi(N)$ 和勒让德修正后的图像是很难区分开来的。勒让德致力于研究数学在实际生活中的应用。因此，他甘冒风险来预测素数和对数间存在的某种关系。他敢于传播那些未经证明的想法，甚至包括那些存在缺陷的证明。1808 年，在《数论》一书里，他对素数个数做出了猜想。

至于谁是第一个发现素数和对数之间的函数关系的，这一事实仍存有争议。这让高斯和勒让德陷入激烈的争执。这一争议不仅仅来自素数，勒让德甚至宣称，高斯预测谷神星位置所用的方法也是自己最先发现的。一次又一次，每当勒让德声称他发现某些数学事实时，就立刻遭到高斯的反驳。后者宣称，那一战利品早已归自己所有。1806 年 7 月30 日，高斯在写给一位叫舒马赫的天文学家的信中抱怨道："我几乎所有的理论工作，都碰巧和勒让德的同时进行，这似乎是天意啊！"

　　骄傲如高斯，在世时始终不愿意卷入事关优先权的正面交锋中。高斯死后，人们在整理他的文章和往来信件时，真相才大白于天下。高斯终于赢得了属于他的荣誉，尽管有些姗姗来迟。直到 1849 年，数学界才承认，高斯在素数和对数函数的问题上击败了勒让德。在那年的平安夜，高斯在写给一名叫约翰·恩克的数学家兼天文学家的信件中，提到过那些理论。

　　从 19 世纪早期可用的数据来看，勒让德提出的关于 N 以内素数个数统计的函数近似度更高。但是，这个难看的常数项 1.083 66 让数学家相信，一定有一个更完美、更自然的存在，来捕捉统计素数个数的行为。

　　如此难看的数字，其他学科可能司空见惯，但是数学家对那些最美的事物竟如此情有独钟，这着实不可思议。正如我们看到的那样，黎曼假设完美地诠释了数学界秉承的一般性原则，即在丑与美之间做出选择，自然往往钟情于后者。它不断使大多数数学家惊叹：数学世界就该如此。这也解释了为何他们会如此钟情于发现学科之美。

　　晚年的高斯进一步优化了自己的猜想，得到了一个更加精确、更加优雅的函数。这也就不值得大惊小怪了。在平安夜写给恩克的同一封信中，他解释了自己如何发现优于勒让德的公式。高斯所做的就是将问题回归到自己在童年时期第一次提出的那个猜想上。他计算了差不多 100 个数，其中 1/4 是素数。当总量达到 1000 时，素数的比例就下降到了 1/6。高斯意识到，计算的数量越大，出现素数的比例就越低。

　　因此，高斯的脑海中浮现出这样一个想法：自然决定了素数的出现。这种分布是如此杂乱无章。通过抛硬币，或许不能很好地选择出素数吧？大自然会抛硬币吗？正面是素数，反面则不是。高斯想，这个硬币正反面的概率不是简单地各占 1/2，而是正面朝上的概率为 $1/\log(N)$。所以数字 1 000 000 是素数的概率，可以用 $1/\log(1\ 000\ 000)$ 来描述，大约是 1/15。1/log(N) 的值，是随着 N 的值变大而逐渐变小的。因此，N 的值越大，一个数是素数的概率就越低。

这只是一种启发式论证，因为 1 000 000 或者任意其他数字，要么是素数，要么不是。抛硬币什么也改变不了。尽管高斯构建的心智模型在预测和判定素数上没什么用，但是他发现，这有助于预测那些不太具体的问题。例如，随着计数越来越大时，人们能猜测出可能出现的素数个数。他用来估计抛出的 N 个硬币中素数的个数。常规硬币正面朝上的概率是 1/2，正面朝上的硬币数就是 $N/2$。但是素数出现的概率会逐渐降低。运用高斯构建的素数模型，预测到的素数个数为：

$$\frac{1}{\log(2)} + \frac{1}{\log(3)} + \cdots + \frac{1}{\log(N)}$$

其实，高斯进一步生成了一个叫作对数积分的函数，用 Li(N) 表示。新的函数只不过对上述表示稍加调整，结果却惊人地准确。

当时，70 岁的高斯在写给恩克的信中提到，他已经制作出了一个 3 000 000 以内的素数表。在探索素数之路上，他写道："我常常花上 15 分钟，计算一个又一个范围为 1000 的数字。"利用对数积分进行 3 000 000 以内的素数统计，其准确率仅相差 7 个百分点。勒让德也成功地修正了那个有点儿丑陋的公式，使之在 N 的值很小时也符合 $\pi(N)$。因此，基于当时可用的数据，勒让德的公式似乎更胜一筹。随着数据量更大的表格被不断制成，通过勒让德的公式预测 10 000 000 之后的素数变得越来越不准确。来自布拉格大学的雅各布·库利克教授，用了 20 年时间，独立构建了 100 000 000 以内的素数表。这部鸿篇巨制由 8 卷构成，于 1863 年完成，从未发表过，现存于维也纳科学院。尽管在第 2 卷上走了一些弯路，但是这些数表再次证明，高斯提出的基于 Li(N) 的方法又一次击败了勒让德的公式。现代的数表也证明，高斯提出的方法是多么遥遥领先啊！例如，统计 10^{16} 以内的素数个数，高斯估算出的数值准确度，仅相差千万分之一。高斯做出的理论分析，粉碎了勒让德使用公式来匹配可用数据的企图。

对于自己所提出的方法，高斯还注意到一个有意思的现象。基于已知的 3 000 000 以内的素数，他发现，利用 Li(N) 公式，似乎总是会过高估素数个数。他猜想这种情况是普适的。既然通过现有数据，证明了高斯对 10^{16} 以内的素数个数的猜想为真，那么谁又会反驳高斯的这一猜想呢？的确，任何实验如果得到 10^{16} 这一相同结果，那么对大多数实验室而言，都是不容置疑的。仅此一次，高斯做出的这一直觉性猜想，最终被证明是错误的。不过，尽管当代数学家已经证明了 $\pi(N)$ 终将超越 Li(N)，但是没人能见证那一时刻，因为我们计算的数字远远没那么大。

从 $\pi(N)$ 和 Li(N) 的图像对比可知，它们简直天生一对，以至于很难在大范围内将二者区分开来。我要强调的是，利用放大镜就能区分出二者的不同之处了。$\pi(N)$ 的图像看起来像阶梯，而 Li(N) 的图像看起来更像是一条平滑的曲线，没有突出的棱角。

自然通过抛硬币选择素数，这一证据为高斯所识。硬币的重量配置，使得 N 是素数的概率为 $1/\log(N)$。但是，他还缺少一种可准确预测投掷硬币结果的方法。这就需要新一代数学家在此基础上添砖增瓦了。

换一种视角，高斯就发现了素数的一种规律。他的猜想被称为"素数猜想"。为了宣布高斯提出的猜想为真，数学家不得不去证明，高斯的对数积分和实际素数个数之间的误差会随着统计量的增加而减小。高斯早已看到远处遥不可及的山峰，留给后人的工作是提供证据，开辟通向山峰之路，或者揭开假象的面纱。

很多人称，谷神星的出现使高斯在素数猜想上分了神。在 24 岁那年，他一夜成名后，便开始涉足天文学领域。自此，数学就不再是他生命中的唯一了。1806 年，高斯的资助人布伦瑞克公爵卡尔·威廉·斐迪南被拿破仑处死，使得他不得不另谋出路，以维持生计。尽管圣彼得堡科学院向他抛来橄榄枝，并期待其能接替欧拉的位置，高斯还是选择担任哥廷根天文台台长一职。该天文台位于下萨克森的一个小型大学城内。他将更多的时间花在追踪夜空中的小行星，以及帮助汉诺威王朝（汉诺威王朝是德国布朗史维希王朝的分支之一，因此，又称布朗史维希王朝汉诺威分支）和丹麦王朝完成对陆地的探索上。但是他一直在坚持思考数学问题。绘制汉诺威山地图时，他还在思考欧几里得的平行线定理；回到天文台后，他继续致力于扩展素数表。高斯听到了素数乐章里的第一个主旋律。不过，他的学生黎曼却真正感受了杂乱无章的素数乐章背后隐藏的神秘而和谐的力量。

第 3 章

黎曼的虚数世界观察镜

难道你既感受不到也听不到吗？我是否在独享这份曼妙的天籁之音？

——理查德·瓦格纳，

《特里斯坦与伊索尔德》（第三幕，第三场）

1809 年，威廉·冯·洪堡出任普鲁士王国（位于现今的德国北部）教育署长一职。在 1816 年给歌德的一封信中，他写道："我常常忙于振兴科学的大业，但是深深地感觉到，有种古老的力量在召唤我。现有的一切都让我厌恶至极。"洪堡支持这样一项运动：科学不再充当实现某一目的的工具，而是回归到探索知识、追寻真理的传统上。之前制订的教育计划，旨在使普鲁士王公贵族享受到至上荣耀和权力。从此以后，教育的重点要放在服务于个人而不是国家上。

作为思想家和公职人员，洪堡进行了一场影响深远的改革。他创办的文理中学横跨普鲁士和汉诺威王国。而这些学校的教师，不再是来自旧教育系统的神职人员，而是来自那个时期创办的大学和理工学院的毕业生。

柏林大学是皇冠上的宝石，成立于 1810 年。洪堡称其为"现代大学之母"。它位于著名的林荫大道，即菩提树下大街，坐落在普鲁士王子海涅里希曾经居住过的宫殿内。自此，大学开始将促进研究和教学作为其第一要义。洪堡说道："大学不但使科学走向统一，还推动了这一过程的发展。"尽管仍对古代世界余情未了，但是洪堡还是对大学教育实行了大刀阔斧的改革，率先引入除了传统的法律、药学、哲学和神学之外的新学科。

起初，学生们学习数学，只是为新的预科和大学课程学习打下坚实的数理基础。之后，他们开始学习数学，以探索数学本身之美，而不仅仅为了服务于其他学科。这与拿破仑推行的为军队服务的教育改革形成了鲜明的对比。一位来自柏林的教授卡尔·雅可比，在1830年写给勒让德的信里，提到了法国数学家约瑟夫·傅里叶。傅里叶曾抨击过德国学派，认为他们对更实际的问题视而不见：

傅里叶认为，数学的主要使命是服务大众，并解释自然现象。这是毋庸置疑的。但是身为哲学家的他理应知道，科学的唯一使命就是歌颂及传播人类精神文明。因此，一个关乎数论的问题，在价值上足以与一个关乎世界体系的问题相提并论。

对拿破仑而言，教育终将打破旧制度的桎梏。他承认，教育为他建立的法兰西帝国提供了坚实后盾。因此，在巴黎，各种教育机构如雨后春笋般涌现出来，而其中一些至今仍享有盛名。大学精英团不但可以由不同背景的学生组成，而且奉行一种新的教育理念，强调让教育和科学服务于社会。一位来自法国大革命的地方军官，在1794年曾给一位数学家致信，称赞其开设了"共和国算术"课程。他写道："法国大革命的胜利，不仅提升了我们的道德素养，为我们以及我们的后代追求幸福铺平了道路，还解开了束缚科学进步的枷锁。"

洪堡对数学推行的改革，与周边盛行的功利主义思想大相径庭。德国所实施的教育改革，对数学界意义重大且影响深远。它促使数学家创造了一门更加抽象的数学语言，并掀起了素数研究领域的一场革命。

首先从洪堡教育改革倡议中受益的是吕讷堡，当时属汉诺威王国管辖。这座城市原本是繁华的商业中心，现在日渐衰落。铺满鹅卵石的狭窄街道，已不复旧时那般繁荣的商业景象了。然而在 1829 年，一座新的建筑在吕讷堡拔地而起，耸立在三座雄伟的哥特式教堂建筑之间。它就是约翰诺依姆文理中学。

到了 19 世纪 40 年代初期，这所学校获得了蓬勃发展。校长施马尔富斯是洪堡提出的新人文主义思想的忠实拥护者。他的图书馆就是这一开明思想的集中体现。它以藏书丰富而闻名，不但收藏有来自古罗马、古希腊的古典文学和当代德国作家的著作，还收藏有来自其他国家的书卷。值得一提的是，施马尔富斯特别关注来自巴黎——在 19 世纪上半叶有着欧洲智慧圣地之称——的书卷。

施马尔富斯的学校刚刚接收了一个小男孩，他叫伯恩哈德·黎曼。黎曼十分害羞，不擅交际。他来自汉诺威，由祖母抚养成人。1842 年祖母去世后，他不得不搬到吕讷堡，寄住在一位教师的家里。加入新学校后，他沮丧地发现，同龄人都有各自的朋友圈，而他就像一个局外人。他很想家，可还要时不时遭到其他孩子的取笑。因此，他宁愿长途跋涉，回到他生活在库伊克博尔恩的父亲家里，也不愿和同龄人一起玩耍。

黎曼的父亲是库伊克博尔恩的一位牧师，他对黎曼寄予厚望。尽管黎曼在学校过得并不开心，但是他不想让父亲失望。他学习十分刻苦、认真。可是，他处处追求完美，眼里容不得半点沙子。除非保证他提交的作业答案没有一丁点儿差错，能够获得老师百分之百的好评，否则他不会轻易提交每一份作业。这种精益求精使他心力交瘁，而一次次不能按时上交作业也使老师对他大失所望。他的老师甚至开始怀疑，这个孩子能否顺利通过结业考试。

施马尔富斯正是黎曼的"伯乐"。他指引着这个迷失的小男孩走出困境，继续他的追求完美之路。起初，施马尔富斯就注意到了黎曼显露出的数学才能。因此，他迫切地想要充分开发他的这种潜能。他的图书馆向黎曼敞开了大门。在那里，黎曼可以自由出入；在那里，有一个丰富的数学宝藏，等待着黎曼去挖掘；在那里，黎曼也可以摆脱来自同辈的社交压力。这座图书馆给黎曼开启了一个崭新的世界。来到这个世界，黎曼感到轻松自在，一切尽在掌握之中。很快，他便置身于一个完美、理想化的数学世界。在那里，他以"证明"为乐，是"证明"支撑起他所构筑的那个新世界；在那里，他以数字为友，不断探索隐藏在数字背后的奥秘。

洪堡倡导，教育要将科学的使命从服务于现实社会向发现科学知识之美上转变。作为洪堡的坚定追随者，施马尔富斯将这一理念运用到课堂教学上。他劝导黎曼，少读那些遍布公式和定律的数学书，因为编写这些书本只是为了满足工业国家日益增长的发展需求。他还指导黎曼来潜心研读欧几里得、阿基米德和阿波罗尼斯的经典著作。他们的几何观点，使古希腊人理解了抽象的点线结构，也使古希腊人不拘泥于几何图形的某一特定公式。有一次，施马尔富斯给黎曼送来一份笛卡儿的几何分析论文，其间夹杂着各种方程和公式。在该论文中提到的机械方法，显然与黎曼日益感兴趣的概念数学背道而驰。不久，在施马尔富斯给好友的回信中，他写道："显然，那时候的黎曼已经是一名数学家了。他知识渊博，目光敏锐，令老师们自愧不如。"

摆在施马尔富斯书架上的一部大部头，《数论》，是他从法国收集到的。该书由阿德里安－马里·勒让德撰写，出版于 1808 年，首次记录了素数计数和对数函数间的奇妙关系。由高斯和勒让德发现的这一关系，只是基于实验证据。随着数值变大，素数个数是否总是近似于高斯或者勒让德的函数给出的结果，还是个未知数。

尽管这部大部头是四开本，有 859 页，但是年轻的黎曼一拿到手就如饥似渴地读起来，只用了 6 天时间就汲取了书里的全部营养。当把这本书完璧归赵时，他一副少年老成状，满怀自信地对老师说："这是一本好书，其中的关键知识，我已了然于胸。"施马尔富斯简直不敢相信自己的耳朵。直到两年后的结业考试，他就该书的内容测试黎曼，看到黎曼提交的完美答卷后，才不得不相信他所说的。这标志着一个伟大数学家的诞生。感谢勒让德在年轻的黎曼心中种下的一颗种子，在他日后的人生中以最壮美的方式绽放。

结业考试后，黎曼迫不及待地要加入活力四射的新兴大学，成为推动德国教育改革的一员。不过，他的父亲却另有打算。黎曼的家庭并不富裕，他的父亲希望他能在教堂工作。神职人员的工作能给他带来稳定的收入来养活他的妹妹们。汉诺威王国唯一教授神学的大学只有哥廷根大学，而不是那些新兴的大学。前者是在 1734 年，也就是一个世纪前成立的。因此，为了满足父亲的愿望，在 1846 年，黎曼前往了那个湿冷的小镇——哥廷根。

哥廷根大学静静地坐落在下萨克森的一个丘陵地带。在它的中心地带，是一个由古代城墙环绕着的中世纪小镇。这就是黎曼眼中的哥廷根，它还保留着大量的欧洲中世纪痕迹。狭窄的街道蜿蜒曲折，两边分布着有着红色屋顶的半木质房子。格林兄弟就在这里写完了他们大部分的童话故事。我们可以想象一下，汉斯和格莱泰 ① 从这条街道穿行而过的场景。小镇中间耸立着中世纪的市政厅建筑，墙上写着这样的箴言，"哥廷根外没有生活"。对大学里的人而言，这是事实。科研生活是自给自足的。尽管神学在最初还处于支配地位，但是当学术变革之风吹过德国后，哥廷根大学设立了科学课程。到了 1807 年，高斯担任天文学教授和天文台台长的时候，科学已经取代了神学，在哥廷根大学风生水起。

---

① 　两人是格林童话《糖果屋》中的人物。——译者注

施马尔富斯在年轻的黎曼胸中燃起的数学之火，依然在熊熊燃烧着。带着父亲的殷切希望，他来到哥廷根大学研究神学。但是到那儿的第一年，伟大的高斯和哥廷根大学的科学传统，给他留下了不可磨灭的印象。希腊文和拉丁语讲座对数学课和物理课缴械投降，只是时间的问题。黎曼诚惶诚恐地给父亲写信，希望能从神学转向数学研究。对黎曼而言，父亲的支持就是一切。收到了父亲的祝福，他如释重负，终于能全心投入到大学科研当中了。

很快，面对天赋异禀的黎曼，哥廷根大学也变得渺小了。不到一年，黎曼就穷尽了可以获得的所有资源。高斯此时也上了年纪，已经与大学知识分子生活渐行渐远。自 1828 年起，他一直待在天文台那儿的住处，只离开过一晚。大学课堂上，他只教授天文学，特别是教授关于如何重新发现"丢失的"谷神星的方法，这个方法是他多年前发现的，并使他由此一战成名。黎曼需要另觅他处，以激励他获得进一步发展。他看到柏林在向他招手，那里是知识分子最活跃的地方。

法国成功创建了各种科研机构，给柏林大学带来了巨大影响。例如，巴黎综合理工学院就是拿破仑下令修建的。其中一位关键的数学大使，就是约翰·彼得·古斯塔夫·勒热纳·狄利克雷。尽管狄利克雷1805 年出生于德国，但是狄利克雷的父母是法国原住民。思乡心切的他在 1822 年回到法国，在 5 年的时间里，浸润在学术圈，汲取着知识分子智慧的结晶。洪堡的哥哥亚历山大是一位业余科学家，在旅途中偶遇狄利克雷，对其印象颇佳，许诺会为他在德国学术界谋得一官半职。狄利克雷是个叛逆者。或许巴黎街头的气氛，给了他挑战权威的勇气。在柏林，他对那些大学老学究提出的一些迂腐规则嗤之以鼻。当他们要求他展示拉丁文水平时，他常常视而不见。

哥廷根大学和柏林大学，给予了黎曼之类的科学新秀截然不同的学术氛围。哥廷根大学独立于世，与世隔绝。研讨会也不太会有外人参加。这是个于自我满足和自我燃烧中孕育伟大科学的城邦。相反，柏林大学在学术上的兴盛源于德国外部的刺激。法国带来的思想，结合德国对自然哲学采用的前瞻性方法，产生了一种崭新的混合体。

哥廷根大学和柏林大学的学术氛围迥异，适合的数学家也大不相同。如果不与外界交流新思想、新观点，那么一些人可能一辈子都不会取得成功。而另外一些数学家之所以能获得成功，是因为他们常常将自己置身于与世隔绝之地，在那里，他们能够找到自己的内在力量，点燃思想火花，发现新语言、新方法。黎曼就属于前者，他需要与人交流各种传播的新思想，从而取得突破。因此，他知道，柏林大学就是他最好的去处。

1847 年，黎曼迁往柏林并在那里居住了两年。在那里，他终于能接触到高斯这个沉默的大师在哥廷根大学没有公开的论文。他旁听了狄利克雷的讲座，狄利克雷此后也在黎曼发现素数的奥秘上扮演了重要角色。总之，狄利克雷是一位出色的演说家。一位参加过他讲座的数学家曾这样评价：

> 论资料之丰富，思路之清晰，无人能出其右。他面对着我们，坐在高桌之上，眼镜架在额头上，双手托着脸……他盯着手里虚拟的计算器，并将结果读给我们听。我们很快就能理解其意，似乎我们也能看到一样。我喜欢这类演讲。

在狄利克雷的研讨课上，黎曼结识了许多年轻的研究者，他们都对数学满怀热情。

柏林大学也涌现出了许多其他力量。1848 年爆发的横扫君主制的法国大革命，从巴黎街头一直蔓延到欧洲大部分地区。革命之火在柏林街头已初见端倪，此时的黎曼还在柏林学习。据同龄人说，这对黎曼的影响很大。他加入学生军，在柏林的宫殿保护国王的安全。这是他参与的一场非学术性活动，属于他生命中为数不多的一次。据说他连续进行了16 个小时的路障作业。

而对于从巴黎学术界传播过来的数学革命，黎曼的反应并非是一种背叛行为。柏林大学不但吸收了巴黎的政治制度，还引入了来自于巴黎学术界的许多科学杂志和出版物。收到了来自法国颇有影响力的最新期刊《法国科学院报》后，黎曼就把自己关在屋子里，潜心研读数学革命者奥古斯丁－路易·柯西的文章。

柯西是大革命时代的弄潮儿，生于 1789 年巴士底狱被攻占后的几周。在那个风雨飘摇的年代，食物匮乏。比起锻炼身体，营养不良的柯西更喜欢脑力活动。数学世界给了他一个避难所。柯西的父亲有一个数学家朋友，也就是约瑟夫－路易斯·拉格朗日，他发现了这个男孩的过人天分。他和别人讲道："你看到那个小男孩了吗？真好！他将超越目前为止我们所有的数学家。"不过他给了柯西的父亲一个有意思的建议："17 岁之前，不要让他接触数学书。"相反，他建议培育这个孩子的文学素养，这样等他再回过头来研究数学的时候，就能写出自己的数学语言，而不用拾人牙慧了。

结果证明，拉格朗日的建议是对的。使柯西免受外部世界干扰的防洪闸门刚一打开，他就发展出一门如洪水般一发不可收拾的新语言。柯西写就的文章篇幅之长，远远超过了普通文章长度，以至于《法国科学院报》不得不对印刷的文章页数严加限制，这种限制沿用至今。对同龄人而言，柯西的数学语言太过庞大了。挪威数学家尼尔斯·亨利克·阿贝尔在 1826 年写道："柯西这个疯子。他所做的一切是那么完美，却又让人捉摸不透。起初我简直不知所云；现在我大概有些了解了。"阿贝尔继续着巴黎所有数学家都在进行的研究，柯西则独树一帜，潜心研究着"纯粹数学"："当其他人都局限于电磁学和其他物理科学时，柯西已经走在时代前面，懂得了如何来正确对待数学。"

在柯西的带领下，学生们都潜心于数学研究中，将数学在实际中的应用抛之脑后。这引起了巴黎当局的警觉，使柯西深受其扰。当柯西在巴黎综合理工学院演讲时，院长就给他写信，指责他沉迷于抽象数学。信中这样写道："很多人认为，教授纯粹数学，将会使学校越来越偏离应有的轨道。这种不必要的偏爱，简直是对其他分支学科的伤害。"因此，年轻的黎曼对柯西赞赏有加，这也许就不足为奇了。

这些新思想给黎曼打开了一扇未知世界的大门，他沉溺其中，几乎成了一个隐士。当同龄人还不知所云时，他已经呕心沥血地研读完了柯西的著作。黎曼露面几周之后宣称："这是数学的一个新领域。"使黎曼和柯西感兴趣的，正是这一新事物——虚数。

3.1　虚数：新的数学远景

-1 的平方根，作为虚数的基本构成要素，从术语上来看，似乎有些自相矛盾。有些人认为，是否承认存在这种数字，能判断出一个人是否为数学家。实现创新性飞跃，需要进入这一片数学世界。乍一看，它似乎和这个物理世界没什么关系。这个物理世界似乎是由那些平方永远是正数或零的数构成的。然而，虚数不止是抽象的游戏。它们把握了 20 世纪亚原子粒子学的命脉。没有数学家的探索素数之旅，就没有人们的大规模遨游天际之旅。这个新世界的出现，给了那些坚守传统数字的人们温柔一击。

发现这些新数字的故事，要先从求解简单方程说起。如同古巴比伦人和古埃及人认为的那样，将 7 条鱼分给 3 个人的话，公式里就会出现诸如 -1/2、1/3、2/3、1/4 之类的分数。到公元前 6 世纪，古希腊人在探索三角形几何学时发现，分数有时候也难以表示三角形的斜边长度。毕达哥拉斯的理论，迫使他们创造了一类不能用简单分数表示的新数字。

例如，毕达哥拉斯设一个（等腰）直角三角形的两条短的边长为单位 1。由他的著名定理可知，如果长边长度为 x，那么 x 就是 $x^2 = 1^2 + 1^2 = 2$。换句话讲，长边的长度是 2 的平方根。

分数就是那些小数有重复规律的数字。例如，1/7 = 0.142 857 142 857... 或者 1/4 = 0.250 000 000...。相比之下，希腊人证明了 2 的平方根并非分数。不论你算到多少位小数，2 的平方根的小数位数永远都不会呈现出一种重复规律。2 的平方根就从 1.414 213 562... 一直往后延伸。在哥廷根大学时，黎曼常常不断计算 2 的平方根的小数位数，以打发无聊时间。他将纪录保持在 38 位，在没有计算器的年代，这相当了不起。这也或许更多反映了无聊的哥廷根大学夜生活以及黎曼内敛的性格。不过，无论黎曼计算多少位，他都知道，自己永远也得不到完整的数字或者发现某种重复规律。

为了描述类似 $x^2 = 2$ 的解的这类数字的特性，数学家称其为**无理数**。这个名字反映了数学家对于无法精确表达这类数字而感到内心不安。然而，这些数字还是有实际意义的，毕竟它们都刻在刻度尺上或者数学家描述的数轴上。例如，2 的平方根就在 1.4 和 1.5 之间的位置。如果你可以完成一个完美的毕达哥拉斯直角三角形，其中两条直角边为单位长度，那么这个无理数的位置就是这个长边的长度铺在数轴上的位置。

至于发现负数的故事，也要从求解诸如 $x + 3 = 1$ 之类的简单方程说起。负数最早出现在中国古代的数学专著《九章算术》中（成书于公元 1 世纪）。负数的创造是为了满足日益繁荣的金融社会的发展需求，因为它们能用于描述负债。欧洲数学家们直到一千年后才承认存在这种所谓的"虚拟数字"。负数占据了数轴从 0 开始向左延伸的位置，如下图所示。

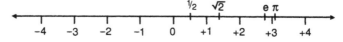

实数：每个分数、负数、无理数在数轴上分别由一个点表示

无理数和负数的出现，使我们可以求解更多方程。如果你不像费马那样坚持让 x、y、z 是整数的话，那么费马的方程 $x^3+y^3=z^3$ 就会出现一些有意思的解。例如，我们可以让 $x=1$、$y=1$，z 是 2 的立方根，这样就能解出该方程了。但是还有其他的方程的解并不在数轴上。

方程 $x^2=-1$ 似乎无解。总之，一个数，无论正负，它的平方总是正数。所以任何能满足上述方程的解，一定不是个普通数字。不过，既然古希腊人能想象出 2 的平方根这样的数字，而无须表述为分数，数学家们就开始展开想象，依葫芦画瓢，创建了一个新数字，来求解方程 $x^2=-1$。对于所有学习数学的人们来说，这种创造性飞跃面临着观念上的一次挑战。这种新数字，也就是负数的平方根，被称作**虚数**，用符号 i 表示。为了区分，数学家们开始将那些可以在数轴上找到的数称为**实数**。

给这个方程凭空捏造答案，似乎有些许作弊嫌疑。为什么不承认这个方程无解呢？这是一种进步，但是数学家们喜欢凡事报以乐观态度。一旦我们接受了，有个新数字**确实能够**解出这个方程，那么这种创新之举会使我们受益良多，总好过一开始的战战兢兢。有了名字，也就不可避免地有了存在。它不再像是一个人为设定的数字，而是一直静静待在那儿，等着我们提出正确的问题，揭开它的面纱。18 世纪的数学家们还不愿接受这种数字的存在。19 世纪的数学家们则无所畏惧，勇于挑战传统的数学观念，相信存在新的思维模式。

坦白地说，正如 2 的平方根那样，−1 的平方根也是个抽象概念。它们被定义为方程的解。但是数学家们不能每碰到一个新公式，就创造一种新数字吧？如果我们想要求解诸如 $x^4=-1$ 之类的方程，该怎么办呢？我们需要不断命名所有新公式的解吗？高斯怀着强烈的信念，最终在 1799 年发表的博士论文中，证明了不需要新数字。只要用这个新数 i，数学家们就可以解出遇到的任意方程。由此，每个方程的解都由普通的实数（有理数和无理数）和虚数 i 组合而成。

　　高斯证明的关键就在于扩展我们通常所说的数轴——呈东西走向，每个点代表一个数。自被古希腊人发现以来，这些实数便为数学家所熟知。但是数轴上并没有虚数——即 -1 的平方根——的一席之地。高斯想知道，如果在数轴上添加一个新方向，那么会发生什么呢？如果用数轴北向（y 轴方向）上的单位 1 表示 i，那么会怎么样呢？所有用于求解方程的新数字，都是由 i 和实数组合而生的，例如 $1+2i$。高斯意识到，二维图上的点就代表着每个可能的数字。虚数也可简单地由坐标上的点表示。数字 $1+2i$ 就能用点来表示。先从 0 点向东（右）移动 1 个单位，然后向北（上）移动 2 个单位，就能到达该点。

　　高斯将这些数字阐释为那个虚构世界地图里方向的集合。将两个虚数 $A+Bi$ 和 $C+Di$ 相加，就是将两个方向上的长度分别相加。例如，求 $6+3i$ 和 $1+2i$ 的和，就会得到 $7+5i$（见下图）。

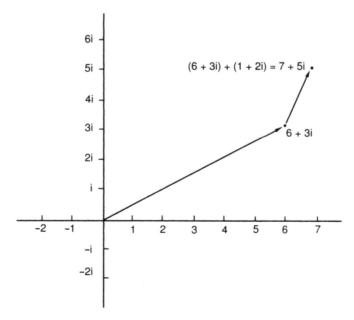

沿着一定方向，添加两个虚数

该图尽管很有说服力，但高斯还是对此守口如瓶。他那个虚构世界地图始终未能公之于众。一旦他构建好需要的证明，就会立即移除绘图时所用的"脚手架"，这样，他那个虚构世界地图就不会留下一丝痕迹了。他知道，数学图像在他那个时代会广受猜疑。高斯年轻时，传统数学在法国仍居于统治地位，人们通往数学世界的首选路径就是公式和方程。这是一种与实用主义密不可分的数学语言。人们为何对图像如此深恶痛绝，还受其他因素的影响。

几百年来，数学家都认为，图像会使人误入歧途。因此，数学语言也就渐渐被用来描述物质世界了。到了 17 世纪，笛卡儿试图将几何转化为一门纯粹描述数字和公式的学科。"感官知觉乃感官迷惑"（Sense perceptions are sense deceptions）正是他的箴言。黎曼舒舒服服地呆在施马尔富斯的图书馆阅读笛卡儿的著作。当读到笛卡儿否定物理图像的言论时，他心中不由得升起一丝厌恶之感。

在 19 世纪初，一个用来证明描述几何体的角、棱和面的关系的公式为真的图像，经证明是错误的，这在数学界掀起轩然大波。欧拉猜想，如果一个几何体有 C 个角、E 条棱和 F 个面的话，那么 C、E、F 之间必须满足 $C-E+F=2$ 这个方程。例如，立方体有 8 个角、12 条棱和 6 个面。年轻的柯西基于图形直觉，在 1811 年建立了一套"证明"。但是当看到另一个不满足这个方程的几何体——一个中间带孔的立方体——时，他感到大为震惊。

柯西建立的"证明"，忽略了实心立方体可能带有孔洞这一情况。因此，有必要在公式中加入新要素，以记录几何体中孔洞的数量。图像易于隐藏一些不易察觉的视角，深受其害的柯西继而投向公式的怀抱，似乎它能提供一个安全的避难所。他实现的一大变革，就是创立了一种新数学语言，使数学家们可以脱离图像，以一种严谨的方式讨论对称等问题。

在 18 世纪末期，高斯深知，他秘密设计的那张虚数地图简直是对数学家的诅咒。因此在证明时，他删除了该地图。对待数字，你只能相加、相乘，而不能绘图。大约 40 年后，高斯终于将那篇博士论文里所使用的"脚手架"公之于众。

3.2 镜中世界

即使没有高斯的虚数地图，柯西和其他数学家也已经开始着手探索以下问题：如果将函数扩展到由虚数而非实数构成的新世界中，那么会发生什么呢？令他们惊讶的是，这些虚数在数学界看似毫无关系的元素之间搭建起了新的联系。

函数就像计算机程序一样，你输入一个数字，进行运算，然后得到输出的数字。函数通常由一些简单的方程定义，比如 x^2+1。例如，给定输入的数字为 2，函数就运算 2^2+1，结果为 5。其他函数则更加复杂。高斯对运算素数个数的方程感兴趣。你输入一个数字 x，然后通过公式，计算 x 以内的素数个数。高斯用 $\pi(x)$ 来表示这个函数。函数图像呈阶梯上升状（可参考第 2 章的素数阶梯图）。每遇到一个新素数时，这个结果就上升一个台阶。当 x 从 4.9 变到 5.1 的时候，素数的个数就从 2 增加到 3，以记录新的素数 5。

数学家们很快就意识到，诸如 x^2+1 之类的方程是可以由虚数和实数构建而成的。例如，将 $x=2i$ 输入到方程中，得到的结果就是 $(2i)^2+1=-4+1=-3$。向方程中输入素数，始于欧拉那一代的数学家。早在 1748 年，欧拉就透过镜中世界无意中发现，一些表面不相关的数学元素间存在着某种奇特关系。欧拉知道，将常数 x 输入到指数函数 2^x，会得到一个快速上升的函数曲线。不过当他输入虚数时，却得到一个出人意料的结果。他看到的不是那种呈指数级增长的曲线，而是一种波形图，现在，我们常常会将其与声波联系在一起。生成这类波形图的函数被称为**正弦函数**，其图像是以 360 度为周期的重复曲线。如今，正弦曲线可用于处理人们日常的各类计算。例如，可通过测量其角度确定一个建筑物的高度。正是欧拉那一代的数学家发现了，正弦波也是模拟乐音的关键。例如，给钢琴调弦的音叉，发出一个纯音（比如 A），就可用此类波来表示。

欧拉将虚数代入方程 2^x 中。令他惊讶的是，对应特定音符的波形出现了。欧拉表示，每个音符都取决于对应虚数的坐标。位置越往北，音调越高；位置越往东，音量越大 ①。 欧拉的发现初步表明，虚数可能不经意间为人们穿过数学世界开辟了新路径。继欧拉之后，数学家们纷纷调转枪头，转而开发虚数这块处女地。寻找数学元素间的新关系一时大热起来。

1849 年，黎曼回到了哥廷根大学，以求在高斯的指导下完成博士论文的写作。正是在这一年，高斯在给朋友恩克的信中，提到他儿时发现的素数和对数函数的关系。虽然高斯可能和哥廷根大学的同事们讨论过这一发现，素数还是未能在黎曼心中激起一丝涟漪。他正沉迷于法国数学家新开辟的数学领域，一心想要探索那个由虚数构建的神秘函数世界。

继欧拉首次涉足这一新领域后，柯西紧随其后，接过欧拉手中的接力棒，开始致力于将其发展为一门严谨的学科。尽管法国人在使用方程及公式上很有一套，但是德国实施的教育改革，使人们的世界观重新趋向于概念化。黎曼已经摩拳擦掌，准备抓住这一大好时机了。到 1851 年 11 月，他将脑海中的那些想法一一付诸笔下，并向哥廷根大学教务委员会提交了自己的论文。显然，他提出的这些想法打动了高斯。高斯

① 此处不代表声波图。声波图中，纵向跨度越大，音量越大；往复频次越多，音调越高。——译者注

大赞黎曼的博士论文，称其集"创造性、活力、真正的数学思维、令人赞赏的原创性"于一身。

黎曼给父亲写信，迫不及待地告诉他自己取得的成就。他写道："我相信，完成博士论文后，我的前途将一片光明；同时，我希望，自己将来能写得更快、更流畅，尤其是踏入社会后。"但是，哥廷根大学的生活远不如一开始在柏林那样令他心潮澎湃。这所大学有些沉闷、保守。而黎曼也没有足够的自信来参加那些老学者们举办的学术活动。在哥廷根大学，他能接触到的学生就更少了。他总是放不下对身边人的戒备，在社交中从来没有真正放松过。"在这儿，他行事古怪，曾做过最奇怪的事情，只是因为他相信，没人可以理解他。"与黎曼同时期的理查德·戴德金这样写道。黎曼患上了抑郁症，时不时要饱受抑郁症发作的折磨。他满脸络腮胡子，任由脸上这些黑色的胡须不断生长。似乎只有这样，他才能获得内心的片刻安宁。他经济状况堪忧，靠辅导六个学生过活。生活对他来说，充满未知数。工作重负加上贫穷这座大山，压得他喘不过气来，使他在1854年一度崩溃。然而，当狄利克雷这位柏林数学界的明星访问哥廷根大学时，他那抑郁之情立即一扫而空，脸上露出久违的微笑。

黎曼在哥廷根大学的挚友，是大名鼎鼎的物理学家威廉·韦伯教授。在哥廷根大学任教期间，韦伯和高斯二人合作过很多项目。他们就是数学界的夏洛克·福尔摩斯侦探和华生医生 ①，高斯提供了理论支撑，韦伯将其用于实践。两人最出色的发现之一就是实现了电磁势能的远程通信问题。他们成功地在高斯的天文台和韦伯的实验室之间安装了电报线，以交流信息。

尽管高斯觉得发明这个只是出于好奇，韦伯却清楚地看到这一发现将引发一场变革。"当世界遍布铁路网和电信线路时，"他写道，"这个

---

① 柯南·道尔著名作品《福尔摩斯探案集》的两位主人公。——译者注

网络便可作为一种运输工具，亦可作为一种以闪电般速度传播思想和感觉的工具。它能提供的服务可与人体神经系统所能提供的服务相提并论。"电报的迅速传播以及高斯发明的时钟计算器在信息安全上的应用，使高斯和韦伯成为电子商务和互联网的鼻祖。他们的合作永远为后人所铭记。直到现在，哥廷根大学内还矗立着二人的雕像。

一个曾在哥廷根大学拜访过韦伯的人，将其描述为一位略显疯狂的发明家："这是个古怪的小个子，嗓音尖锐、刺耳。有时说起话来又支支吾吾，有点儿磕巴，但是能说个不停，别人只能洗耳恭听。有时他会没有缘由地大笑，让人摸不着头脑。"韦伯比他的合作者高斯更有反叛精神。1837 年，他对汉诺威王国的专横统治提出抗议，因此被学校暂停职务，成为"哥廷根七侠"之一。在完成论文后的一段时间内，黎曼都担任韦伯的助手。在那段日子里，黎曼对韦伯的女儿萌生情愫，但是他的主动示爱却石沉大海，得不到对方的回应。

1854 年，黎曼给父亲写信道："高斯已病入膏肓，医生说他将不久于人世。"黎曼担心，高斯可能会在自己获得教授资格之前去世。幸运的是，高斯活到了那一天，他亲耳听见黎曼讲述几何以及几何和物理学间的关系，这是黎曼在和韦伯合作期间就萌发的思想。黎曼确信，物理学的基本问题都能靠数学解决。之后几年物理学的发展，也最终坚定了他对数学的这一信念。黎曼提出的几何理论，被许多人认为是他在科学上做出的最重要的贡献之一。作为科学史上的里程碑，在 20 世纪初期，爱因斯坦也得以在此基础上开启一段科学革命之旅。

一年后，高斯去世。斯人已逝，但他的思想影响了后来的一代又一代人。他对素数和对数函数间关系的猜想，留待未来的数学家去思考、去探索、去证明。天文学界为了纪念这位伟大的数学家，用他的名字"Gaussia"为小行星命名。在哥廷根大学的解剖室里，人们还能看到其中收藏的高斯的大脑，它经过特殊处理，得以永久保存。据说，高斯的大脑比以往解剖过的任何大脑都要复杂。

狄利克雷被授予重任,来接替高斯的位子,当年黎曼还参加过他在柏林的讲座。狄利克雷给哥廷根大学带来了一股学术清流,这正是黎曼当年毅然决然选择奔赴柏林大学并陶醉其中的原动力。一位英国数学家记录下了他在哥廷根大学遇到狄利克雷时的印象:"他身材高大、瘦削,留着略显花白的络腮胡子,说话声音有些嘶哑,耳朵不太好使。那时天色尚早,他脸没洗,胡子没刮,穿着睡衣,趿拉着拖鞋,一只手端着一杯咖啡,另一只手夹着香烟。"尽管他看上去是如此不修边幅,但他胸中燃起的是一股追求"严谨证明"的熊熊烈火,这在当时无人能望其项背。狄利克雷在柏林的同龄人,卡尔·雅可比,写信给狄利克雷的第一个资助人亚历山大·冯·洪堡时称:"不是我,也不是柯西和高斯,而是狄利克雷,只有他才能诠释何为严谨的证明。我们对此没有话语权,只能向他学习。当高斯说自己证明了什么的时候,我认为结果很有可能会如他所言;当柯西这么说的时候,我觉得有五成把握;但当狄利克雷这么讲了,那就是板上钉钉的事实了。"

狄利克雷的到来,开始使哥廷根这个与世隔绝的小镇变得热闹起来。狄利克雷的妻子丽贝卡,是作曲家费利克斯·门德尔松的妹妹。她对哥廷根无聊的社交生活深恶痛绝,于是举办了各种各样的派对,以找回她曾经在柏林度过的那段令人魂牵梦萦的沙龙时光。

狄利克雷推行轻松自由的教育制度,这使黎曼可以敞开心扉,与他尽情交流在数学上的心得。从柏林回到哥廷根之后,黎曼就一直十分孤独。黎曼本来就性格腼腆,加之高斯后期又比较古怪、孤僻,可想而知,黎曼几乎很少跟这位大师交流。相反,狄利克雷那泰然自若的举止,对黎曼来说再好不过了。只有在那种轻松愉快的氛围里,黎曼才能无所顾虑地打开心扉,与人畅快交流。在给父亲的信中,黎曼这样描述这位良师:"在和我交流两个小时后,第二天一大早,狄利克雷就从头到尾看完了我的整篇论文。他待人友善。我和他地位悬殊，这是我之前不敢奢求的。"

狄利克雷同样十分欣赏黎曼这位谦谦君子，还发现黎曼在探索数学之路上能勇于创新，不落窠臼。有时候，狄利克雷甚至会将黎曼从图书馆里拽出来，两人一起漫步在哥廷根的乡间小路上。黎曼用近乎道歉的语气向父亲解释道，这些"偷得浮生半日闲"的时光，比闷在屋里看数学书对其学术更有助益。正是当两人穿越下萨克森州森林时，狄利克雷和黎曼的对话，使黎曼灵光乍现，打开了通往素数世界的又一扇大门。

3.3　ζ 函数：数学和音乐之间的桥梁

19 世纪 20 年代在巴黎度过的那段时光中，狄利克雷潜心研读高斯年轻时写就的伟大著作《算术研究》。尽管高斯这本书标志着数论开始作为一门独立学科，但是它的内容对很多人来说还是十分晦涩，他们读不懂高斯眼中的简练语言。不过，狄利克雷很乐意挑战这块难啃的硬骨头。每天晚上，他都把这本书放在枕头旁，希望第二天早上阅读时能灵光一闪，忽然顿悟。高斯这部著作被称为"七封印之书"，但在狄利克雷的艰苦努力和不懈追求下，这些封印被一一解开，里面的宝藏也得以公之于世。

狄利克雷尤其对高斯的时钟计算器感兴趣。他也相当好奇那个基于费马发现的规律而做出的猜想。假设时钟计算器的刻度是 N 小时，然后输入不同的素数，根据费马的猜想，那么一定总会有素数让时针指向 1（点）。再举个例子，假如时钟计算器的刻度是 4 小时，那么就会有无穷多的素数，它们被 4 整除后的余数是 1。这个数列就是 5, 13, 17, 29, …。

1838 年，狄利克雷 33 岁时证明了费马直觉的正确性，在数论历史上写下了浓墨重彩的一笔。他融合了数学上一些看似不相关的领域的观点。欧几里得曾经利用简单的逻辑推理巧妙地证明了存在无穷多个素数。与之不同的是，狄利克雷利用了欧拉时代数学领域出现的一个复杂函数。它叫作 ζ 函数，用希腊字母 ζ 表示。狄利克雷就使用了下列公式，输入数字 x，计算 ζ 函数的值：

$$\zeta(x) = 1/1^x + 1/2^x + 1/3^x + \cdots + 1/n^x + \cdots$$

当输入数字 x 时，为了计算 ζ 函数的值，狄利克雷需要进行三步数学运算。首先，计算 1^x, 2^x, 3^x, $\cdots$, n^x, $\cdots$ 这些指数，之后分别对第一步的结果取倒数。（2^x 的倒数就是 $1/2^x$。）最后，对第二步的所有结果求和。

这个方法有点儿复杂。每个数字（1，2，3，$\cdots$）都对定义 ζ 函数有过贡献，这对数学理论家来说大有用处。缺点就是得计算无穷多个数字。很少有数学家能够预测到，这个函数将成为研究素数的最强大工具之一。它几乎就是无意间闯入人们视线的。

数学家对无穷数字求和的兴趣源于音乐，这可追溯到古希腊人的一个发现上。毕达哥拉斯首先发现了数学和音乐间的基本关系。他在一个瓮里灌满水，然后用锤子击之，就产生了一个音符。如果倒掉一半的水，再敲击这个瓮，那么音高就升了八度①。接着再倒出一些水，当里面剩下 1/3、1/4 的水时，敲击时产生的音符，听起来就和第一次还剩一半水时产生的音符一样和谐悦耳。而剩下其他比例的水时，敲击时产生的音符，听起来就和最初的不和谐。这些分数中存在一些人耳可闻的美妙之音。毕达哥拉斯发现，数字 1，1/2，1/3，1/4，$\cdots$ 存在着和谐之音，并由此相信整个浩瀚宇宙就是由音乐控制的，这也正是他创造"音乐星球"这一新词的原因。

---

① 音高之间的差别或者距离称为音程。音程的大小正比于频率的比例，频率比例越大，音程越大。两个频率相差一倍的音，一起演奏时融合得非常好，听起来很相似。这样的两个音之间的距离被称作八度，八度是最重要的音程。相差八度的音具有相同的名字和符号，只是位于不同的八度中。——译者注

自从毕达哥拉斯发现数学和音乐的关系后，人们就开始从美学和物理学角度比较这两门学科。法国巴洛克作曲家让－菲利普·拉莫在1722 年写道："我已在音乐世界徘徊许久，承受众多。我必须承认，只有在数学的帮助下，我的思路才能清晰。"欧拉希望将音乐理论变成"数学的一部分，从正确的原理中，循序渐进地推断出一些悦耳音符，这些音符是由某些音调组合而成的"。欧拉相信，在某些美妙的音符背后藏着的一定是素数。

许多数学家天生就对音乐情有独钟。一整天辛苦的计算工作结束后，欧拉会坐下来弹钢琴，以获得身心的放松。对于数学系的人来说，想要成立一个管弦乐队简直是小菜一碟。构成数学和音乐的基本要素都是数字，因此，两者之间存在着显而易见的联系。正如戈特弗里德·威廉·莱布尼茨描述的那样："人类感受到的音乐之美源于计算，而这种计算却不为人类心灵所察觉。"不过，这两个学科之间的渊源比这个还要深得多。

数学是关乎美学的学科。对于这样一门学科，谈及证明之美、解法之优雅都是司空见惯的事。只有那些具有特定审美的人才能脱颖而出，在数学上有所发现。数学家所渴望的灵光一闪，通常就像在钢琴的琴键上不断弹奏音符，直到有一天突然弹奏出与众不同的、具有内在和谐之美的旋律一样。

哈代写道："数学是门创造性的艺术，这正是我的兴趣之所在。"甚至对于那些来自拿破仑建立的研究院的法国数学家来说，驱使他们从事数学研究的是数学内在之美，而不是其实际应用价值。从事数学研究的乐趣，与聆听音乐所感受到的美，有异曲同工之处。你可能会单曲循环某一首曲子，进而引起新的情感共鸣。与之相同的是，数学家会反复研读同一证明而乐此不疲，从而逐渐发现其中的细微差异。哈代相信，检验一个数学证明是好还是坏，要遵循以下法则："思路要保证连贯，承接自然，一气呵成。美丽是第一准则，丑陋的证明在世上可没什么立足之地。"对哈代来说，"一个数学证明应该像一个简单明晰的星座，而不是零散的银河系"。

数学和音乐都有专门的符号语言，使我们能明确表达出我们所创造或发现的规律。音乐不止是跳动在五线谱上的二分音符和符点。同样，数学符号是数学在人类思维碰撞下的产物。

毕达哥拉斯发现，数学和音乐的交集并不局限于美学领域。音乐的物理学基础正是数学的根基。如果对着瓶口吹气，那你就能听到一个音符。用力吹，再加上一点儿小技巧，你会听到音调更高的音符，也就是一些额外的和声、泛音。当一个音乐家演奏乐器时，就会产生数不清的和声，正如你对着瓶口吹气一样。正是这些额外的和声，使每件乐器都能发出与众不同的声音。每件乐器的物理属性不同，意味着我们听到的和声也大不相同。除了基本音符之外，单簧管还可以演奏出一些和声，它们由分母为奇数的分数（1/3, 1/5, 1/7, …）构成。而震动小提琴的琴弦，就可以产生毕达哥拉斯敲击瓮时产生的音符和声，即 1/2, 1/3, 1/4, …。

振动小提琴的琴弦所产生的声音，是无穷个基本音符以及所有可能的和声的总和。因此，数学上与之相似的无穷数列的求和公式，激发了数学家们的探索热情。对无穷个分数求和，即 $1+1/2+1/3+1/4+\cdots$，被称为调和级数（harmonic series）。将 $x=1$ 代入 ζ 函数，欧拉就得到了这个无穷数字求和的答案。尽管这个结果在项数增加时变化较小，但是数学家们自 14 世纪起就知道，最终结果将趋向于无穷大。

因此，将 $x=1$ 代入 ζ 函数，也能得到一个无穷大的结果。然而，要是代入的不是 1，而是大于 1 的数字的话，结果就不再是无穷大了。例如，代入 $x=2$ 意味着将调和级数中的每项平方再求和：

$$1/1^2+1/2^2+1/3^2+1/4^2+\cdots=1+1/4+1/9+1/16+\cdots$$

这是一个较小的数，因为调和级数中的许多项不在该级数当中。我们现在仅仅添加了一些分数，欧拉知道，这时候更小的求和不会导致无穷大的结果，反而会得到一个特定的值。对无穷个数字求和，仅仅代入 $x=2$ 就能得到精确的数字。这对欧拉时期的数学家来说，是一种极大的挑战。经估算，最接近的值大约是 8/5。1735 年，欧拉这样写道："人们已经花了很长时间呕心沥血地研究级数，但是似乎不太可能有新发现了。对于级数求和，尽管我也曾不懈努力过，但是仍一无所获，除了得到一个近似值。"

不过，之前的发现给了欧拉极大的勇气，他开始研究起这个无穷级数来了。像转动魔方一样转动这个无穷级数，他忽然发现级数是可变换的。就像魔方上的颜色一样，这些级数慢慢聚集，形成与先前完全不同的模样。他如此描述道："然而现在，出乎意料地，我发现了一个优雅的公式，它来自圆的面积公式。"用现在的话来讲，这个公式依赖于 $\pi=3.141\ 5...$。

通过粗略分析，欧拉发现，无穷级数的和就是 π 的平方的 1/6，如下所示：

$$1+1/4+1/9+1/16+\cdots=\pi^2/6$$

这个结果的小数位和 π 一样无限不循环。时至今日，欧拉对隐藏在数字 $\pi^2/6$ 背后的规律的发现历程，成为了数学史上最令人津津乐道的算术故事之一。这一发现也震撼了当时的科学界。谁也没想到，$1+1/4+1/9+1/16+\cdots$ 这样简单的数字求和，居然能和混乱无序的数字 π 联系起来。

这个成功的发现，激励着欧拉进一步研究强大的 ζ 函数。他知道，如果代入大于 1 的数字的话，那么得到的结果就会是一个特定数字。几年的闭门研究之后，他成功算出了代入偶数时 ζ 函数的结果。但是，人们对于 ζ 函数的了解还远远不够。代入任何小于 1 的数字时，结果也是无穷大。例如，当 $x=-1$ 时，$1+2+3+4+\cdots$ 的结果就是无穷大。仅当 x

取大于 1 的数字时，ζ 函数才能发挥作用。

欧拉所发现的 $\pi^2/6$ 的简单分数表达式，首次表明 ζ 函数或许会揭示出数学世界看似不相干的部分之间的联系。欧拉的另一个发现，则与一个更加难以预测的数列有关。

3.4 重新书写古希腊人探索素数的故事

当欧拉为自己粗略分析出来的公式 $\pi^2/6$ 寻找合理的数学证明时，素数走进了欧拉的世界。研究无穷级数时，他想到了古希腊人的发现：每个数字都可以由素数相乘得到。由此，他意识到这可能是一个描述 ζ 函数的好办法。他发现调和级数的每一项，例如 1/60，都可以根据古希腊人的发现进行分解，因此他写出了如下表达式：

$$1/60 = 1/2 \times 1/2 \times 1/3 \times 1/5 = (1/2)^2 \times 1/3 \times 1/5$$

这样调和级数就不用写成所有的分数相加的形式了，只要把分母拆成素数项，例如 1/2，1/3，1/5，1/7，…，再取乘积即可。这个表达式被称作**欧拉乘积**，它是连接加法和乘法的枢纽。ζ 函数在等式一侧，而素数在等式另一侧。下面的等式概述了希腊人关于素数的发现。

$$\zeta(x) = 1/1^x + 1/2^x + 1/3^x + \cdots + 1/n^x + \cdots$$

$$= (1 + 1/2^x + 1/4^x + \cdots) \times (1 + 1/3^x + 1/9^x + \cdots) \times \cdots \times (1 + 1/p^x + 1/(p^2)^x + \cdots) \times \cdots$$

乍看之下，欧拉乘积似乎对我们了解素数助益不大，充其量是对古希腊人两千多年前就发现的规律换一种表达方式罢了。其实，对素数这一性质的重写意义非凡，甚至连欧拉本人也未能解读出它的全部意义。

历经百年之后，狄利克雷和黎曼才凭借敏锐的洞察力发现了欧拉乘积的意义。转动着这块古希腊人发掘的珍宝，并用 19 世纪的眼光来看待它，一个古希腊人永远想不到的新世界出现在数学家的面前。欧拉用 ζ 函数重写了关于素数的一个重要性质——这是古希腊人两千多年前就证明过的。身在柏林的狄利克雷被欧拉的这一发现深深吸引住了。当欧拉将 1 代入 ζ 函数的时候，$1+1/2+1/3+1/4+\cdots$ 求得的结果就是无穷大。欧拉发现，只要有无穷多个素数，所得结果就会无穷大。发现这点的关键就是欧拉乘积，它将素数和 ζ 函数紧紧联系在一起。尽管古希腊人在数个世纪前就证明了有无穷多个素数，但是欧拉做出这一新证明时所涉及的概念，和欧几里得所使用的截然不同。

有时候，使用一门新语言对表达熟悉的事物大有裨益。欧拉重写公式，激励了狄利克雷利用 ζ 函数，来证明费马的以下猜想：无穷多个素数在时钟计算器上将指向 1 点。欧几里得的思想对证明费马的猜想毫无用处，而欧拉的这一证明给了狄利克雷新的启发。他开始潜心研究那些在时钟计时器上显示 1 点的素数。这种方法成功了！狄利克雷是借助欧拉的具体思想来发现素数新规律的第一人。这在理解这些特别的数字上前进了一大步，但是距离获得"圣杯"（这里指黎曼假设）还有很长一段路要走。

随着狄利克雷搬到哥廷根，他对 ζ 函数的热情感染到黎曼也只是时间问题。狄利克雷大概也同黎曼讨论过这个无穷级数的强大力量。但是，黎曼当时满脑子想着的仍是柯西所构筑的虚数世界。对他来说，ζ 函数只代表另一种令人感兴趣的函数，它可以输入虚数，而不是为其他人所熟悉的普通数（指实数）。

黎曼眼前开始浮现出一幅奇怪的新画面。桌上堆满了他潦草涂写的草稿纸，写得越多，他就越兴奋。他发现自己被吸进了虫洞，使他从抽象的虚数世界进入了素数的世界中。突然，他看到一种方法，或许能解释高斯在素数个数猜想上能够如此精确的原因。有了 ζ 函数，黎曼似乎就抓住了解决高斯素数猜想的关键。它将使高斯的预测得到证明，这是高斯本人最梦寐以求的事情。数学家将最终确信，随着数据量越来越大，高斯的对数积分和真正的素数数量的百分数差会越来越小。黎曼的发现不仅仅能解决高斯素数猜想，还有其他更深远的意义。他发现自己可以从完全不同的新角度来观察素数。ζ 函数忽然谱写了一首乐章，可能揭示出素数之奥秘。

学生时代使黎曼吃尽苦头的完美主义性格，几乎阻断了黎曼记录一切发现的可能。他深受高斯的影响，认为只能发表完美无缺的证明。即使这样，他还是感到有种力量，召唤着他去解释聆听到的这首新乐章。他成为了柏林科学院的一员，新成员需要汇报自己最近的研究内容。这给了他把这些思想发表成论文的契机。这是他向科学院致谢的最佳方式，也是对狄利克雷谆谆教导的最好回报，更能给自己过去两年的博士生涯画上一个完美的句号。毕竟，柏林是黎曼生命中一个重要的存在。在那儿，他第一次了解到神秘的虚数，打开了新世界的大门。

1859 年 11 月，黎曼在柏林科学院的月报上发表了一篇论文，记录了自己的发现。这篇论文长达 10 页，密密麻麻记载的都是算术题，是黎曼发表的唯一一篇关于素数这一主题的论文。然而，正是这篇论文彻底改变了数学家理解素数的方式。ζ 函数给了黎曼一台可以令素数现身的观察镜。正如《爱丽丝梦游仙境》写的那样，黎曼的论文就像一个兔子洞，吸引着数学家们从他们熟悉的数字世界进入一片数学新大陆，这里的一切似乎不太符合常理。随后的几十年间，数学家们逐渐理解了这一新视角，他们意识到黎曼假设存在的重要意义，及其闪烁着的智慧光芒。

尽管包含真知灼见，但是这篇长达 10 页的论文让人有一种深深的挫败感。和高斯一样，黎曼写东西时常常会有所保留。许多引人瞩目的声明都由结果组成，而这些结果正如黎曼所说，他可以证明，但还没做好发表的准备。在某种程度上，这是一个奇迹——虽然存在缺陷，但他仍能将有关素数的内容整理成论文。如果黎曼继续拖延，尤其是承认即使他自己也不能自圆其说的话，那么我们很有可能与这样一个猜想失之交臂了。在他长达 10 页的文稿当中隐藏着一道几乎不为人注意的谜题，它的答案在今天被贴上百万美元的标签。这道谜题就是黎曼假设。

黎曼在论文中做出过很多声明，而在黎曼假设中，黎曼做出的声明却与众不同。他坦承，黎曼假设仍存在很多局限性。他这样说道："对于此，人们当然想看到严谨的证明，但是几次无功而返后我就将其抛诸脑后了，因为我做此研究并不是为了实现此目的。"黎曼在柏林科学院发表这篇论文，主要是为了证明，高斯的方程在素数数目增加时能给出更优的近似值。不过他发现的工具最终证实了高斯素数猜想，即使这看起来遥不可及。虽然黎曼没能给出全部答案，但是这篇论文为数学这门学科指明了一个全新的方向，也为日后创立数论奠定了基础。

狄利克雷于 1859 年 5 月 5 日辞世，也就是在黎曼发表论文的几个月前。如果他活着的话，肯定会为黎曼的发现而感到激动不已吧。黎曼因这篇论文被授予大学教授一职，高斯曾担任过该职位，而在狄利克雷去世后，黎曼就接替了这一位置。

第4章

黎曼假设：从随机素数到有序零点

黎曼假设是这样一个数学命题：它将素数分解为一首乐曲。素数中蕴藏着奇妙的乐曲，这是对这一数学定理的诗意描述。然而，这首乐曲极具后现代主义色彩。

——迈克尔·贝里爵士，布里斯托大学物理学教授

黎曼发现了一条路径，可从熟悉的数字世界通往一个崭新的数学世界。对古希腊人来说，那是一片完全陌生的地带，尽管他们早在两千多年前就开始研究素数了。正如数学炼金士一样，黎曼只是简单地把虚数和ζ函数混合在一起，就从元素混合物中提炼出了数学宝藏，而这正是历代数学家们孜孜以求的。在他那篇长达10页的论文里，这些想法只是分散在一些不起眼的角落中。但是黎曼清醒地意识到，他提出的这些想法将开启探索素数的新征程。

黎曼能够将ζ函数运用得如此炉火纯青，得益于他在柏林以及之后在哥廷根读博期间的重大发现。阅读黎曼的论文时，高斯惊奇地发现，这个年轻的数学家在给函数输入虚数时，表现出了强大的几何直觉。毕竟，高斯也是利用脑海中的图像来绘制这些虚数，工作完成之后就会立即拆除绘制这些虚数的"脚手架"。黎曼提出的关于这些虚数函数的理论，源于柯西的这一猜想：函数就是被定义的方程。现在黎曼头脑中冒出的新想法是，虽然方程是基础，但是方程所定义的几何图像才是重中之重。

但问题是，代入虚数的方程图像无法绘制出全貌。为了勾勒出这一图像，黎曼需要在四维空间中思考。数学家眼里的四维空间是什么？那些阅读过诸如史蒂芬·霍金之类的宇宙学家的著作的人们或许会回答，是"时间"。事实上，我们用维度来描述任何我们感兴趣的东西。在物理学中，我们构建了三个空间维度和一个时间维度。那些希望预测利率、通胀、失业率和政府赤字关系的经济学家们，则将经济学解读为四维图景。当利率上升时，他们就会研究其他几个维度的行为。尽管我们无法绘制出一个四维经济模型，但是依然可以分析这个经济之山的山峰和山谷。

对黎曼来说，ζ函数也被描述为四维图景。其中，前两个维度代表ζ函数输入的虚数坐标，后两个维度代表ζ函数输出的虚数坐标。

那么问题来了，我们生活在三维空间中，因此无法通过现实世界来解读新的"虚像"（imaginary graph）。数学家们可以借助数学语言，训练其"心灵之眼"，以看到这样一个四维图景。但是，如果你缺少这类数学工具的话，那么还可通过其他方法来理解这些更高维的世界。其中，打量自己的影子是理解它们的最佳途径。我们的身体是三维的，而我们的影子则是二维的。从某些角度来看，影子用处不大。不过换个角度的话，影子就能派上用场了。比如，根据一个人的侧影，我们就能够了解他在三维空间里的相貌，从而在现实世界中识别出他。黎曼借助ζ函数这一四维图景，使我们能充分理解其思想。同样，我们也可以为该ζ函数绘制一个三维影子。

高斯为虚数绘制的二维地图，展示了我们输入到ζ函数里的虚数（见下图）。南北方向表示我们在虚部方向上的位移，东西方向则表示我们在实部方向上的位移。将这个地图平铺在桌面上，我们要做的就是在这个图上方绘制物理图景。这时，ζ函数的影子就变成一个物质实体，这样我们就可以研究其山峰和山谷了。

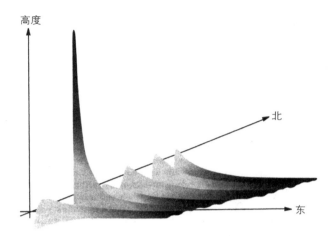

高度

北

东

ζ 函数图景：黎曼发现的将图形向西延伸的方法

　　如上图所示，每个虚数的高度，应当记录了将虚数输入 ζ 函数时对应的结果。绘制这样的图景时，会不可避免地丢失某些信息，正如影子只能表现三维物体的有限信息一样。通过旋转物体，我们可以得到不同的影子，它们反映了这一物体的不同方面。同样地，我们有多种方法来记录每个虚数在桌面上方的高度。不过只有一种方法产生的影子保留了足够的信息，使我们能充分理解黎曼的发现。在黎曼穿越镜中世界之旅中，这个三维影子功不可没。那么 ζ 函数的这一三维影子到底真容如何呢？

　　在开始探索这一图景时，黎曼就发现了它的许多关键特征。置身于这一图景中，向东侧看去，ζ 函数图景距离海平面（即南北方向轴）1个单位长度。若黎曼回过头向西走的话，就会看到一个由北向南起伏的山峰。这些山脉的山峰都分布于南北方向且整体向东平移 1 个单位的线上。在这条线与东西方向轴的交叉点处，有一个高耸入云的山峰，那就是通往天堂之峰。实际上，它是无穷高的。正如欧拉了解到的那样，将数字 1 代入 ζ 函数，得到的结果将趋向于无穷大。从这个无穷高的山峰向北或者向南走，黎曼遇到了其他山峰。然而，其中不存在无穷高的山峰。差不多向北走了虚数 1+(9.986...)i 步后，他遇见了第一个山峰，只有 1.4 个单位长度那么高。

如果黎曼旋转这一图景，为南北方向且整体向东平移 1 个单位的线上的山峰绘制截面图，那么就会得到以下图像：

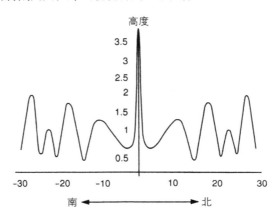

沿着南北方向且整体向东平移 1 个单位的假想线得到的二维图

黎曼敏锐地发现，这个图景存在一个关键问题：ζ 函数似乎无法描绘出假想线（即南北方向且整体向东平移 1 个单位的那条线）西侧的那部分图景。和欧拉一样，黎曼也遇到了代入实数的问题。代入的数字小于 1 时，ζ 函数的数值就会趋向于无穷大。然而对于这个虚数图景，虽然位于数字 1 上方有一处高不可攀的山峰，但是南北向的其他山脉则是可攀登的。

无论 ζ 函数为何值，为什么波形图就不能一直延续呢？显然，该图景并没有在假想线上结束。假想线以西就真的什么都没有了吗？如果只看方程的话，那么你或许会相信我们只能绘制出假想线以东（即大于 1）的部分。然而，方程并不能告诉我们，代入小于 1 的数字会如何。黎曼能够绘制出完整的图景吗？如果能的话，那么他又是如何做到的呢？

幸运的是，面对这个看似棘手的 ζ 函数，黎曼并没有缴械投降。之前的教育经历使他具备法国数学家所缺少的视角。他相信，对这一虚数图景来说，方程应退居次位。绘制出反映这一图景的真实四维地形图才是重中之重。尽管方程可能在这里派不上用场，但好在这一图景的几何特征能帮上忙。黎曼又成功地发现了一个公式，可以用来绘制图景以西缺失的部分。至此，他绘制出的新图景，与先前的图景实现了无缝衔接。如今的虚数研究者可以畅通无阻地穿过由欧拉公式开辟出的区域，进入黎曼利用新公式构建的图景中，甚至都不曾意识到他们通过了这样一处边界。

黎曼绘制出了一个完整地覆盖了全部虚数的图景。至此，他已整装待发，准备好下一步动作了。他在读博期间就发现了存在于虚数世界的两个真相，它们相当重要却又有悖于直觉。首先，这些虚数的几何形状都相当严格，也就是说图景只能以一种方式延伸。这就意味着，欧拉绘制的向东拓展的图景的几何形状，完全决定了向西的图景会是什么样的。黎曼无法随心所欲地为这一新图景勾勒山脉，因为任何改变都足以导致两个图景之间的连接断裂。

虚数图景严格的几何特性是一个令人震惊的发现。一旦绘制出这个虚数图景的任意一小部分区域后，就能轻而易举地绘制出剩余的其他区域。透过一个区域的山峰和山谷的分布情况，你就可以完整地读出这个图景的所有地势地貌信息。这的确有悖于直觉，令人觉得不可思议。我们无法想象这样一幅画面：一个制图师在现实世界中完成了对牛津周边景观的绘制后，就可以完整地推导出不列颠群岛的景观图。

在这一全新的数学研究领域中，黎曼还有了另一个重大发现：他解读出了这个虚数图景的 DNA。数学家只要知道如何在二维虚数地图上绘制这个图景投射到海平面上的那些点，就可以完整地勾勒出这个图景的每一处景观。而标记这些点的地图就是解读任意虚数图景的宝藏地图。这一发现具有强烈的震撼力。即使现实中的制图师知道海平面上每个点的坐标，他也无法完成对阿尔卑斯山脉的绘制。而函数输出结果为零点的坐标，就是这个虚数图景的 DNA，它们神通广大，无所不能。这些坐标被称为 ζ 函数的**零点**。

无须来到那些遥不可及的行星上，就能推断出它们的化学成分，这对于天文学家来说已经是习以为常的事了。这些行星发出的光线蕴含的信息量极为巨大。天文学家借助光谱技术，就能从这些光线中分析出这些行星的化学组成物质。就像化学物质发射的光谱一样，这些零点也不容小觑。黎曼知道，当务之急就是在完整的 ζ 函数图景上标注出所有高度为零的点。找到所有这些零点的坐标，就能完整地勾勒出露出海平面的山峰和山谷。因此，对黎曼来说，这些零点至关重要。

黎曼深知，自己之所以成功，是因为站在巨人的肩上。没有欧拉创建的 ζ 函数公式，就没有自己绘制出的 ζ 函数图景。其中前者是借助欧拉乘积构建而成的。黎曼意识到，如果素数和零点共同构成同一片图景的话，那么二者之间必定有所关联。这是由两种方式构建的同一对象。天才如黎曼，最终发现素数和零点其实出现在同一方程的两边。

4.1 素数和零点

黎曼发现，对于这个 ζ 函数图景来说，素数和零点之间的关系是如此一目了然。高斯曾尝试统计 N 以内的素数个数，黎曼却能根据零点坐标来创建一个公式，**精准**地得出 N 以内的素数个数。黎曼创建的这个公式包含两个重要元素。第一个是函数 $R(N)$，用于估计 N 以内的素数个数，大大完善了高斯的第一个猜测。和高斯一样，黎曼创建的新函数结果也会出现误差，但是计算显示，这个公式明显减小了误差。例如，高斯的对数积分预测 1 亿之内的素数，比真实值多了 754 个，而黎曼的精确预测则只多了 97 个，大概只有百万分之一的误差。

从下表可知，黎曼的新函数，在预测 N 以内素数个数上更加精确。表中以 N 在 $10^2 \sim 10^{16}$ 范围内的数值为例。

N	$\pi(N)$ 得出的 N 以内素数个数	利用黎曼函数 $R(N)$ 多统计出的素数个数	利用高斯函数 $Li(N)$ 多统计出的素数个数
10^2	25	1	5
10^3	168	0	10
10^4	1 229	-2	17
10^5	9 592	-5	38
10^6	78 498	29	130
10^7	664 579	88	339
10^8	5 761 455	97	754
10^9	50 847 534	-79	1 701
10^{10}	455 052 511	$-1 828$	3 104
10^{11}	4 118 054 813	$-2 318$	11 588
10^{12}	37 607 912 018	$-1 476$	38 263
10^{13}	346 065 536 839	$-5 773$	108 971
10^{14}	3 204 941 750 802	$-19 200$	314 890
10^{15}	29 844 570 422 669	73 218	1 052 619
10^{16}	279 238 341 033 925	327 052	3 214 632

黎曼的新方程尽管优化了高斯的算法，但是仍存在误差。不过，在遨游虚数世界之际，他接触到了高斯从未想过的东西——一种消除误差的办法。他敏锐地发现，如果利用虚数地图上的点，标记 ζ 函数图景在海平面上的位置，就能消除误差，并能生成一个精确统计素数个数的方程。这是构成黎曼方程的第二个重要元素。

欧拉惊奇地发现，将虚数代入指数函数，可以产生正弦波图像。人们看到快速上升的曲线，往往将其与指数函数联系起来；而看到波形图，则将其与声波联系起来。一旦输入虚数，这个快速上升的曲线就会变成波形图。欧拉的这个惊人发现引发了数学家对虚数的探索热潮。黎曼意识到，利用那张在虚数图景上标记出零点的地图，可以推广欧拉的这一发现。在这个镜像世界中，黎曼看到一种方法，利用 ζ 函数就可以将每个点转化成特定的波，而每个波形似正弦函数图像的变体。

每个波的特征取决于其对应的零点位置。海平面的点越靠北，对应波的波动越大。如果将这个波当作声波的话，那么在 ζ 函数图景上的零点越靠北，对应音符的音调越高。

这些波或者音符，在素数统计上是如何派上用场的呢？黎曼在素数统计上又有了一个惊人的发现：把这些波的不同高度编码，就能修正误差。他创建的函数 $R(N)$，能合理统计出 N 以内的素数个数。如果在数字 N 上加上波的高度，那么就可以得到精确的素数个数。误差就这样被完全消除了。黎曼挖掘出了高斯渴求已久的"圣杯"：一个精确统计 N 以内素数个数的公式。

表示这一发现的方程可简单概括为"素数 = 零点 = 波"。正如爱因斯坦所提出的质能方程 $E = mc^2$（这个方程直接解释了能量和质量的关系）一样，黎曼提出的用零点表示素数个数的公式，在数学界也掀起了轩然大波。这是一个关于联系和转换的公式。黎曼见证了这个过程实现的每一步。他先借助素数，勾勒出 ζ 函数图景。其中，海平面上的点是开启素数大门的钥匙。此时另一个联系出现了，海平面上的每个点都可以产生一个波，如同音符一样。峰回路转，柳暗花明。黎曼最终发现，这些波可用于统计素数。黎曼一定会为自己这样戏剧性地绕了一圈而感到惊讶不已吧！

黎曼知道，就像素数有无穷多一样，在这个 ζ 函数图景上，海平面上点的个数也数不胜数。因此，也会相应地有无数的波控制误差。从图像可知，额外添加相应的波，能提升黎曼在素数个数统计上的精确度。给零点添加对应的波之前，黎曼为 $R(N)$ 函数创建的图像（见下图顶部），看起来与统计素数个数的阶梯图（见下图底部）相差甚远。一个是平滑的曲线，另一个则是阶梯状的曲线。

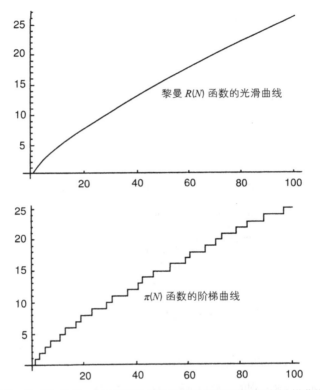

挑战：将顶部黎曼 $R(N)$ 函数的光滑曲线变成如底部所示的阶梯曲线

当我们在 ζ 函数图景上向北行走时，会遇到前 30 个零点，其对应的波会预测到一些误差。只需要添加这些误差，即可产生戏剧性的效果。黎曼创建的图像，就从 $R(N)$ 所对应的平滑曲线，变成了用以描述素数个数的阶梯图（见下图）。

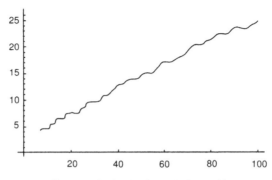

向黎曼的光滑曲线添加前 30 个波后的效果图

　　每添加一个波时，那条平滑的曲线就会有所改变。黎曼意识到，他穿过 ζ 函数图景一路向北行走的过程中，每遇到海平面上一个点时，就添加相应的波，在添加了无数的波后，得到的图像就会和那条阶梯曲线完全重合。

　　诚如他的前辈高斯所发现的那样，素数的分布是由大自然抛硬币决定的。黎曼发现的波就是大自然抛硬币后得到的实际结果。一旦知道数字 N 对应的每个波的高度，就可以预测素数硬币被抛出之后显示的到底是正面还是反面。高斯发现的素数和对数之间的关系大致预测了素数出现的规律，但黎曼的发现精准地预测了这一点。黎曼揭开了素数彩票中奖的内幕。

4.2　素数的乐章

　　数个世纪以来，数学家们都在殚精竭虑地聆听素数之声，然而听到的只是一片随机的噪声。这些数字就像随机分布在数学乐谱上的音符一样，听不出什么曲调。现在，黎曼有了"新耳朵"，就能聆听这些神秘之音了。黎曼在 ζ 函数图景上创建的正弦函数，可以揭示其中隐藏的和谐韵律。

毕达哥拉斯用敲瓮的方式，揭示了隐藏在一系列分数中的和谐之音。梅森和欧拉这两位素数领域的大师，也致力于数学上和谐理论的研究。但是，他们都没有发现素数和音乐存在直接联系。也许这是一首要靠 19 世纪的数学家的耳朵才能听出的乐曲吧！在黎曼构建的虚数世界中，出现了一道道小小的波浪，而当这些波浪汇集在一起时，就能演奏出素数微妙的和谐之音。

一位独具慧眼的数学家，注意到了黎曼的公式能捕捉到隐藏在素数中的和谐之音，他就是约瑟夫·傅里叶。傅里叶是个孤儿，他在一所本笃会修道士开办的军事学校接受了教育。直到 13 岁那年，他才从浑浑噩噩的状态中走出来，开始全身心投入于数学研究中。傅里叶原本注定要成为一名修道士，但 1789 年爆发的大革命将他从之前强加给他的命运中解救了出来。现在，他可以尽情挥洒自己对数学和军事的热情了。

傅里叶是大革命的狂热支持者，很快就得到了拿破仑的关注。这位君主正在筹建科学院，那儿将源源不断地输出教师和工程师，以支持他的文化和军事变革。傅里叶不仅数学能力超群，还擅长授课。因此，他被拿破仑安排到巴黎综合理工学院，负责教授数学。

傅里叶在任教期间取得的成就令拿破仑大加赞赏。随着拿破仑在 1798 年远征埃及，傅里叶也跟随着他的脚步到了埃及。为了抑制英国不断扩张的势力，拿破仑要进行大规模远征，不过研究古代世界的计划也被他提上了日程。拿破仑的智慧之师一登上那艘开往北非的"东方号"旗舰，就立即工作起来。每天早晨，拿破仑都会向那些学术大使们宣布一个话题，可以在晚间博其一笑。水手们费力地拉动着那些绳索和帆，傅里叶和同事们就在甲板上忙着解决拿破仑抛出的各类问题，涉及的内容千奇百怪，从地球的年龄到其他行星是否宜居。

到达埃及后，事情并没有朝着预期的方向发展。1798 年 7 月，在金字塔一役靠武力占领开罗后，拿破仑失望地发现，埃及人似乎并不欢迎他们。拿破仑决定及时止损，返回巴黎，准备平息一场正在酝酿的叛乱。他启程时不告而别，抛弃了这些知识分子。被困在开罗的傅里叶，名气不大，不像一些人能溜之大吉，也不会有什么生命风险。他只能被迫留在那片沙漠中，直到 1801 年才成功回到了法国。

身处埃及时，傅里叶对那片灼热的沙漠萌生了别样的情感。回到巴黎后，他如法炮制，将自己的房间布置得像沙漠般灼热，以至于朋友们都称之为地狱熔炉。他相信酷热能保持身体健康，甚至能治愈一些疾病。在朋友们眼里，傅里叶将自己包裹得像个埃及木乃伊，住在像撒哈拉沙漠一样炎热的房间里，不停地流着汗。

傅里叶将其对高温的偏爱延伸到了学术上。他分析热的传导，并为自己在数学史上赢得了一席之地。其著作被英国物理学家威廉·汤姆逊（爱尔兰第一代开尔文勋爵）[1] 称作"伟大的诗作"。1812 年，法国科学院决定设立数学科学大奖，授予那些能够解开热量在物质之间传导之谜的人。在此激励下，傅里叶致力于研究热的传导。傅里叶提出的想法别出心裁且举足轻重。因此，他摘取了这项殊荣。但是面对勒让德等人对其专著的诟病，他也只能默默忍受。大奖赛的评委指出，他的论文中出现了很多错误，其中的数学推导也很不严谨。面对科学院的批评，傅里叶尽管大为不满，但还是认识到前路漫漫，任重道远。

当傅里叶着手修正分析中存在的错误时，他开始研究起那些表示物理现象的图像来。比如，表示温度随时间变化的曲线，或者表示声波的图像。他知道声音可以通过图像来描述，其中横轴代表时间，纵轴代表每个瞬间的音量和音高。

傅里叶从最简单的声波开始着手研究。如果敲击音叉使之振动发声，那么当你根据其发出的声波绘制波形图时，就会发现得到的是纯粹

---

[1]　英国数学物理学家、工程师，因其在科学上的成就和对大西洋电缆工程的贡献，被英女皇授予开尔文勋爵的头衔，所以后世称他为开尔文。——编者注

而完美的正弦波。傅里叶继续研究复杂的声音是如何通过组合这些纯粹的正弦波得到的。如果小提琴发出和音叉一样的音符，那么声波就大不相同了。由上文可知，小提琴的琴弦不是以基频振动的，其琴弦振动频率取决于琴弦的长度。有和声与表示弦长的简单分数相对应。每个用来表示和声的波形图也是正弦波，只不过频率更高一些。将这些纯粹的音符组合起来，以基本的最低音为主，就能让小提琴发出声音，其波形图就像锯齿一样。

单簧管和小提琴演奏同一音符时，发出的声音为何听起来大相径庭呢？表示单簧管声波的波形图像个方波函数，类似于城墙上方的开垛口，而代表小提琴声波的波形图却有凸出的尖角。两者存在差异的原因在于，单簧管的尾部是敞开的，而小提琴的两端是固定的。这意味着单簧管发出的和声与小提琴发出的和声大不相同。因此，用于描述单簧管声波的波形图，是由振动频率不同的正弦波组成的。

傅里叶发现，即使是用于描述管弦乐声波的复杂波形图，也可以分解为一组简单正弦波，它们是由每个乐器发出的基本音符以及和声组合而成的。傅里叶证实，由于每个纯音波都可以由音叉发出，同时敲击大量的音叉就能模拟一场管弦乐演奏会。经测试发现，一些人戴上眼罩后，就难以分辨这声音到底是来自管弦乐队还是来自成千上万的音叉。这个原理就是将音乐编码在 CD 上的关键：CD 命令扬声器以一定频率振动形成正弦波，而所有这些正弦波组合在一起，就能发出音乐之声。因此，即使你身处客厅，也能享受到仿佛管弦乐队或者其他乐队现场演奏般的听觉盛宴。

将不同频率的纯粹正弦波组合起来，能模拟的不仅仅是各类乐器发出的声音。例如，收音机未经调谐或者打开水龙头发出的静态白噪声，都可以用无限的正弦波来表示。只有在独一无二的频率下，才能模拟管弦乐。与之不同的是，白噪声是在连续频域内产生的。

傅里叶不落窠臼，富有远见。他不仅研究模拟发声，还开始探索如何运用正弦波图像来描述其他数理或物理现象。这种简单的正弦波图像可用作基石，构建那些管弦乐队或者流动的水龙头发出的声波的复杂波形图。许多和傅里叶同时代的人们却对此持怀疑态度。因此，法国一些德高望重的数学家强烈声讨傅里叶提出的这些观点。然而，傅里叶是拿破仑的座上宾。因此，他无所畏惧，敢于挑战权威。他证实，正确选择振动频率不同的正弦波，就能生成复杂的完整图像。将音叉发出的纯音组合起来，一台 CD 机就能发出复杂的音乐之声。同样，调整这些正弦波的高度，你也能生成合适的图形。

这正是黎曼在他那篇 10 页的论文里做到的。黎曼先从 ζ 函数图景的零点中获得正弦函数，然后将不同高度的正弦函数进行叠加，就生成了统计素数个数的阶梯图。如果傅里叶能见到黎曼创建的统计素数个数的公式，那么他很可能会认为这个公式发现了那些可谱写素数之声的基本音符。这复杂的素数之声可由阶梯曲线来表示。黎曼创建的波来自零点，就是那些在图景中位于海平面上的点，这些波就像音叉发出的声音一样，音符单一、清晰，也没有和声。同时奏响这些基本的波，就能发出素数之声。因此，黎曼弹奏的素数乐章，听起来到底如何呢？它听起来是像管弦乐，还是像打开水龙头发出的白噪声？如果黎曼的音符在连续频域内，那么素数就会发出白噪声；但是如果其音符的频率是离散的，那么素数之声就能模拟一场管弦乐演奏会。

素数是如此随机，且毫无规律可循。从黎曼图景上的零点弹奏的音符中，我们或许听到的只是一片嘈杂之声。每个零点在南北轴上的坐标，决定了其音符音高。如果素数之声真的是白噪声的话，那么零点必然会聚集在图景上。从提交给高斯的论文里，黎曼了解到，这些集中在海平面上的点，会使**整个**图景都位于海平面上。这显然有悖于事实。素数之声根本就不是什么白噪声。海平面上的点必然是各自独立的，所以它们生成的音符也必然是独一无二的。大自然将某段"数学管弦乐"隐藏于素数中。

4.3　黎曼假设：混沌中的秩序

黎曼所做的就是在虚数图景中取那些位于海平面上的点。他为每个点生成相应的波，这些波就像"数学乐器"演奏出的音符。集齐所有的波，就拥有了一支能够演奏素数之声的管弦乐团。海平面上每个点在南北方向上的坐标决定了波的频率，也就是对应音符的音高。相应地，就像欧拉了解到的那样，在东西方向上的坐标决定了弹奏音符时的音量。音量越高，其波形图的波动起伏越大。

弹奏这些零点时的音量，是否明显高于其他点？黎曼对此颇为好奇。这些零点生成的波，其波形图的波动幅度比其他波更大。因此，这些零点在统计素数个数上扮演着更重要的角色。总之，正是这些波的高度，决定了高斯的猜想与素数的实际个数相比存在多大差距。那么，在这一素数管弦乐中，是否存在某种乐器，其独奏声淹没了其他乐器的演奏声？海平面上的点越靠东，其对应音符的音量越高。为了找出那件管弦乐中的乐器，黎曼不得不回头查看每个零点在那张虚数地图上的坐标。

不可思议的是，在不知道海平面上任意点位置的情况下，黎曼的分析结果就派上了用场。他了解到，有些向西延伸的点很容易被定位，但是这些点没有音高，因此对我们聆听那些心驰神往的素数之声毫无用处。数学家后来把这些点戏称为"平凡零点"（trivial zero）。而黎曼要寻找的就是这类零点以外的零点（即非平凡零点）的位置。

黎曼开始探索起这些点的位置来，结果却让他跌破眼镜。他计算出来的这些零点，并不是杂乱无章地散布在地图上。如果调高其中一些音符的音量的话，那么这些零点似乎神奇地排列在 ζ 函数图景上的一条南北方向的直线上（见下图）。所有海平面上的点似乎在东西方向上的坐标都相同，即 1/2。如果这个结论成立的话，那就意味着其对应波的音量都一样。黎曼算出的第一个零点的坐标是 (1/2, 14.134 725...)，即（从原点）向东走 1/2 步（指单位长度），向北走 14.134 725 步。他算出来的第二个零点的坐标是 (1/2, 21.022 040...)。（他是如何成功算出这些零点的坐标的，却始终是个谜。）他算出来的第三个零点的坐标是 (1/2, 25.010 856...)。这些零点似乎并不是随机分布的。从黎曼的计算中可知，它们整齐地排列在某一条穿过 ζ 函数图景的神秘假想线上。黎曼推测，自己算出来的这些点排列如此有序，这绝非偶然。他相信，在那幅 ζ 函数图景中，每个海平面上的点都将出现在这条直线上。这就是为后人所熟知的**黎曼假设**。

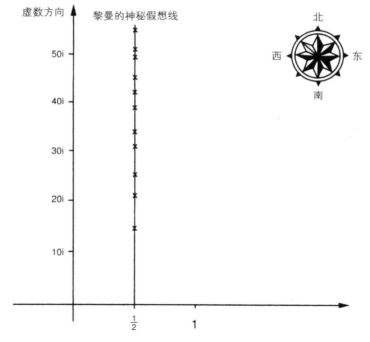

黎曼的素数宝藏地图：x 形记号表示海平面上的点在 ζ 函数图景上的位置

　　黎曼看着镜中的素数从数字世界里走出，进入他的 ζ 函数图景中。这样一幅画面逐渐呈现在他眼前：在镜子的一面，随机、无序地分布着一些素数；而在镜子的另一面，这些素数就变成一些零点，它们严格按照一定规律，整齐排列着。黎曼终于发现了那个神秘的规律，这是历代数学家在凝视素数时，心心念念都要触摸的规律。

　　发现这个规律则纯属偶然，黎曼就是那个幸运儿。他不像预言家那样能未卜先知，知道镜子的另一面是什么。但是，冥冥中有一种力量，引领着黎曼以一种不同的视角揭开素数的神秘面纱。现在展现在数学家面前的是一片新图景，等待他们去开发。如果他们能在那片 ζ 函数大陆上探险，并标记那些海平面上的对象，就有可能发现素数的秘密。黎曼的另一发现是，存在某条贯穿那片图景的假想线，它掌握着数学的命脉。现在的数学家将其命名为**临界线**（critical line），其重要性可见一斑。忽然间，数学家们不再去探索素数在现实世界里的随机之谜，而是纷纷走进那片虚幻的镜中图景，去聆听那儿演奏的和谐之音。

　　既然零点有无穷多个，那也就意味着，黎曼掌握的证据很少，似乎不足以提供确凿的理论支撑。然而黎曼意识到，这条神奇的假想线，对数学界来说举足轻重。他已经证实，东西轴线代表着那片 ζ 函数图景的对称线，而北轴线上发生的任何事情，都会以同样的形式反映在南轴线上。黎曼进一步发现了一个更重要的事实：通过东西轴上 1/2 这个点的垂直线，也是一条重要的对称线。这或许让黎曼有理由相信，大自然同样借助这条对称线给零点排序。

　　要说黎曼这个重大发现有什么特别之处的话，就不得不提到黎曼是如何计算出这些个零点的坐标的。然而，在他提交给柏林科学院的那篇密密麻麻的论文中，却并没有出现相关的只言片语。确实，在他发表的那篇论文里，人们很难发现他对这一发现的任何陈述。他写道，有很多零点出现在这样一条直线上，这条规律**很可能**适用于所有的零点。但是黎曼也在文章中提到，自己并没有全力去证明这个假设。

毕竟，对黎曼来说，更为紧要的目标是证明高斯素数猜想，也就是证明高斯关于素数个数的猜想为何会随着统计个数的增多而更加精准。尽管很难做出这个证明，但是黎曼意识到，如果他对那条假设线的直觉是正确的，那么就意味着高斯的猜想也是对的。正如黎曼所发现的那样，高斯公式中出现的误差，可以用每个零点的位置来描述。零点越偏东，波的音量越大；波的音量越大，误差就越大。这就解释了为什么黎曼对零点位置的猜想对数学界至关重要。如果真如他所言，这些零点都出现在这条神秘假想线上，那么根据高斯的猜想，就能惊人地准确统计出素数个数。

发表那篇 10 页的论文后，黎曼度过了一段短暂的幸福时光。继恩师高斯和狄利克雷后，他被授予大学教授一职。1857 年，作为家庭支柱的大哥去世了。他的妹妹们便来到哥廷根寻求庇护。一家人在一起了，这使黎曼多了份家庭责任感。他顿时干劲十足起来，不再像之前那样郁郁寡欢，也很少遭受抑郁症的折磨了。担任教授后，他的薪水丰厚，再也不用过学生时代的那种苦日子了。至少他可以租得起像样的房子，甚至能雇得起管家，这样他就能有时间沉浸在自己的数学世界里了。在那里，他任思绪泉涌，碰撞出思想之新火花。

不过，他再也没回到素数的研究主题上。他继续跟着自己的几何直觉走，并发展出一套空间几何理论，这为爱因斯坦发现相对论奠定了基础。幸运之神似乎在眷顾着他。1862 年，他达到人生的巅峰，和妹妹的朋友埃莉斯·科赫喜结连理。但是不到一个月，他就患上了胸膜炎。此后健康问题便一直困扰着他。很多时候，他就躲在意大利的乡村小镇里，在那儿寻求身心的慰藉。比萨是他最流连忘返的地方，他唯一的孩子艾达就于 1863 年 8 月出生在那里。黎曼是如此享受意大利之行，不仅仅因为这里气候温和，是个疗养圣地，还因为这里的学术氛围开放，学术包容性也很强，对他提出的各种革命性思想总是敞开友好的大门。这是他一生难忘的经历。

黎曼最后一次去往意大利，不是为了躲避哥廷根潮湿阴冷天气的侵袭，而是为了躲避一支军队的入侵。1866 年，汉诺威和普鲁士的军队在哥廷根发生冲突。黎曼发现自己被困在了城门外的住所内，也就是高斯曾居住过的那个破旧天文台。考虑到紧张的局势，黎曼赶紧逃往意大利。这次惊吓使他原本就羸弱的身体雪上加霜。在发表那篇关于素数的论文 7 年之后，黎曼就英年早逝，被肺结核夺去了生命。他离开这个世界时只有 39 岁。

黎曼走后，其住所一片狼藉。管家见此，便准备将黎曼很多未发布的手稿付之一炬。幸好哥廷根大学的教职员工及时赶来，拦下了管家，抢救回了一部分手稿。那些幸存的手稿被交给了黎曼的遗孀。此后数年，它们就被遗忘在角落里，不见天日。如果不是管家喜欢清理他的书房，那么人们又会在那里发现什么呢？这值得玩味一番。黎曼曾在那篇 10 页的论文里写道，他相信自己可以证明大多数零点都会出现在那条假想线上。一向追求完美的他，并没有写下证明过程，而是话锋一转，接着写道，现在只是时候未到，时候一到自会公布。从他那些未发布的手稿中，并没有发现关于该证明的蛛丝马迹。时至今日，数学家们也未能攻克这一难题。费马曾经宣称自己已经证明了那个大定理。同样，黎曼那些消失的手稿，也激励着一代代数学家义无反顾地踏上一条布满荆棘的证明之路。

大约 50 年之后，那些从管家手中幸存的手稿才得以重见天日。从这些手稿中，人们沮丧地发现，黎曼证明出来的东西，未发表的数量远多于已发表的。黎曼曾在一些文稿中详细列举了一些证明结果。他也曾暗示过，对于这些结果，他可以给出证明过程。不过很不幸，这些手稿都被尽职尽责的管家一把厨房之火烧得只剩灰烬，永远消失在历史的长河中。

第5章

数学接力赛：实现黎曼的革命

一件真正的艺术作品是不朽的，关乎数论的问题亦如是。

——大卫·希尔伯特在给利·威尔伯·里德的 *The Elements of the Theory of Algebraic Numbers* 一书作序时写道

　　从来自亚历山大城的欧几里得，到圣彼得堡的欧拉，再到哥廷根的"三剑客"（高斯、狄利克雷、黎曼），这道素数难题就像接力棒一样，被传到一代代数学家手里。每一代数学家提出的新观点，都会掀起一股新的探索热潮。人们会沿着前人的足迹继续攀登素数珠峰。每当涌现出一批数学家时，他们就会在探索素数的征程中，留下他们所属的那个时代特有的文化印记，这是对当时数学观的鲜明反映。然而，"青出于蓝而胜于蓝"，在探索素数之路上，黎曼做出的贡献之巨大，使他遥遥领先于这一领域的其他数学家。大约过了30年，才有人敢接过黎曼手里的接力棒。

　　时间到了1885年。这一年似乎预示着这场接力赛要结束了。虽然一个世纪以前，消息传播得远不如邦别里的那封愚人节邮件那么快，但是一条消息还是不胫而走。据说，有个无名小辈，不但接过了黎曼手中的接力棒，还冲过了终点线。他是一位名叫托马斯·斯蒂尔杰斯的荷兰数学家。他宣称自己已经证明出了黎曼假设，即所有的零点都经过那条东西坐标是 1/2 的假想线。

斯蒂尔杰斯看上去不太像个赢家。上大学时，他三次考试不及格。这使他的父亲大为失望，其父在荷兰国会任议员，还是个著名的工程师，曾负责鹿特丹码头的建造。不过，斯蒂尔杰斯之所以考试不及格，不是因为他生性懒惰，而是因为相比于那些技术性的习题，他更愿意泡在莱顿大学的图书馆，沉浸在现实数学的世界里。

斯蒂尔杰斯最崇拜的数学大师是高斯，他也想跟上这位大师的脚步。就像当年高斯就职于哥廷根大学的天文台一样，他也在莱顿大学的天文台谋得一个职位。说到这个职位，不得不提到他那位德高望重的父亲。其父向天文台的直接领导推荐斯蒂尔杰斯，于是他才得到了这份工作，不过他对此并不知情。当他用望远镜仰望星空时，令他浮想联翩的不是如何去测量新发现的恒星的位置，而是那些数学上的天体运动。一天天过去，他的想法逐渐成形。他终于鼓起勇气，给一位优秀的数学家写了一封信。他就是夏尔·埃尔米特，来自著名的法国科学院。

埃尔米特出生于 1822 年，比黎曼大 4 岁。当时他已经 60 多岁了，是柯西和黎曼的忠实追随者，坚决捍卫他们在虚数函数上所做的工作。柯西对埃尔米特的影响，并不局限于数学领域。在青年时期，埃尔米特是个不可知论者。但是柯西这个虔诚的罗马天主教徒，在埃尔米特罹患重病身体虚弱时雪中送炭，使其皈依天主教。结果，埃尔米特脑中就形成了一种独特的数学神秘主义学派，类似于毕达哥拉斯学派。埃尔米特相信，数学是一种超自然的存在，那些平凡的数学家只是偶尔才有幸一瞥数学之真容。

埃尔米特相信，这位来自莱顿大学天文台的天文学家，拥有更开阔的数学视野。因此，面对这位无名小辈投来的稿件，他给予了热情的回应。很快，他们之间就进行了一场密集的数学对话，时间长达 12 年之久，往来信件多达 432 封。埃尔米特深深折服于这个荷兰年轻人的想法。尽管斯蒂尔杰斯没有取得相应的学位，但是埃尔米特还是愿意助他一臂之力，帮他在图卢兹大学谋得教授一职。在给斯蒂尔杰斯的一封工作信件中，埃尔米特写道："你总是正确的，而我总是错的。"

正是在这场对话的过程中，斯蒂尔杰斯大胆地宣布，自己证明了黎曼假设。埃尔米特对这个年轻门生信任有加，当然不会无端怀疑斯蒂尔杰斯是否真的证明出了黎曼假设。毕竟，他也在数学的其他分支做出过巨大贡献。

那时候，黎曼假设还没被数学界公认为最棘手的难题之一。因此，斯蒂尔杰斯宣布这一消息后，并没有像现在一样在数学界立刻掀起轩然大波。对于自己凭直觉发现的一些零点，黎曼既没有大肆鼓吹，也没有写下具体的证明过程。所以，这一重大发现只能淹没在他那篇 10 页的论文里，等待着新一代的数学家去发现，去领会其重要意义。尽管如此，斯蒂尔杰斯发布的这一消息还是令人激动的，因为证明了黎曼假设，也就意味着证明了高斯素数猜想，后者是当时数论界的"圣杯"。对于 100 万以内的数字，高斯的猜想在素数统计上的误差率是 0.17%。而对于 10 亿以内的数字，误差率就降至 0.003%。高斯相信，随着统计的数量越来越大，素数猜想的误差率就会越来越小。到了 19 世纪末期，高斯的猜想已经为人所熟知了。证明了这一猜想的那个人会因此而声名鹊起，而支持这一猜想的证明当然也是引人瞩目的。

当斯蒂尔杰斯给埃尔米特写信，讨论他所做的证明时，在高斯猜想的破解上，一位数学家在 19 世纪 50 年代取得一项最大突破。他就是巴夫尼提·列波维奇·切比雪夫，来自欧拉曾经的战场——圣彼得堡。他实际上无法证明，高斯猜想和实际素数个数存在之间的误差率，是否会随着统计数量的增大而减小。但是他证明，对于 N 以内的数字，无论 N 取值有多大，其误差率都不会超过 11%。高斯曾猜想，对于 10 亿以内的数字，其误差率为 0.003%。切比雪夫提出的观点，似乎和高斯的猜想相差甚远。但是前者的重要意义在于明确了这一点：无论统计的数字有多大，二者之间的误差都不会突然变得过大。在此之前，高斯的猜想只是基于少量的实验证据。通过理论分析，切比雪夫首次证明对数和素数存在某种关系。不过，要想真正证明二者确实如高斯所言那样紧密联系，还有很长一段路要走。

借助最基本的方法，切比雪夫成功控制了误差率。那时，黎曼正在哥廷根大学里，沉浸在那片复杂的虚数图景中。当听到切比雪夫在高斯猜想上取得的成就时，黎曼萌生了一个念头，要助其一臂之力。证据来自他想要寄给切比雪夫的一封信。在信中，他分享了自己在这方面的心得。而从黎曼仅存的手稿中，依稀可见一些对于切比雪夫名字的不同拼写。不过，黎曼最终有没有寄信给切比雪夫，就不得而知了。不管怎样，在降低素数统计误差率上，切比雪夫此后再也没能取得任何进展。

这就是为何对当时的数学界来说，斯蒂尔杰斯宣布证明黎曼假设同样是一个令人兴奋的消息。当时还没人意识到，证明黎曼假设堪称寻得数学界的"圣杯"，但是证明高斯的猜想在当时是可圈可点的。埃尔米特迫不及待地想要看到斯蒂尔杰斯写下的证明过程，却始终不见这个年轻人有所动静，一次次得到的答复都是证据还不够充分。此后五年时间里，面对埃尔米特的不断催促，斯蒂尔杰斯还是拿不出新的证据来支持他提出的观点。看到斯蒂尔杰斯一直缄默不语，埃尔米特越来越失望沮丧。忽然，他想出一个妙计，或许就能一睹他期待已久的证明之芳容，几年来的抑郁之情自然也就一扫而空了。埃尔米特向法国科学院提议，将 1890 年的数学科学大奖颁发给那个证明高斯素数猜想的人。埃尔米特回来后非常自信，觉得这个大奖正在向他的朋友斯蒂尔杰斯招手呢！

以下就是埃尔米特的计划。斯蒂尔杰斯无须宣布破解了黎曼假设，只需要用图表来表示虚数图景的一小部分即可，也就是欧拉开辟的图景和黎曼拓展之后的边界。一言以蔽之，只要他能证明那条穿过数字 1 的假想线上没有零点，就能摘得这项大奖。每个黎曼零点在东西方向轴上的坐标，决定了高斯公式在计算上的误差。零点越靠东，误差就越大。如果黎曼假设为真，那么误差就会很小。假如所有零点都整齐排列在那条穿过数字 1 的假想线的西侧，那么即使黎曼假设不成立，高斯的猜想也可能是正确的。

　　大赛的截止日期已过，斯蒂尔杰斯那边还是没有传来任何动静。但是埃尔米特的计划也不算完全落空。令他出乎意料的是，他的学生雅克·阿达马参加了此次比赛。尽管从阿达马提交的论文里看不到完整的证明过程，但是他提出的观点令在场的人眼前一亮，使得他荣获这项大奖。这使阿达马大受鼓励。在 1896 年，阿达马终于成功填补了之前自己观点中的缺陷。虽然他还是无法证明所有的零点都分布在黎曼那条通过数字 1/2 的临界线上，但是至少证明了在那条穿过数字 1 的假想线的东面没有零点。

　　数学家们终于证明了高斯素数猜想为真，这距离高斯发现素数和对数函数的关系已过了一个世纪。从那时起，高斯素数猜想就不再被称作猜想，而是被公认为素数定理。自古希腊人证明素数有无穷多个以来，这一定理是数学家在素数研究上取得的最重大的成果。尽管我们永远不能触碰到数字宇宙的无垠边界，但是阿达马证明，对于一往无前的宇宙旅行者来说，前方不会有太多变数。高斯在早期发现的实验证据不是大自然耍的一些小把戏，它们不会使人们误入歧途。

　　如果没有借助黎曼的研究成果，阿达马就无法取得这么大的成就。他证明高斯素数猜想的灵感来自黎曼开辟的 ζ 函数图景。不过，这距离证明黎曼假设还差得远。在论文中，就其证明过程，阿达马提到，自己在斯蒂尔杰斯面前就是班门弄斧。后者直到 1894 年去世时，依然宣称自己证明了黎曼假设。斯蒂尔杰斯也因此位列试图攻克黎曼假设的数学家名单之首。在那个名单上，是一群德高望重的数学家，他们都宣布自己证明出了黎曼假设，但最后也都不了了之。

很快，阿达马就听到一个消息：有个人分了素数定理一杯羹。一位名叫查尔斯·德·拉·瓦莱－普桑的比利时数学家也同时宣布自己证明了高斯素数猜想。阿达马和德·拉·瓦莱－普桑取得的伟大成果，拉开了一段艰苦漫长的征程之序幕。一直到 20 世纪，数学家们还在前仆后继地踏上这段漫漫征程，去探索黎曼开拓的那片图景。"万事俱备，只欠东风"，阿达马和德·拉·瓦莱－普桑已经搭建好了大本营，就等着人们向着临界线攀登了。也正是从那时起，这一问题开始担起其应有的角色：一座高不可攀的数学珠峰。不过出人意料的是，证明这个问题有赖于 ζ 函数图景上的那些最低点。鉴于高斯素数定理已经尘埃落定，是时候让黎曼提出的那个伟大问题，从他那篇密密麻麻的 10 页论文里走出来，登上素数的历史舞台了。

正是另一位名叫大卫·希尔伯特的哥廷根数学家，发现了黎曼隐藏在那篇论文里的智慧光芒，并将其呈现于世人面前。这个魅力四射的数学家，在 20 世纪发起了一场声势浩大的运动，促使数学家们纷纷卷入摘取黎曼假设这个终极大奖的热潮中。

5.1　希尔伯特：数学魔笛手 ①

普鲁士的柯尼斯堡镇，因"柯尼斯堡七桥问题"（欧拉在 1735 年解决了这个难题）而在 18 世纪闻名于数学界。到了 19 世纪后期，这个小镇在"数学地图"上重振声威，因为这里诞生了一位 20 世纪的数学大咖，他就是大卫·希尔伯特。

希尔伯特热爱自己的家乡，并看到在哥廷根城墙内，数学之火燃烧得最为剧烈。因为拥有高斯、狄利克雷、戴德金和黎曼这样的数学大师，所以哥廷根俨然成为数学界的朝圣之地。也许与当时的其他人相比，希尔伯特更敏锐地嗅到了黎曼带来的一场数学巨变。黎曼意识到，探索及理解数学世界的法则和规律，比专注于公式和繁琐的计算收获更丰。数学家们开始以一种新方式来聆听数学"管弦乐"。他们不再拘泥于单个音符，而是开始注意寻找隐藏在研究对象背后的音乐之声。黎曼在数学界发起一场"文艺复兴运动"。到了希尔伯特那一代，这种思想就成为了主旋律。1897 年，希尔伯特写道，他希望奉行黎曼一贯遵循的原则，即证明的动力在于主动思考而非被动计算。

希尔伯特因此在德国学术圈占据了一席之地。孩提时他就了解到，古希腊人已经证明，要想尽可能生成所有数字，就需要无穷多个素数。上学时他就猜测，如果将数字换成方程的话，结果似乎就大不相同了。究竟如何证明，和素数相比，只有有限的方程才可用来生成某些有无穷

① 魔笛手的故事发生在 1284 年，德国有个名叫哈默尔恩的村落，那里鼠满为患。某天，来了个外地人，自称是捕鼠能手。村民们向他许诺，若能除去鼠患，定付重酬。于是，他吹起笛子，鼠群闻声随行至威悉河而淹死。事成后，村民出尔反尔，不付酬劳。吹笛人便怏怒离去。过了数周，正当村民在教堂聚集时，吹笛人回来吹起了笛子。众孩亦闻声随行，纷纷被诱到山洞内不得出。其中一个结局是，村民最后给了吹笛人应得的酬劳（有的版本是付得更多），他才把被困的孩子放出来。另有版本说，两个一哑一瞎的孩子最终回来了，可其他孩子被带到哪里，却无从知晓。——译者注

多解的方程组？这成为 19 世纪末的数学家面临的一大挑战。和希尔伯特同时期的其他数学家，尝试通过构建方程这种费时费力的方法来攻克这个难题。希尔伯特却证明，这些有限的方程必然存在，即使他无法构建出这样一组方程。这一观点震惊了当时的数学界。当看到高斯轻而易举地算出 1 ～ 100 的所有数字之和时，高斯的老师脸上露出怀疑的神情，第一反应是"他作弊了"。同理，希尔伯特的导师也心生怀疑：这个方程理论是不是来得太容易了？

这对当时的正统派数学理论来说可是个不小的挑战。如果无法看到有限的列表，就很难接受它的存在，即使有确凿证据支持它的存在也是如此。对于那些仍固守法国数学传统——数学基于方程和显式公式——的数学家来说，是很难从心理上接受这样一种观点的：有些东西看不见，但确定无误就在那儿。保罗·戈尔丹是该研究领域的专家，他这样评价希尔伯特的发现："这不是数学，这是神学。"希尔伯特依然坚守着自己的阵营，即使那时候他只有二十几岁。最后数学家们终于承认，希尔伯特是对的，就连戈尔丹也妥协让步了。戈尔丹如此说道："我相信，就算神学也有可取之处。"在此之后，希尔伯特开始研究起数字来，他将那些数字形容为"一座难得集美与和谐于一身的建筑物"。

1893 年，德国数学学会邀请希尔伯特写一份关于数论在 19 世纪末发展情况的报告。这对一个刚刚三十出头的年轻人来说是一项艰巨的任务。一百多年前，这门学科甚至都没形成一套完整的体系。高斯于 1801 年出版的《算术研究》一书开辟了数论这片沃土，因此到了 19 世纪末，"数论之花"才绽放得如此热烈，甚至已有生长过剩之势。为了使这个学科的发展步入正轨，希尔伯特的旧识赫尔曼·闵可夫斯基加入到他的阵营。他们在柯尼斯堡读书时就认识了。闵可夫斯基在数论上成绩斐然，18 岁时就斩获了数学科学大奖。他十分乐意从事数论研究工作，因为他相信，这会使他聆听到这种"强大音乐的主旋律"。闵可夫斯基的加入，点燃了希尔伯特对素数的研究热情。闵可夫斯基宣称，在他们的聚光灯下，素数会一下子就摇曳生姿起来。

希尔伯特的"神学"为他在欧洲数学界赢得了一席之地。1895 年，菲利克斯·克莱因教授向他抛来了橄榄枝，来信希望他在哥廷根大学任教。希尔伯特二话不说，欣然接受了邀请。在讨论聘用希尔伯特一事的大会上，其他教职工都对克莱因的力挺表示质疑，都纷纷猜测他是不是招来了一个毫无立场的跟班儿。克莱因向他们保证，希尔伯特绝不是那类人。他说道："我已经问过最难相处的人的意见了。"就在那年秋天，希尔伯特只身前往那座小镇，他的灵魂导师黎曼就曾在那里任教。他希望自己能进一步推动那场数学革命。

不久，教职工们就意识到，希尔伯特并不满足于挑战数学正统。这个新同事的行为做派令那些数学家的妻子们大开眼界，震惊不已。其中一个人这样写道："他简直就是来搅局的。我听说，有一天晚上，有人看见他在餐厅的后厨和学生们打台球。"日子一天天过去，希尔伯特在哥廷根赢得了一些女士的芳心，其大众情人的名声也因此流传在外。在他举办的 50 岁生日宴会上，学生用字母表的每个字母代表一位被他征服的女士，以此为歌词，为他演唱了一首歌曲。

这位潇洒不羁的教授还买了一辆自行车，这让他更红了。经常有人看到他骑车穿过哥廷根的街道，为他的情人带上一束自己从花园里采摘的鲜花。他讲课时，衣着随便，只穿衬衫，不穿外套，这在当时是闻所未闻的。在寒冷的食堂里，他会向前来就餐的女士借用毛围巾来保暖。希尔伯特是故意引来争议，还是仅仅为了获得解决所有问题最直接的答案，就不得而知了。不过，有一点可以肯定，那就是他花在数学问题上的心思比在社交上多得多。

希尔伯特在院子里架了一块 20 英尺长的黑板。除了照顾花圃和自行车炫技之外，其余的时间他就在黑板上演算数学问题。他特别喜欢聚会，经常将留声机的最大唱针放到唱片上，大声播放音乐。在终于听到恩里科·卡鲁索 [1] 的现场演唱后，他相当失望，说："卡鲁索演唱用的唱针太小了。"不过，与希尔伯特在数学上取得的成就相比，这些小怪癖无足轻重。1898 年，他将研究方向从数论转到了几何学上。他对一些数学家在 19 世纪提出的新几何学大感兴趣，这些数学家宣称其违背了古希腊人提出的一条基本几何公理。他坚信抽象数学有种看不见的强大力量。因此，一个物体有何物质实体，是无关紧要的；而物体间有何关系，才是至关重要的。他开始研究起隐藏在那些新几何问题背后的抽象结构和关系来。希尔伯特曾经宣布，如果用桌、椅、啤酒杯来分别代替点、线、面的话，这些几何理论依然行得通。这使他一时声名大振。

早在一个世纪前，高斯就想到了这些新几何学带来的挑战，但是他并没有将这些非正统的想法公之于众。想必古希腊人是不可能出错的吧。但是，他已经开始质疑欧几里得提出的一条基本几何公理，即关于平行线的存在问题。欧几里得曾经考虑过这样一个问题：给出一条直线和线外一点，通过该点可以画出多少条直线与原有直线平行？对欧几里得来说，答案似乎是显而易见的，就是有且只有一条直线。

16 岁的高斯开始推测，可能有这样一种几何学，其中不存在平行线这样的几何图形。除了欧几里得的几何学，以及这样一种不存在平行线的新几何学外，还可能有第三类几何学，其中可能存在不止一条平行线。如果真是那样的话，那么对于这种几何学来说，三角形内角和就不再是 180°，这是古希腊人不敢想象的。如果真的存在这样的新几何学，

---

[1]　意大利著名男高音歌唱家，其代表作有《浮士德》。卡鲁索中等身高，肩膀宽阔，身材魁梧。在一米的距离内，他可以把音量加大到大部分歌唱家力所不能及的 140 分贝。他的强音使其他同台的艺术家不得不和他保持一定距离。在他之后的男高音中，只有莫纳何的音量多少可与其媲美。由此可见，希尔伯特平时播放音乐的音量之大。——译者注

那么高斯想知道的是，到底哪种才能最完美地描绘现实世界。古希腊人坚信，他们创建的模型以一种数学方法描述了现实世界。但是高斯根本不能确定古希腊人的这种观点是对还是错。

在之后的岁月里，当对汉诺威王国进行地形勘测时，高斯利用对哥廷根采用的测量方法来验证由三处山顶投射下来的光束构成的三角形，其内角和是否不等于 180°。高斯认为光线在传播路径中会发生偏折。或许，在三维空间发生的弯曲和地球表面的二维图一样。他想到了所谓的大圆，例如经度线，是地球表面两点之间最短的路径。对这样的二维几何而言，不存在平行经度线，因为所有的经度线都会相交于极点。之前没人想到过在三维空间中会发生弯曲的情况。

现在我们意识到，高斯观察到的任一重大的空间弯曲，在欧几里得开辟的几何世界面前只不过是"蚍蜉撼大树"，仅触及其一点皮毛罢了。阿瑟·爱丁顿在 1919 年日食期间，通过实验观察到星光会发生弯曲，这极大地支持了高斯的直觉。高斯从来没有将其观点公之于众，或许因为他提出的新几何学似乎不符合数学的一贯使命，即表现物质实体。即使向他的朋友透露过此事，高斯也要他们承诺会对其守口如瓶。

到了 19 世纪 30 年代，高斯提出的新几何学终于出现在公众视野里，这得益于俄罗斯数学家尼古拉·伊万诺维奇·罗巴切夫斯基和匈牙利数学家亚诺什·鲍耶。高斯发现的这种非欧几何，并没有像高斯担心的那样在数学界掀起轩然大波，只是因为其太过抽象而被弃之如敝屣。这种学说就这样沉寂了多年。然而，到了希尔伯特时期，这种学说开始登上数学舞台，以一种更加抽象的方法完美地描绘数学世界。

一些数学家声称，任何不满足欧几里得平行线假设的几何学，必定存在某些内在矛盾，而这种内在矛盾会导致该几何学的体系瓦解。希尔伯特在探究这种可能性的过程中，发现非欧几何和欧氏几何之间存在强逻辑关系。他发现，当非欧几何存在矛盾之处时，欧氏几何也存在这种矛盾。这也算取得了一定进步吧! 当时的数学家们认为, 欧氏几何是逻辑自洽的。希尔伯特的发现表明, 非欧几何也一样。两种几何学, 一损俱损。但是之后, 希尔伯特发现了一个令人不安的事实: 没有人可以真正**证明**欧氏几何没有内在矛盾。

希尔伯特开始研究, 如何来证明欧氏几何是逻辑自洽的。尽管两千多年来没人发现欧氏几何有什么内在矛盾, 但也不能说不存在矛盾之处。希尔伯特要做的第一件事就是从公式和方程上重新解释几何学。笛卡儿创立了解析几何, 为 18 世纪的法国数学家广泛接受。利用公式来描述点线关系, 可以将几何简化成算术, 因为几个数字就可以表示坐标系里的一个点。数学家们相信数论不存在矛盾之处。因此, 希尔伯特希望借助将几何替换成数字的方法, 解决欧氏几何是否存在矛盾这一问题。

然而, 还没等他找到以上问题的答案, 希尔伯特就发现了一个令人更加不安的事实: 没有人能真正**证明**数论本身不存在矛盾之处。对希尔伯特来说, 这真是当头一棒。数个世纪以来, 无论从理论上还是从实践上, 数学家们在运用数论的过程中, 都没有发现什么内在矛盾, 因此逐渐将其视为金科玉律。"勇敢向前, 信念与你同在。"这是 18 世纪的法国数学家让·勒朗·达朗伯对那些质疑"数学的基础"的人们给出的有力回答。数字之于数学家, 好比有机体之于生物学家, 都是真实存在的。数学家乐此不疲地借助这些假设 (而他们都认为这是不证自明的数字真理) 进行推理。从没有人想过, 这些假设可能存在矛盾之处。

希尔伯特的研究时进时退, 现在他不得不对"数学的基础是什么"提出质疑。这么重要的问题, 一旦提出就不可能置之不理了。希尔伯特本人相信其中还没发现任何矛盾之处, 而数学家们也能证明该学科根基深厚、坚不可摧, 从而驱散怀疑的阴云。希尔伯特发出的质疑之声, 标志着一个数学新时代的来临。19 世纪见证了数学的发展历程, 它不再充当其他科学的工具，而是成为一门探索理论、追求真理（这类似于出生于普鲁士王国柯尼斯堡的伊曼努尔·康德秉承的哲学思想）的独立学科。希尔伯特对"数学的基础"这一问题的思考，给了他一个机会来从事抽象数学这项新实践。他提出的新方法将使他在 20 世纪声名鹊起。

在 1899 年即将接近尾声时，一个绝好的机会摆在希尔伯特面前，他终于可以向世人描述这样一幅画面：他提出的新思想将会给几何学、数论和数理逻辑带来怎样翻天覆地的变化。他收到一份来自国际数学家大会的邀请，希望他明年能去巴黎参会，并在会上发表重要演讲。对于一个不满 40 岁的数学家来说，这是无上的荣誉。

如此重大的场合，演讲稿要涉及什么内容呢？希尔伯特一下子犯了难。一篇好的演讲稿既要做到令人耳目一新，又要合乎时宜。这是毋庸置疑的。一个想法突然浮现在希尔伯特的脑海里：能否在演讲中畅想、展望数学的未来呢？他开始就这一想法征求朋友们的意见。要知道，这在当时是相当不同寻常的做法，且违背了那条不成文的规定：只有完整的、系统化的思想，才能公开发表。摒弃由那些公认定理构筑的安全屏障，而去畅想不确定的未来，这是需要极大勇气的。但是，希尔伯特从来不惧争议。最后，他决定带着那些尚未得到证明的问题，去挑战数学界的传统观念。

然而他心里也未免打起了鼓：在这样的场合，发表这样一种前卫的演讲，是明智之举吗？或许他也应该随波逐流，讲讲他取得的研究成果，而不是那些他还没有完全解决的问题。由于拖延，他错过了提交演讲报告题目的最后期限。因此，他的名字并没有出现在第二届国际数学家大会的演讲者名单上。到了 1900 年夏天，朋友们都担心他就要与这个展现自己想法的绝佳机会失之交臂了。但是有一天，他们都在办公桌上发现了希尔伯特的演讲稿。"数学问题"这几个大字，赫然出现在他们面前。

希尔伯特相信，问题是数学的命脉，而问题的选择更要慎之又慎。他写道："一个数学问题要够难，才能引起我们的关注；但是又不能太难，难到完全高不可攀，反过来嘲笑那些徒劳无功的人们。它要能指引着我们穿过一条条迷宫般的路径，寻找隐藏其中的真理，并能让我们在最终得到答案后品味成功的喜悦。"他所提出的 23 道难题，都是按照这一严苛标准精挑细选出来的。8 月的巴黎大学酷暑难耐。希尔伯特在演讲中向数学探索者们提出了新世纪即将到来的挑战。

19 世纪末期，一位杰出的生理学家埃米尔·杜布瓦 – 雷蒙发起了一项哲学运动：我们对自然的认识具有局限性。这在许多研究领域都产生了巨大影响。哲学圈里的一个流行语就是，"我们现在不知道，将来也不会知道"。但是希尔伯特在新世纪的愿望就是将这类悲观论调一扫而空。他在介绍完 23 道数学难题后，发出一声令人热血沸腾的呐喊："要相信，每个数学问题都是可以解决的。这种信念，对数学工作者来说，是一种莫大的动力。我们听到，有一种声音在不停呼唤：问题就在那儿，等着人们去追寻答案。你一定能找到答案，这是因为，对于数学来说，没有什么是不可知的。"

希尔伯特为新世纪数学家设置的难题，体现了黎曼的数学革命精神。希尔伯特列出的前两个问题，就涉及那些一直困扰着他的基本问题，而其他问题则覆盖数学图景的方方面面。有些是开放式的，而不是理应有明确答案的问题。其中一个问题还涉及黎曼的梦想，那就是物理学的基本问题最终只能用数学来解决。

第五问题源于黎曼秉承的信念：数学的不同分支，不论是代数、分析还是几何，都是紧密相连的，不能将它们分离开来，只去理解某一分支。黎曼展示了方程的几何性质可以用这些方程定义的几何图形推断出来。数学上有这么个说法：代数和分析必须对几何敬而远之，因为几何会使人误入歧途。要想打破这个教条的禁锢，是需要一些勇气的。这也是诸如欧拉和柯西之类的数学家为什么会如此反对利用图形来描述虚数的原因。对他们而言，虚数就是诸如 $x^2 = -1$ 之类方程的解，无须再增加令人迷惑的图形了。但是对黎曼来说，这些学科之间显然是有联系的。

在宣布 23 道难题之前，希尔伯特提到了费马大定理。尽管那时的公众普遍认为，这个问题是数学史上一个伟大的未解之谜，可奇怪的是，在希尔伯特列出的问题中，这个问题却未占一席之地。在希尔伯特看来，这样一个极为特别而又明显无足轻重的问题，对科学可能会有种激励效应。费马大定理就是这样一个鲜明例子。高斯也持相同的观点。他宣称，人们可以选择一系列其他方程，并询问这些方程是否有解。费马选择的方程则并没有什么特别之处。

希尔伯特从高斯对费马大定理的批评中获得灵感，提出了第十问题：是否存在一种算法（类似于计算机软件那样的数学程序），可以在有限的时间内判断出一个方程是否有解？希尔伯特希望这个问题能将数学家的注意力从具体问题转向抽象问题。高斯和黎曼是他的榜样。他们为素数研究开辟了一个新视角。从此，数学家们不再拘泥于研究一个特定数字是否为素数，而是专心去聆听流过所有素数的音乐。希尔伯特希望他提出的这道方程问题也能产生这样的影响。

在希尔伯特结束演讲后，尽管一位与会记者用"凌乱"来形容当时的场面，不过这更多指的是 8 月当地糟糕的天气，而不是指希尔伯特的演讲在数学界反响平平。正如希尔伯特的好友闵可夫斯基评价的那样："毫无例外，世界上所有的数学家都会阅读你的演讲稿。到时候，你对年轻数学家的吸引力就更大了。"希尔伯特敢于打破常规，发表这样一篇演讲稿，这使其成为 20 世纪新数学思想的奠基人。闵可夫斯基相信，这 23 个问题的提出，将会对国际数学界产生巨大影响。他对希尔伯特说："你真的触及了 20 世纪所有的数学问题。"他的话果然成真了。

在希尔伯特列出的众多开放式问题中，有一个与众不同，它就是第八问题：证明黎曼假设。一次采访中希尔伯特谈到，他相信黎曼假设绝对会成为数学史上最重要的问题。在此期间，曾有人向他请教：未来最伟大的科技成就是什么？他幽默地答道："是到月球上去抓苍蝇啊。因为要实现这一目标，必须解决一系列连带的技术难题。这意味着要克服人类面临的几乎所有物质困难。"这种分析极富见地，展望了 20 世纪的发展路线。

他相信，证明黎曼假设之于数学，就好比到月球上抓苍蝇之于科技，都会造成翻天覆地的影响。当希尔伯特提出把黎曼假设作为第八问题后，他进一步向国际数学家大会解释，完全理解黎曼的素数公式，或许能带领我们进入一个新境界。在那儿，我们能揭开素数的许多其他秘密。他还提到哥德巴赫猜想和无穷多对孪生素数的存在问题。对黎曼假设的证明热潮具有双重意义：一方面，它预示着数学史上一个时代的谢幕；另一方面，它将为我们打开更多扇门。

希尔伯特相信，距离证明黎曼假设的那一天不会太久。在 1919 年的一次演讲中，他乐观地说道，自己能活着看到有人证明出黎曼假设，或许台下最年轻的观众还可以有幸见证费马大定理的证明。但是，他又大胆地预测，或许在场的所有人都不能活到亲眼见证第七问题——2 的 $\sqrt{2}$ 次幂是否为某个方程的解——的证明。也许希尔伯特在数学上天赋异禀，但是若论预测能力则稍显逊色。不到 10 年，他的第七问题就被攻克了。1919 年听过希尔伯特演讲的年轻毕业生，也有可能活到 1994 年，见证怀尔斯对费马大定理的证明。在过去的几十年里，尽管在证明黎曼假设上已取得可喜进展，但是就算希尔伯特从坟墓中醒来，如同 500 年之后的巴巴罗萨（即腓特烈一世）会醒来一样，黎曼假设可能依然无解。

有一次，希尔伯特仿佛看到那一天离他不远了。一天，他收到一个学生寄来的一份论文，该学生声称自己证明了黎曼假设。没多久，希尔伯特就发现了证明中存在的一个漏洞。但是，他被其采用的证明方法深深吸引住了。不过可惜的是，这个学生一年之后就去世了。希尔伯特被邀请在学生墓前致词。他对这个年轻人提出的想法赞赏有加，并希望有一天可以促使这个伟大的假设得到证明。之后他说道："如果你愿意的话，可以考虑在虚数上定义一个函数……"就这样，希尔伯特投入到错误的证明思路当中，使这个数学问题偏离了原有的正确轨道。不过，这完美地诠释了人们对数学家的刻板印象：数学家往往会与现实社会相脱节。不管这个故事是真是假，都是可信的。数学家有时候会有井蛙之见。

希尔伯特发表演讲后，黎曼假设很快就进入了公众视野。如今它被誉为数学史上最伟大的未解之谜之一。尽管希尔伯特一心想证明这个假设，最终却未能成功，但他提出的新研究课题对 20 世纪的数学产生了深远影响。就连他提出的物理学问题以及关于数学公理的基本问题，也在 20 世纪末华丽登场，在推动我们对素数问题的理解上扮演起重要角色。不过与此同时，希尔伯特也肩负着这一重任：为哥廷根数学界推选出"学术担当"，这个人能接过从高斯传到狄利克雷再到黎曼之手的接力棒。

5.2　兰道：最难相处的人

希尔伯特的挚友闵可夫斯基不幸英年早逝后，哥廷根大学虚位以待。闵可夫斯基年仅 45 岁时就被急性盲肠炎夺去了生命。希尔伯特刚刚解决了华林问题，即将数字表述为三次幂、四次幂或者更高次幂的和。他知道，闵可夫斯基看到这个结果后，一定会赞不绝口并欣慰不已的，因为它是对闵可夫斯基原有研究成果的延续和发展。闵可夫斯基正是凭借这一研究成果，年仅 18 岁时即斩获法国科学院颁发的数学科学大奖。希尔伯特回忆道："即使躺在病床上，饱受着病痛的折磨，他也依然关心着下一届研讨会的有关事宜。他知道，那时我会就华林问题的答案与在场人员讨论一番。可是，他无法到场了。"

闵可夫斯基的去世，对希尔伯特的打击很大。一位哥廷根大学的学生这样回忆："那天我们在上课，希尔伯特在课堂上告诉我们闵可夫斯基的死讯。说完，他就掩面而泣。他是一个伟大的教授。我们对他心生敬畏，与他保持着师生间的距离。看到希尔伯特哭泣的场景，比听到闵可夫斯基的死讯更令我们震惊。"希尔伯特急于找到这样一个人，他能像闵可夫斯基一样，对数论怀有满腔热情。

希尔伯特的钦定之人埃德蒙·兰道据说脾气不好。在他和另一个人选之间，希尔伯特似乎一直犹豫不决。有一次他想听听同事们的意见，就问道："他俩谁是最难相处的人？"他们异口同声地回答："兰道。"希尔伯特表示，哥廷根大学少不了兰道这类人：他们敢于挑战社会规约、数学正统。好好先生在这儿是无容身之地的。

兰道对学生要求严格，是学院里出了名的严师。学生们都害怕收到周末去他家的邀请。在那里，学生们不得不参加他热衷的数学游戏，还要表现得热情高涨。一次，一位学生刚刚完婚，准备离开学校开始蜜月之旅。就在火车即将驶离哥廷根火车站时，兰道闯进了站台，一把将他最新的书稿塞进车窗，并大声命令道："你回来时，我就要看到校对好的书稿。"

兰道很快就接过了从高斯和黎曼手里传来的接力棒，一跃登上欧洲数学舞台中心，成为发展德·拉·瓦莱－普桑和阿达马研究成果的领军人物。他的气质与其能力完美契合。他能从他们建立的大本营中突围，攀登黎曼珠峰。阿达马和德·拉·瓦莱－普桑已经证实那条穿过数字 1 的假想线上没有零点，从而支持了高斯的素数定理。现在摆在数学家面前的难题就是，证明在到达黎曼那条通过数字 1/2 的临界线之前没有零点。

哈那德·玻尔加入了兰道的探险队。玻尔来自哥本哈根，但是他不辞辛苦，沿着前人的足迹穿越欧洲大陆，来到哥廷根大学这个数学圣地。玻尔的哥哥，尼尔斯·亨利克·戴维·玻尔，最终创立了量子物理学，蜚声世界。玻尔效力的丹麦足球队，曾在 1908 年奥运会上斩获银牌。作为其核心球员，玻尔在那时就已经小有名气了。

在兰道和玻尔的共同努力下，黎曼图景上那些零点的位置被首次锁定了。他们可以证明，大多数零点都喜欢聚集在那条假想线的附近。他们考虑了 0.5～0.51 的零点数，并和这块狭长地带之外的零点数进行对比，从而得出，这块狭长地带包含了绝大多数零点。黎曼预测，所有的零点都出现在那条穿过 1/2 的假想线上。虽然兰道和玻尔不能明确证明这一点，但这起码开了个好头。

要使他们提出的论点成立，那块狭长地带不一定要宽 0.01。无论它有多宽，即使宽为 $1/10^{30}$，兰道和玻尔也可以证明，大多数零点都出现在这条垂直带上。然而令人沮丧的是，他们都无法证明，大多数零点都出现在黎曼的那条假想线上。而黎曼对此宣称，他已经证明过了，只是还没有对外公布。这似乎有悖于直觉。如果所有的零点都位于这一小片不易察觉的范围内，那么我们为什么不能得出"大多数零点都在那条临界线上"的结论？这就是数学的神秘之处。例如，假设对于每个数字 N，都有 10^N 个零点，位于 $1/2+1/10^{N+1}$ 和 $1/2+1/10^N$ 之间的狭长地带上。这样的假设能够支持兰道和玻尔得出的结论，并不需要任何零点出现在那条穿过 1/2 的临界线上。

镌刻在哥廷根市政厅外墙上的一行大字分外醒目：哥廷根外没有生活。自中世纪起，哥廷根就开始恪守这一信条。不过，希尔伯特的影响力使得哥廷根从黎曼时期的一座安静的大学城，变成了 20 世纪初期的数学重镇。在黎曼时期，学术之火正在柏林熊熊燃烧着。但是等到柏林大学聘请希尔伯特任教时，火势就变弱了。这个中世纪小镇保留了很多高斯的学术遗产，是开展数学活动的绝佳场所。

希尔伯特之所以能把世界上最伟大的数学家邀至哥廷根，离不开数学教授保罗·沃尔夫凯勒提供的资金支持。沃尔夫凯勒于 1908 年去世。他在遗嘱中规定，捐献 10 万马克奖励第一位证明费马大定理的人。孩提时的怀尔斯听说了这一奖项，大受鼓励，从此激发了揭开费马之谜的兴趣。（怀尔斯最终摘得了这个奖项，而两次世界大战之后，德国遭遇恶性通货膨胀，这使他获得的奖金大幅贬值。）在遗嘱中，沃尔夫凯勒还规定，由于奖金每年都会有利息，只要定理还没有被证明，这些利息就可以用来资助哥廷根大学的访问学者。

兰道负责的工作是每天检查寄给哥廷根大学教职工的各种证明方法。但是随着收到的手稿越积越多，兰道有些不堪重负了。无奈之下，他不得不将这些手稿交给学生们来打理，并附带一封拒信模板："感谢您对费马大定理的解答。第一个错误出现在某页某行。"希尔伯特的工作则相对轻松愉快，就是处置这笔奖金产生的利息。这使他能时不时邀请各种各样的数学家前往哥廷根大学，以至于后来他希望费马大定理能成为一个未解之谜。"我为什么要杀死一只下金蛋的鹅呢？"他反问道。

毫无疑问，对于任何希望在数学界做出一番事业的年轻数学家来说，首选之地必然是哥廷根。一名学生将希尔伯特对数学家的影响力比作"魔笛手吹奏的美妙笛声，引得众多老鼠跟随他进入深邃的数学之河中"。在 19 世纪，一场政治和学术运动席卷了整个欧洲大陆。在这场轰轰烈烈的革命中，欧洲学术界获得了蓬勃发展。这些"数学大鼠"就来自这一时期的学术界。

然而，欧洲大陆的革命风暴中涌现出的新思想却被英国人无情地拒之门外。就像英国人将法国大革命视为洪水猛兽，极力抵制政治运动一般，他们在数学上也是停滞不前，与黎曼发起的革命失之交臂。虚数仍被视作一种来自欧洲大陆的危险概念。的确，自 17 世纪起，艾萨克·牛顿和戈特弗里德·威廉·莱布尼茨就"谁是微积分的第一个发现者"引发荣誉之争以来，英国的数学就辉煌不再，从此一蹶不振。即使最终证明是牛顿最先发现的微积分，他的国家也因为拒绝承认莱布尼茨在数学发展上的领军地位而止步不前。不过，事情似乎又出现了转机。

5.3　哈代：数学审美家

截至 1914 年，兰道和玻尔已经证明，大多数零点都聚集在黎曼那条临界线附近。他们的工作终于告一段落了。但是，这距离真正证明所有零点都出现在那条临界线上还有多远呢？数学家们知道，海平面上有无数个点，在这些点中，目前只能确定 71 个点排列在黎曼那条临界线上。

英国独立于欧洲大陆之外，对后者涌现出的各种新思想都视而不见。就这样过了两个世纪之后，这片"荒野之地"迎来了一丝曙光。哈代，一位数学家，从这片"荒野之地"走出，接过黎曼手中的接力棒，并证明确实有无穷多个零点排列在那条穿过 1/2 的假想线上。哈代所做的贡献深深打动了希尔伯特。当希尔伯特得知哈代在剑桥大学三一学院深受食宿问题困扰时，他就给剑桥大学的校长写了封信。希尔伯特在信中写道，哈代不仅是三一学院最优秀的数学家，也是英国数一数二的数学家，因此他配得上学校最好的食宿待遇。

哈代之所以在数学圈外享有盛名，很大程度上归功于他那本生动的回忆录，《一个数学家的辩白》；而他之所以在数学界声名大噪，则归功于其在素数理论和黎曼假设上做出的巨大贡献。如果哈代证明出了那条线上有无穷多个零点，是不是就意味着这场接力赛结束了？哈代证明黎曼假设了吗？如果有无穷多个零点，而哈代恰巧证明了在这些零点中有无穷多个出现在黎曼的临界线上，这难道就意味着我们大功告成了吗？

可惜，"无穷"这个词语是不可靠的。希尔伯特喜欢以一个拥有无数间客房的旅馆为例，来揭开"无穷"之谜。你可能检查所有的奇数房间，发现均已客满。这时候即使你已经检查了无数间，也能腾出所有的偶数房间来入住新客人。对哈代而言，检查零点来确定是否分布在临界线上，与检查房间来确定是否已客满大同小异。不过可惜的是，哈代甚至都没能证明，至少有一半的零点分布在临界线上。他证明了有无数间客房，但是和那些尚未证明的房间相比，这点数量简直微不足道。哈代取得了非凡的成就，但是前方依然有很长的路要走。哈代在零点这个"大苹果"上咬了一口，但是他咬过后，这个"苹果"还是和从前一样庞大而又无从下口。

这"苹果"一口咬下去，哈代就像上瘾了一样，如痴如醉，难以自拔。生命中，没有什么比证明出所有零点都排列在那条临界线上更让他心潮澎湃的事情了。如有例外的话，也就是对板球的热爱以及和上帝的斗争了。就像希尔伯特那样，哈代将黎曼假设列为其"愿望清单"首位。在他寄给朋友和同事的众多明信片中，在其中一张上，他明确地写下了新年计划，内容如下：

(1) 证明黎曼假设；

(2) 在第四回合的比赛中，211 米后不会出局（211 是 200 后的第一个素数）；

(3) 找到一个使大众相信上帝不存在的证据；

(4) 成为第一个登顶珠峰的人；

(5) 被任命为苏维埃社会主义共和国联盟、大不列颠联合王国、德意志联邦共和国的第一任总统；

(6) 谋杀墨索里尼。

哈代从小就沉醉在素数的世界里。小时候在教堂里，他喜欢把赞美诗的序号用素数的形式来表示，并以此为乐。他还喜欢细细品味书中包含这些基本数字的部分。他声称，这比边吃饭边阅读足球新闻报道还有意思。哈代相信，每个喜欢观看足球比赛的人，都能对素数研究之乐趣感同身受："数论的独特之处就在于，大部分理论都能被公之于众，并为《每日邮报》吸引新读者。"他相信，素数足够神秘，能引起读者的阅读兴趣；而又足够简单，任何人都能开启素数之谜的探索之旅。哈代比当时的任何数学家都更努力地将他对这门学科的热情传递给更多人。他认为，发现素数之谜后的喜悦之情，应该分享给更多象牙塔之外的人。

正如哈代在新年计划的第 3 条中提到的那样，他在教堂里第一次将赞美诗的序号分解成素数，这对他产生了深远的影响。他从小就强烈反对上帝论和宗教信仰。他要用一生的时间和上帝展开一场斗争，来证明上帝的不存在。他的斗争方式独具个性。他勾勒出上帝这一形象，而又极力否认其存在。去观看板球比赛时，他会随身携带一套反上帝装备，以备不时之需，比如突降大雨。即使万里无云，他也会在腋下夹着四件毛衣、一把雨伞、一摞工作手稿。他和旁边的观众这样解释道，他是在放烟雾弹，让上帝误以为他希望会下雨，从而可以躲进室内从事数学研究。而上帝作为他的死敌，处处喜欢与他作对。当天肯定又是个艳阳天，他制定好的数学工作计划也将化为泡影。

夏日的某天，一个板球运动员抱怨道，哈代所在看台上的某个发光体干扰了他的视线，这导致比赛将缩短赛程。听到这一消息后，哈代懊恼万分。这时，一个身形高大的牧师被要求摘下其脖子上那个会反光的银质十字架。看到这一幕后，哈代立刻转怒为喜。他趁着午休间隙，迫不及待地给朋友们邮寄明信片，绘声绘色地向他们讲述板球战胜神职人员的那一幕。

9 月的板球赛季结束后，哈代会趁英国的新学期还没开始时前往哥本哈根造访玻尔。他们每天都有一套固定的工作流程。每天早上，他们都会在书桌上放一张纸，哈代会在纸上写下那天的工作任务：证明黎曼假设。玻尔在数次前往哥廷根大学时提出的那些想法，能最终开辟出一条"证明之路"来，这是哈代最想看到的画面。而在一天的其余时间里，他们或散步，或交谈，或在纸上涂涂画画。一次又一次，他们的努力都付诸东流，并没有取得任何哈代想看到的进展。

后来有一次，就在哈代动身前往英国开始新学期的教学之后不久，玻尔收到了一张明信片。哈代在明信片上写道："已成功证明黎曼假设。可是明信片空间太小了，写不下证明过程。"读到这些话后，玻尔心跳加速。哈代终于打破了这一僵局。不过，提到明信片，不由得想到一个耳熟能详的故事。费马的那个令人瞩目的页边空白处太小的言论，立刻浮现在玻尔的脑海里。哈代这个喜欢恶作剧的家伙，肯定在明信片上搞鬼了。玻尔决定静待哈代寄来证明过程后，再发去贺词。果然不出所料，哈代在随后寄来的明信片上写道，他并没有在黎曼假设的证明上有所突破，而是又在捉弄上帝呢！

哈代的明信片是这么回事儿。正当哈代乘船从丹麦前往英国，穿越北海之际，一道道海浪突然间汹涌袭来。而哈代当时乘坐的轮船，不够巨大坚固，不能抵御汹涌海浪的肆虐。哈代有些担心自己的安危了。这时，哈代使出了自己的杀手锏。哈代寄给玻尔一张明信片，并在明信片上宣布自己虚构出的那一发现。如果说他人生第一大乐趣是证明黎曼假设的话，那排在第二位的就是和上帝的斗争了。哈代知道，上帝不会让船沉没，让世人以为哈代和他的证明永远淹没于海底。在这场恶作剧中，他又一次"得逞"了，他安全无恙地回到了英国。

可以说，哈代对黎曼假设满怀热情，加上他本人魅力非凡、性格丰富有趣，使这个问题一跃成为数学家们最想解决的问题之首。他的《一个数学家的辩白》一书语言也非常流畅，这种写作风格对于提升数论的地位，以及传播那些他认为处于数论中心的问题大有裨益。哈代在《一个数学家的辩白》中不断谈及数学之美及其美学价值，而我们看到的却是另一番情景：那种他极力追求的证明之美，常常淹没于那些用于检验证明真伪性的大量技术细节里。这着实耐人寻味。成功往往源于艰苦的付出，而非伟大的创意。

哈代之所以想要成为一名数学家，可能缘于一本书。这可不是什么数学书，只是讲述了发生在剑桥大学三一学院的故事，记录了主人公生命中的精彩瞬间。他在一本名叫 *A Fellow of Trinity* 的小说里，读到一段关于高级公共休息室饮酒处的描述。这令他着了魔。哈代承认，他之所以选择数学，是因为这是唯一一件他能做得很好的事情。此外，获得数学学位后，他就能在三一学院谋得研究员职位。

为了实现梦想，他必须通过剑桥大学系统要求的轮番考试。不久后，哈代就意识到以下问题：这一考试系统重在考察候选人解决虚构技术问题和数学难题的能力，而这些问题往往是与现实社会脱轨的。这意味着，他们即使获得了数学学位，也很少知道数学的真正含义。1904年，对于这些让英国学生回答的问题，一位哥廷根大学的教授曾讽刺说："在一座有弹性的桥上，有一头大象，大象质量忽略不计，在它的鼻子上停着一只质量为 m 的蚊子。当大象挥动鼻子赶走蚊子时，计算桥的弹性振动。"学生们会照搬牛顿的《原理》（全称《自然哲学的数学原理》），奉之如金科玉律。他们不是按照其实际意义，而是通过行号得到答案。哈代认为，正是在这种体系下，英国的数学界才经历了一段荒芜期。英国数学家开始学习如何更快地弹奏数学音阶，但是他们并没有完全意识到，一旦他们掌握了这种音阶之后，将会弹奏出多么美妙的数学音乐来。

哈代认为自己的数学启蒙老师是法国数学家卡米尔·若尔当的《分析教程》一书。这本书开拓了他的数学视野，让他看到了欧洲大陆繁荣的数学世界："我永远不会忘记，读到这本足以载入史册的著作时的震撼之情……读了这本书后，我才第一次知道数学的真正含义。"

1900 年，哈代被三一学院聘用。这将他从繁重的考试中解脱出来，让他能自由地探索真正的数学世界。

5.4 李特尔伍德：数学坏小子

1910 年，三一学院来了一位名叫约翰·艾登瑟·李特尔伍德的数学家，他比哈代小 8 岁。在接下来的 37 年时间里，他们就像数学界的斯科特和奥茨 ① 那样，共同探索那片在欧洲大陆上开辟出的新大陆。在他们的合作下，有 100 多篇论文问世。玻尔常常打趣道，这个时期有三位伟大的数学家：哈代、李特尔伍德，还有哈代 – 李特尔伍德。

在合作过程中，两位数学家的性格特点都展露无遗。李特尔伍德性格火暴，面对问题，他喜欢火力全开、多面出击。他陶醉在对难题征服的满足感之中。哈代则相反，他追求美感，崇尚优雅。这些都毫无例外地体现在他们各自的论文写作中。拿到李特尔伍德的草稿后，哈代会对其进行润色，使其行文更优美。在他们的证明过程中，这种痕迹随处可见。

有意思的是，这两个数学家的工作风格也体现在各自的外貌上。哈代是个美男子，和同龄人相比，属于青春永驻那一类型。早年在三一学院做研究员时，哈代在高级公共休息室里经常被当成在三一学院走廊里迷路的大学生。就像一个数学家评价的那样，李特尔伍德却生得一副粗糙面孔，类似于狄更斯笔下的人物。他身强体壮，身手敏捷，头脑灵活。和哈代一样，他也热爱板球运动，是个强劲的击球手。除此之外，他还热爱音乐，而哈代却对此不感兴趣。成年后，他自学了钢琴，对巴赫、贝多芬和莫扎特的音乐情有独钟。他认为生命苦短，不应该把时间浪费在小众音乐上。

哈代和李特尔伍德志趣相投，相谈甚欢。他们之间的合作基于以下几条一目了然的公理。

公理 1：给对方写的东西是否正确无关紧要。

---

① 斯科特和奥茨，英国著名的探险家。斯科特曾带领奥茨在内的四人进行南极探险，最终五人不幸罹难。——译者注

公理 2：没有义务去回复甚至去读对方来信。

公理 3：尽量不考虑同一件事。

最重要的公理是下面这条。

公理 4：为了避免任何争吵，所有的文章都由二人共同署名，无论其中一人对文章是否有所贡献。

玻尔这样总结两人的关系："在这一明显消极的公理系统之下，从来没人能像他们那样建立起这种如此重要而和谐的合作关系。"时至今日，数学家合作时依然会谈及"哈代 – 李特尔伍德规则"。玻尔发现，当他们在哥本哈根合作时，哈代依然遵守着第二规则。他记得这样一幅场景：李特尔伍德每天都会寄来一封长篇的数学书信，而哈代收到后则不动声色地将它们扔到房间的角落里，并略带调侃地说："我想，有一天我还是会读一下的。"哈代在哥本哈根时，满脑子想的只有一件事，那就是黎曼假设。除非李特尔伍德寄来的是黎曼假设的证明过程，否则这些信件将难以逃脱被丢弃的命运。

李特尔伍德的学生哈罗德·达文波特讲过这样一个故事：哈代和李特尔伍德差点因黎曼假设而分道扬镳。哈代写过一个谋杀谜案，在该案中，一位证明了黎曼假设的数学家，被另一个数学家谋杀了，后者窃取了前者的劳动成果，宣称自己证明出了黎曼假设。为此，李特尔伍德大为不悦，不是因为哈代违反了公理 4，没有将他列为共同作者，而是他觉得哈代是在借这个凶手影射自己。这篇文章一问世，李特尔伍德就十分排斥。哈代让步了，数学史上就这样失去了一件文学瑰宝。

李特尔伍德通过了剑桥大学考试系统设置的层层关卡，从众多数学系本科生中脱颖而出。他名列前茅，和另一位学生默瑟共同摘得数学学位考试头名这一桂冠。这种荣誉的获得者在剑桥大学可是名人，其照片会在学年结束时出售。或许他的同学已经猜到了，这仅仅是李特尔伍德辉煌生涯的开始。当一个朋友想要购买他的一张照片时被告知："恐怕李特尔伍德先生的照片会被抢光，而默瑟先生的会剩下好多。"

李特尔伍德明白，考试并非学习或研究数学的真正意义所在，只是一场需要他参与并获胜的技术游戏。只有这样，他才能顺利通关进入下一个环节。"这种游戏对我来说太简单了，在成功掌握某项技能后，我甚至感到了一丝满足感。"李特尔伍德迫不及待地想要以一种极具创新的方式，将他在本科阶段习得的技能付诸实践。他创立了严谨数学研究，这对当时的数学界来说，无异于一次"炮火的洗礼"。

刚从考试中解脱出来的李特尔伍德迎来了一个暑期长假。他没有停下来休息片刻，就马不停蹄地投身到新研究当中。他向自己的导师欧内斯特·巴恩斯请教，有没有什么适合他研究的问题。巴恩斯后来成为了伯明翰的主教。他思索片刻，想起了一个还没有人认真研究过的有趣函数。或许，李特尔伍德能发现这个函数生成零点的秘密。巴恩斯在纸上给李特尔伍德写下了这个函数的定义，让他带回去打发漫长的暑假时光。"它被称作 ζ 函数。"巴恩斯漫不经心地说道。李特尔伍德带着那张纸条离开了巴恩斯的房间，丝毫没察觉到巴恩斯刚才在暗示他可以利用暑假时间来证明黎曼假设。

巴恩斯没有向李特尔伍德介绍这一问题的历史背景，那样会让他看到这个问题的困难程度。李特尔伍德的导师甚至还不了解零点和素数的关系，只是单纯地认为这会是一个有趣的问题：这一函数生成的零点分布在何处。彼得·萨那克是当代尝试证明黎曼假设的领军人物之一，他这样说道："进入 20 世纪后，这是唯一一个让数学家们大伤脑筋的分析函数了。"李特尔伍德的学生彼得·斯温纳顿－戴尔爵士在李特尔伍德后来的纪念仪式上说："巴恩斯认为黎曼假设适合最优秀的学生去研究，而李特尔伍德无疑是最佳人选。"这反映了当时的英国数学界处于一种停滞不前的状态。直到哈代和李特尔伍德此后大有作为后，才扭转了这一局面。

　　整个暑假，李特尔伍德都在全力攻克巴恩斯抛给他的这个看似平淡无奇的问题。他没能发现零点的位置，但是偶然间发现的其他东西令他欣喜不已。就像 50 年前黎曼发现的那样，李特尔伍德意识到这些零点与素数有关。尽管自黎曼时期后，ζ 函数和素数的关系在欧洲大陆已经是众所周知的事情了，但是这对于当时的英国来说还是新鲜事物。这一新发现令李特尔伍德兴奋不已。1907 年 9 月，他将这一发现发表在一篇论文里，来申请三一学院的研究员职位。李特尔伍德认为，他的这一发现是前无古人的，这进一步表明当时的英国数学界有多闭塞。

　　哈代是英国为数不多的了解阿达马和德·拉·瓦莱 – 普桑研究进展的人之一。因此他明白，李特尔伍德并不是该领域的第一人。不过，哈代看到了李特尔伍德身上的潜力。尽管李特尔伍德黯然落选三一学院那一年的研究员之位，但是有位绅士向他抛来了橄榄枝，同意下次选他。1910 年 10 月，李特尔伍德加入了哈代在三一学院的阵营。

　　剑桥大学开始蓬勃发展起来，因为它开创了先河，向英吉利海峡对岸的传统知识分子敞开了大门。英国和欧洲大陆的往来变得更加便利，哈代和其他学者不遗余力地访问欧洲众多的学术中心。他们与外界的接触交流，促使英国涌现了一批新书刊和新思想。在 20 世纪早期，三一学院的学术交流活动尤为活跃。高级公共休息室不再是一个绅士俱乐部，而是一处研究圣地。人们在高台餐桌上高谈阔论，不再仅仅围绕着波特酒和红葡萄酒这个话题，而是尽情交流着那个时期涌现出的新思想。在三一学院，同哈代和李特尔伍德共事的是英国最杰出的两位哲学家：伯特兰·罗素和路德维希·维特根斯坦。他们都致力于解决那些困扰着希尔伯特的基本数学问题。剑桥大学也津津乐道于物理学上取得的新突破，例如，约瑟夫·约翰·汤姆森爵士因发现电子而荣获诺贝尔奖；还有阿瑟·爱丁顿，他用实验证明了高斯和爱因斯坦提出的观点，即空间的弯曲以及非欧几何。

哈代和李特尔伍德最伟大的合作，还得从兰道在哥廷根大学完成的一本素数名著说起。1909 年，兰道出版了 *Handbook of the Theory of the Distribution of Prime Numbers* 一书，它由两卷构成，将素数和黎曼 ζ 函数的关系之谜呈现于世人面前。在兰道出版这本书之前，黎曼和素数的故事在数学圈里还不是那么广为人知。哈代和汉斯·海尔布伦在兰道的讣告中这样写道："此书将这门学科，由原来仅有几个孤胆英雄角逐的狩猎场，变成现在这片 30 年来最肥沃的农田。"正是兰道的这本著作，在 1914 年激励着哈代去证明有无穷多个零点分布在黎曼的那条临界线上。李特尔伍德还是学生时就苦心钻研过 ζ 函数，而这本著作再次点燃了他胸中的那股研究热情。因此，他也毅然踏上那条探索之路，在素数历史上留下浓墨重彩的一笔。

证明一个高斯认为为真却没办法得到证明的定理，这可不是件易事，而是对数学家毅力的真正考验。反驳这种观点的人就会显得格格不入，因为高斯的直觉很少出错。他提出了一个函数，对数积分 Li(N)，用来预测 N 以内的素数个数，其精确度会随着 N 数值的变大而逐渐提高。阿达玛和德·拉·瓦莱 – 普桑因证明了高斯这个理论的正确性而留名数学史。但是高斯做出了又一个猜想：预测出的 N 以内素数个数要比实际素数多，而不会比实际素数个数少。这跟黎曼改进后的观点相悖。黎曼认为，预测出的素数个数或多于或少于实际素数个数，是在高估和低估间上下波动的。

等到李特尔伍德开始思考高斯的第二个猜想时，数学家已经证明，这一猜想适用于 1000 万以内的所有数字。对于任何实验科学家来说，1000 万条证据绝对具有说服力，足以让他们相信高斯的直觉了。轻证明而重实验的科学家则会很乐意接受高斯的猜想，将其作为建立新理论的基础。几百年后，到了李特尔伍德的时代，"数学大厦"很可能就高高耸立在这样的基石上。出人意料地，1912 年，李特尔伍德发现高斯的猜想只是梦幻泡影。在他的审视下，原来的基石就这样轰然坍塌、化为灰烬了。他证明，统计数值会越来越大，最终会到达某个值，这时高斯的猜想在素数个数的估计上就会由过高转为过低。

李特尔伍德也成功摧毁了另一个刚开始站稳脚跟的观点。许多人相信，黎曼对高斯猜想的改进，会使它统计出的素数个数更加精确。李特尔伍德证明了，黎曼的改进或许在头 100 万个数字中是精确的，但是当统计数值越接近于无穷大时，高斯的预测可能就越精确。

李特尔伍德做出的发现尤为引人注目，因为高斯的猜想只有在到达我们无法计算出的值时才开始过低估计素数个数。李特尔伍德甚至也无法预测出到底要统计多少数字才能出现这种现象。迄今为止，还没有人能真正做到这一点。借助李特尔伍德的理论分析和数学证明的强大力量，我们只是了解到高斯的预测在过了某个值后会出错。

到了 1933 年，根据李特尔伍德指导的一名研究生斯坦利·斯奎斯的预测，当统计多达 $10^{10^{10^{34}}}$ 个素数后，人们将最终见证高斯的猜想会低估素数数量。这真是一个不可思议的大数。人们遇到大数时，通常会将其和宇宙中的原子数量（也就是 10^{78}）进行比较，但是斯奎斯估算出的这个大数更大。这是个 1 后面跟着好多个零的数字，即使给宇宙中的每个原子都分配一个零，也和它相差甚远。哈代即将宣布，这个现在为人所熟知的斯奎斯数（Skewes Number）无疑是数学证明中遇到的最大数。

斯奎斯估算出的数字如此耐人寻味，还有另一个原因。同其他成百上千个证明一样，这个证明也是在黎曼假设（ζ 函数图景上所有的零点都通过 1/2 临界线）为真的前提下才提出的。如果不基于这个假设的话，那么 20 世纪 30 年代的数学家就无法保证要过多久才能计算出高斯的猜想会低估素数数量。在这个特例中，数学家们另辟蹊径，而不必翻越黎曼珠峰。1955 年，斯奎斯生成了一个特大数。即使在黎曼假设被证明错误的情况下，这个数字也有效。

数学家们不愿意承认高斯的第二个猜想为假，但有意思的是，他们却对黎曼假设信心满满，已经开始基于它进行其他研究了，即使它还未得到证明。如今黎曼假设已成为数学大厦中不可或缺的建筑材料。不过，这可能是出于实际需要，也可能是出于一种信仰。在通往数学的道路上，越来越多的数学家会遇到黎曼假设这只"拦路虎"。只有假设它是正确的，他们才能进一步研究下去。但是正如李特尔伍德对高斯第二个猜想的证明给我们上了生动的一课那样，数学家们也应该有所准备，说不定哪天就有人发现在那条临界线之外还有零点分布，这时候所有建立在黎曼假设为真基础上的一切很可能就轰然坍塌了。

李特尔伍德的证明使人们对数学——特别是对素数的理解——产生了巨大变化。它向那些信奉大量数据的人们发出了严厉警告。它揭示了素数善于伪装的真相。它们将自己本来的颜色隐藏在数字宇宙深处，并隐藏得如此之深，以至于借助现代人的计算能力也难窥其真容。只有借助抽象的数学证明，才能一窥其本身的行为。

李特尔伍德的证明也为那些认为数学不同于其他学科的人提供了有力的论据。对于 17 ~ 18 世纪数学上盛行的实验主义，即理论基于简单计算，数学家们不再将其奉为圭臬、津津乐道了。经验主义不再是驰骋数学世界的有力工具。数百万条数据对于其他学科来说，可能是形成理论的有力证据，而李特尔伍德却证明，在数学上一切都得如履薄冰才行。从此之后，证明就是一切。如果没有确凿的证据，什么都不可信。

越来越多的数学家发现，他们不得不假定黎曼假设为真，才能在数学之路上越走越远。现在，证明位于黎曼图景上遥远的某处并没有零点分布在临界线之外，就变得更为迫切了。在那之前，数学家们将难免一直生活在担心黎曼假设被证伪的恐惧当中。

第6章

拉马努金:"与神对话"的数学天才

一个无法表达神的思想的方程,对我而言毫无意义。

——斯里尼瓦瑟·拉马努金

当哈代和李特尔伍德步履维艰地穿越陌生的黎曼图景时,在 5000 英里[①]外的印度马德拉斯港务局内,一个名叫斯里尼瓦瑟·拉马努金的年轻办事员被素数的神秘莫测吸引住了。他没有把时间花在他本应负责的无聊的记账工作上,而是把所有醒着的时间都用来记录观察到的或者计算出的关于这些奇怪数字的规律。拉马努金在研究素数时,对于西方世界开辟出的独特复杂的视角还一无所知。他没有接受过正规教育,因此不像李特尔伍德和哈代那样,对数论这门学科,特别是素数,心怀敬畏。哈代认为,素数是"纯数学**所有**分支当中最难的部分"。不受任何传统数学的束缚,拉马努金带着一种近乎孩子般的热情,一头扎进了素数的世界里。他的无所畏惧以及超凡的数学天赋,日后都成了他有力的武器。

在剑桥大学,哈代和李特尔伍德仔细研读了兰道在书中讲述的关于素数的精彩故事。在印度,拉马努金对素数的研究兴趣源于一本数学基础书,但是此书对他的影响同样是深远的。对于年轻科学家来说,人生中的几个转折点通常是决定他们未来发展的关键。对黎曼来说,那本他

---

① 1 英里约合 1.609 千米。——编者注

在孩童时期收到的来自拉格朗日的著作, 在他年幼的心里播下了一颗种子, 这颗种子在他日后的生命中破土而出, 发芽生长。对哈代和李特尔伍德来说, 兰道的那部作品同样意义重大。15 岁的拉马努金, 在 1903 年偶然间得到乔治·卡尔的 *A Synopsis of Elementary Results in Pure and Applied Mathematics* 一书, 从此对素数的研究热情便一发不可收拾。要是没有拉马努金的话, 该书及其作者可能会默默无闻。这本书结构简单, 它罗列了差不多 4400 个经典结果——只有结论, 没有证明过程。拉马努金敢于直面挑战, 在接下来的几年里, 对书里的每一项结论都进行了证明。他对于西方式的证明方式并不熟悉, 于是开辟了自己的数学道路。不受固有思维模式的束缚, 他可以自由地发挥想象。没过多久, 他就在笔记本里密密麻麻写下了各种新的结论和观点, 这远远超出了卡尔在书中提到的内容。

从费马许多未经证明的命题中, 欧拉获得了灵感。从拉马努金处理问题的方式上, 可以看到欧拉的影子。拉马努金有一种异于常人的直觉, 他能靠直觉导出公式。当发现虚数能将指数函数和描述声波的方程联系起来时, 他兴奋极了。几天后, 当这个年轻的印度小职员得知欧拉早在 150 年前就发现了这一问题时, 原先的喜悦之情一扫而空。一时间, 失望和沮丧笼罩在他的心头, 挥之不去。拉马努金从此闭门不出, 独自沉浸在数学计算的世界里。

数学上的创造力是一种难以名状的东西, 而拉马努金的工作方式总是充满一种神秘的色彩。他经常宣称, 自己之所以能有所发现, 是因为娜玛卡尔女神在梦中会给他启示。娜玛卡尔女神是拉马努金家族的女神, 也是那罗希摩王 (即半人半狮, 是大神毗湿奴的第四种化身) 的配偶。拉马努金家乡的其他人相信, 娜玛卡尔女神拥有驱邪的法术。而对于拉马努金来说, 娜玛卡尔女神则是他源源不断的数学发现的灵感来源。

对拉马努金来说, 梦中世界是进行数学探索的最佳场所。但他不是一个例外，狄利克雷也是其中一个。每当夜幕降临，狄利克雷便将高斯的《算术研究》一书放在枕头下，希望能以此激发灵感，从而理解书中神秘的命题。在这种状态下，大脑似乎脱离了现实世界的束缚，可以自由探索大脑在清醒状态时那些被封闭起来的地方。拉马努金似乎能够在醒着的时候进入这种梦境般的状态。这种恍惚状态近似于一种心理状态，它是很多数学家梦寐以求的。

阿达马因证明了素数定理而一战成名，他沉浸在一项研究中：以创造力见长的数学家究竟有着怎样的大脑。他将发现的所有观点汇编成《数学领域中的发明心理学》一书，该书于 1945 年出版，书中举例说明了潜意识的作用。神经学家对数学家的大脑活动情况愈加感兴趣，因为这可以解释大脑的工作原理。通常，在休息时间甚至在做梦时，大脑才能自由地激发一些想法，这些想法是我们在工作中有意识地在大脑中播种下的。

在该书中，阿达马将数学发现分为四个阶段：准备阶段、孵化阶段、启发阶段和证明阶段。如果拉马努金在"启发阶段"天赋异禀，那他明显在"证明阶段"不太擅长。不过"启发阶段"对拉马努金来说就够了。他只是没有看到证明的意义何在罢了。也许正因为拉马努金无须为"证明"所累，所以他才能在穿越数学蛮荒之地时自由开辟出新的路径来。他以直觉见长，这与西方世界宣扬的科学传统大相径庭。李特尔伍德后来这样写道："他根本就不了解所谓证明为何意；如果证明再加上直觉让他对某观点确认无疑的话，他就会停滞不前，找不到奋斗的方向了。"

印度的学校教育深受英国文化的影响。然而，英国的教育体系培养出了李特尔伍德和哈代这样的大师，却没能培养出印度好青年拉马努金。1907 年，当李特尔伍德发表的论文在剑桥大学备受追捧时，拉马努金却在第三次也是最后一次考试中失利。如果仅仅是数学的话，那么他肯定能通过考试。但是他还需要学习英语、历史、梵语，甚至还有生理学。由于他正统的婆罗门出身，拉马努金是个严格的素食主义者。解剖青蛙和兔子对他来说是超出底线的行为。这意味着他无法进入马德拉斯大学继续深造。但是，这并没有扑灭他心中熊熊燃烧着的数学之火。

到了 1910 年，拉马努金迫不及待地想要将他的观点呈现在世人面前。对于自己发现的一个似乎能精确统计素数个数的公式，他兴奋不已。和大多数人一样，在试图发现这些杂乱无章的数字背后的规律时，他也经历过深深的挫败感。但是，拉马努金深知素数对数学来说至关重要。因此，他并不气馁，一直坚持寻找揭示素数规律的某一公式。他依然天真地认为，所有的数学规律都可以精确地用公式和方程来表示。李特尔伍德后来解释道："如果生在 100 或 150 年前，拉马努金会是一位怎样伟大的数学家呢？如果他正好能遇上欧拉又会如何？……但是伟大的公式时代似乎已经结束了。"但是，拉马努金并没有受到黎曼引发的 19～20 世纪数学变革的影响。他依然特立独行地想要找到一个能生成素数的公式。花了无数个小时在素数表的计算上，他终于发现了一条规律。他迫切地想要找个能欣赏他的人，向其描述他的初步发现。

由于笔记字迹工整、页面整洁，再加上强大的婆罗门人脉，拉马努金在马德拉斯港务局谋得会计一职。他开始在 *Journal of the Indian Mathematical Society* 上发表一些自己的观点，从而逐渐为人所知，并引起了英国当局的注意。C.L.T. 格里菲斯当时在马德拉斯工程学院任教，他看到拉马努金有成为一名"卓越数学家"的潜力。但是他自身水平有限，无法理解或者评价拉马努金的观点。于是他决定咨询在英国求学时的一位恩师的意见。

从未接受过正规训练的拉马努金，形成了一种独具个性的数学风格。拉马努金在论文中声称自己证明出了 $1+2+3+\cdots+\infty=-1/12$。当伦敦大学的希尔教授收到这些论文时，他露出鄙夷的神色，认为其毫无意义。这或许是在人们意料之中的事情。即使从非专业的眼光来看，这个公式也是荒谬的。将所有的数字求和得到一个负分数，这真是疯子才会做的工作！“拉马努金先生已经陷入了发散级数这门复杂学科的陷阱当中了。”他在给格里菲斯的回信中这样写道。

然而，希尔教授并没有全盘否定拉马努金的观点。他所做的批注使拉马努金大受鼓舞。他终于决定去碰碰运气，就提笔给剑桥大学的数学家们写了封信。两位收件人面对拉马努金的奇怪算术一头雾水，因此便拒绝了他的求助。但是之后拉马努金的信件放在了哈代的桌子上。

数学似乎就是由怪人谱写的，或许费马也脱不了干系。兰道的标准据信控诉着以下事实：他收到了各种怪人的来信，他们都声称自己证明出了费马大定理，从而可以顺理成章地拿到沃尔夫凯勒奖。对于莫名收到带有疯狂的数字命理学理论的信件，数学家们早已习以为常了。哈代的朋友 C.P. 斯诺回忆道，哈代常常被大量的手稿淹没，在这些手稿中，常常可看到这样的言论，比如宣称已经解决了胡夫金字塔预言之谜，或者破译了弗朗西斯·培根在莎士比亚戏剧中所设定的密码。

不久前，拉马努金从加纳帕蒂·耶尔那里收到了哈代的 *Orders of Infinity* 一书。耶尔时任马德拉斯大学的数学教授。夜幕降临时，拉马努金喜欢和他漫步在海滩上，一起谈论数学问题。读到此书时，拉马努金一定欣喜若狂，因为终于有个人能欣赏他的数学才华，读懂他的理论了。但是欣喜之余，他就开始担心，自己的无穷级数求和可能会使哈代误认为自己是个疯子。哈代可能会说：“精神病院才是你最终的出路。”哈代曾声明：“比任何给定数小的素数个数，目前还没有发现任何确切的表达式。”拉马努金对此激动不已。拉马努金发现了一种公式，他坚信通过该公式可得到一个非常接近实际数值的结果。他急切地想要把该公式呈现在哈代面前，听一听他的意见。

哈代一大早就收到了拉马努金寄来的一个贴着印度邮票的包裹。这个包裹乍一看很不起眼。打开包裹后，映入哈代眼帘的是一份手稿，上面记载了一些关于素数统计的理论，论证不够严谨，却又令人赞叹其奇思妙想；还有一些拉马努金似乎还没意识到已经众所周知的结论。在附信中，拉马努金宣称自己"发现了可以精确统计素数个数的方程"。哈代知道，这份声明非同一般。然而令他失望的是，他并没有如愿看到拉马努金所声称的公式。最糟糕的是，什么证明过程也没有！对哈代来说，证明就是一切。他曾经在三一学院的高桌边对罗素说："如果我能靠逻辑证明你五分钟后死去，我将会为你的死感到悲伤，但这种悲伤将很快转为证明的喜悦。"

据斯诺说，哈代很快就看完了拉马努金的手稿。哈代评价道："它不仅读起来无趣，而且令人心里窝火，就像被一个会忽悠的骗子当猴耍了一样。"但是到了晚上，这些看似不够严谨的理论开始施展起魔法了。晚饭过后，哈代叫来了李特尔伍德，一起来讨论拉马努金的公式。午夜时分，他们破译了它。哈代和李特尔伍德具有真知灼见，能够破译拉马努金的非专业语言，也能够慧眼识英才，意识到这并不是一个疯子的胡言乱语，而是来自一个未经雕琢的天才的伟大论述。

他们都意识到，拉马努金那个疯狂的无穷级数求和公式恰恰是又一个新发现，利用它可以定义黎曼 ζ 函数图景上丢失的那部分区域。破解拉马努金公式的关键，就是将数字 2 重写成 $1/(2^{-1})$（2^{-1} 是 $1/2$ 的另一种写法）。这种方法适用于所有的数字串求和。哈代和李特尔伍德将拉马努金的公式重写为：

$$1+2+3+\cdots+n+\cdots=1+1/2^{-1}+1/3^{-1}+\cdots+1/n^{-1}+\cdots=-1/12$$

当代入数字 -1 时，如何计算 ζ 函数呢？黎曼苦苦寻求的答案就在眼前。没有经过正规训练的拉马努金，独自跑完了全程，重新架构了黎曼发现的 ζ 函数图景。

拉马努金的信件来得恰逢其时。从兰道的著作中，李特尔伍德和哈

代读到黎曼的 ζ 函数，都对其精妙之处赞不绝口，纷纷沉浸在其与素数的关系研究中。现在，拉马努金声称，有个公式能精确统计出确定范围之内的素数个数。那天早晨，哈代还对此言论嗤之以鼻，认定拉马努金就是个数学疯子。可到了晚上，一番研究之后，这个来自印度的包裹便开始闪闪发光起来。

拉马努金还宣称，他的公式能精确统计出 1 亿以内的素数个数（通常情况下是零误差，只有在某些情况下会出现一两个误差）。哈代和李特尔伍德一定震惊不已吧！可问题是，拉马努金并没有给出公式。对于两位“证明就是一切”的数学家来说，整封信件都给了他们一种深深的挫败感。它遍布公式和结论，却丝毫不见相关的证明过程或者相关出处的只语片言。

哈代立马积极地给拉马努金回了封信，并以一种近乎祈求的语气，请他提供素数公式的证明过程以及更多相关细节。李特尔伍德还在信中加了一句，请他尽快寄来素数统计公式和尽可能多的证明细节。两位数学家都情绪高涨，满心期待着拉马努金的回信。两人常常在高桌上边吃饭边讨论拉马努金的第一封来信，以便能破解更多东西。罗素在信中向一位朋友讲述道：“环视整个大厅，我就看到哈代和李特尔伍德处于一种近乎癫狂的状态，因为他们相信又一个牛顿出现了，他就是那位在马德拉斯年薪 20 英磅的印度职员。”

拉马努金的第二封信如期而至。在信中，若干关于素数的公式清晰可见，却依旧难觅相关证明的身影。“这种情况下，他的信件是多么令人抓狂啊。”李特尔伍德写道。他猜测，拉马努金可能是担心哈代会窃取他的劳动成果。哈代和李特尔伍德认真研究着拉马努金寄来的第二封信。他们突然发现，拉马努金又有了新进展，这与黎曼之前的发现有关。在高斯素数统计公式的改进上，黎曼实现了精益求精；同时，他也发现了如何用 ζ 函数图景上的零点来消除方程中不断产生的误差。拉马努金重建了黎曼 50 年前的发现。拉马努金的公式包括黎曼对于高斯素数猜想所做的改进，但是不包括黎曼基于图景上的零点所做的修正。

拉马努金是在说零点的误差在以一种奇怪的方式相互抵消吗？傅里叶从音乐的角度诠释了这些误差。每个零点就像一个音叉。当音叉同时响起时，就能奏起素数的音乐。有时候，当这些声波组合在一起相互抵消时，就会陷入一片沉寂。一架飞机可以通过在机舱内生成声波实现相互抵消，从而降低发动机的噪声。因此，拉马努金是不是在说，来自黎曼零点的波也能产生静音？

复活节假期期间，李特尔伍德陪同爱人以及家人前往康沃尔度假，随身携带着拉马努金来信的复印件。"亲爱的哈代，"他在回信中如此写道，"这个关于素数的观点是错的。"（他们在信中素来只称呼对方的姓而非其名。）李特尔伍德已经证明，那些波产生的误差无法相互抵消。因此，拉马努金重新构建的黎曼公式不会如他宣称的那般精确。无论数值有多大，总是会出现一些噪声的。

值得一提的是，在拉马努金来信的激励下，李特尔伍德进行了大量的分析研究工作。这给黎曼假设的研究注入了新的活力，开辟了一种有趣的新视角。黎曼假设之所以对数学界来说举足轻重，是因为它意味着，利用高斯猜想统计出的 N 以内的素数个数与实际素数个数存在的误差会非常小。如果大小为 N，与之相比的话，其误差基本不会超过 N 的平方根。但是如果有任一零点不在黎曼的假想线上，其误差就会比这个大得多。现在，拉马努金在信中宣称自己可以比黎曼做得更好。或许，当统计值更大的时候，误差会小于 N 的平方根。李特尔伍德在康沃尔进行的研究使这一希望落空了。李特尔伍德证实，无论计算多少次，零点导致的误差也不会小于 N 的平方根。黎曼假设给出的就是最优解了。拉马努金在这个问题上大错特错，但他仍然给哈代留下了深刻的印象。哈代后来这样写道："我不确定在某种程度上，他的这次失败是否比任何一次的胜利获得的掌声还要多。”

“我有一个不太具体的理论，能解释他的错误是如何产生的。”李特尔伍德在写给哈代的信中猜测，拉马努金一定是幻想着ζ函数图景的海平面上没有任何点。的确，如果这一点属实，拉马努金的公式将会毫无瑕疵、完全正确。李特尔伍德还是十分兴奋的。相比黎曼时期的人物，他宣称：“我相信，他起码可与雅可比比肩。”哈代给拉马努金回信道：“放开手脚，大胆求证，谱写你宣称的数学史上最伟大的诗篇吧！”很明显，尽管拉马努金才华横溢，却急需学习、掌握当下的前沿知识，形成坚实的知识储备。只有这样，他才能跟上时代的步伐。对此，李特尔伍德在给哈代的信中写道：“他可能就没意识到素数是那么神秘莫测而不可捉摸，因此存在井蛙之见也就不足为奇了。”哈代评论道：“他面前是一条难以逾越的鸿沟。他是个印度教徒，生活在一个贫瘠而与世隔绝的地方。这些都束缚了他的发展，使他不能与欧洲的数学大师们比肩。”

他们决定尽其所能地将拉马努金请到剑桥大学来，并让剑桥大学的一名同事埃里克·哈罗德·内维尔充当说客，说服拉马努金加入他们的团队。起初，拉马努金还有点舍不得离开印度，因为作为一个正统的婆罗门，飘洋过海有违他的信仰。他的朋友纳拉亚纳·耶尔看出了拉马努金想去剑桥大学深造的迫切愿望，就制订了一个计划。耶尔相信，拉马努金对数学的热爱以及对娜玛卡尔女神的虔诚会最终说服他前往剑桥大学。他带着拉马努金去娜玛卡尔的庙里，寻求神的启示。接连在石板上睡了三夜之后，拉马努金忽然醒来了。他立刻唤醒了身边的朋友，说：“我脑海里闪现出一幅画面：娜玛卡尔女神笼罩在一片耀眼的光芒里，她要求我远渡剑桥大学。”耶尔露出了如释重负的微笑。他的计划奏效了。

拉马努金也担心遭到家人的反对。但是娜玛卡尔女神再次给出了“启示”。拉马努金的母亲梦到，儿子坐在一个大厅里，周围全是欧洲人，娜玛卡尔女神告诫她不要耽误儿子的行程。拉马努金最后的顾虑就是剑桥大学是否还要他参加考试，而这种考试可能会再次让他蒙羞。内维尔打消了他的这种顾虑。拉马努金离开了马德拉斯那座藤蔓缠绕的小房子，走进了剑桥大学宏伟的大厅和图书馆。这和他母亲梦中的场景如出一辙。

在剑桥大学经历文化冲突

到了 1914 年，拉马努金已经身在剑桥大学了。从此之后，便开始了数学史上最伟大的合作之一。每次提到和拉马努金合作的那段岁月，哈代总是难以抑制内心的兴奋。他们纵情交谈着各自的数学思想，都深深折服于彼此的数学观点，也都为找到一个热爱数字的志趣相投之人而欣喜不已。到了晚年，哈代回忆过往时，总是将与拉马努金合作的那段岁月看作自己生命中最快乐的时光，并将他们的结合形象地描述为生命中最浪漫的事儿。

拉马努金和哈代的合作模式就像一个典型的审讯小组：一个唱红脸，一个唱白脸。唱红脸的那个天性乐观，总是充满奇思妙想；而唱白脸的那个则消极悲观，总是怀疑一切，不断寻找真相。在审问他们共同的"数学嫌犯"时，拉马努金需要哈代批判性的眼光来审视他那些天马行空的想法。

然而，求同存异并非易事，文化冲突也在所难免。哈代和李特尔伍德坚持严格的西方式证明方式，而拉马努金脑海中不时迸现出的新理论，其灵感则源于"娜玛卡尔女神的启示"。这位新同事为何会突然冒出这些想法呢？哈代和李特尔伍德常常苦于找不到答案。哈代评论道："几乎每天，他都会向我展示一些新理论。要是总想着弄明白他是如何发现诸如此类的理论的，可真伤脑筋啊！"

拉马努金要面对的不止是文化冲击。在一个陌生的世界，他需要独自面对一些陌生的面孔,这令他有些孤独。他找不到什么素食可吃,于是给家里写信要酸角果和椰子油。如果这里没有他钟爱的数学,那么他是不可能适应这里的一切的。内维尔这个他在印度时就信任有加的同事,这样描述他在剑桥大学的那些日子:"在一个陌生的国度生活,使他备受煎熬,内心痛苦不堪。每天要面对一堆叫不上名字的蔬菜,他有些食之无味。鞋子也磨脚,毕竟他已经光脚生活 26 年了。但他天性乐观,进入数学世界能让他忘却一切烦恼,开始一个人的狂欢。"他失望地扔掉那双英国鞋,每天穿着拖鞋漫步在校园里。但是,一旦走进哈代的房间,打开笔记本,他就一头扎进那些公式和方程中。哈代的目光也逐渐被拉马努金那些散发着迷人光芒的定理吸引住了。在印度,拉马努金找不到一个可以与之进行数学对话的人。来到剑桥大学后,他又遭遇了文化冲突。但是这都不重要,因为他终于找到了可以和他一起探索数学世界的那个人。

哈代发现,很难让拉马努金做到兼顾直觉和证明。他担心,如果自己过于强调让拉马努金证明他的结论,可能会打击他的自信心,或者使他的灵感之源枯竭。他给李特尔伍德布置了一个任务,就是让拉马努金熟悉现代的严谨数学。但李特尔伍德发现,这是一个不可能完成的任务。无论李特尔伍德费了多少唇舌,向拉马努金介绍所谓严谨数学为何物,拉马努金都会插入一些新观点,使李特尔伍德偏离原有的轨道,不能按计划进行下去。

尽管提出精确的素数统计公式使拉马努金开启了英国之旅,最终使他留名于世的却是他在相关领域做出的贡献。从哈代和李特尔伍德那里,他听到了"素数天生带有恶意"这类悲观的论调。因此,在素数的探索上,他放慢了脚步。人们只能猜测,拉马努金一定是发现了什么,才使他不像西方人那样对素数充满恐惧。他继续和哈代一起探索素数的相关性质。他和哈代提出的观点,将有助于推动哥德巴赫猜想研究取得突破性进展。哥德巴赫猜想就是每个偶数都能写成两个素数之和。他们历经一番曲折，才首次取得这一进展。但这源于拉马努金秉承的天真想法：必定有精确的公式来描述诸如素数个数这样重要的数列。在他宣布素数公式的信件中，他写道，他相信自己知道如何生成另一个先前未被研究的数列，即划分数（partition number）。

如果要把 5 块石头分成几组，共有几种可能的方法呢？组数范围是 1～5。这称作数字 5 的**划分**。如下图所示，共有 7 种可能的划分方法。

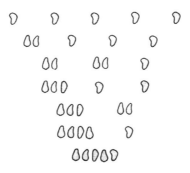

给 5 块石头分组的 7 种方法

1～15 的所有数字的划分数如下表所示：

数字	1	2	3	4	5	6	7	8	9	10	11	12	13	14	15
划分数	1	2	3	5	7	11	15	22	30	42	56	77	101	135	176

这是 2.1 节出现过的一种数列。它们在现实世界中出现的概率，几乎和斐波那契数列一样频繁。例如，通过降低给定量子系统的能级密度，来理解划分数的变化。

这些数字看起来并不像素数那样是随机分布的。但是哈代时期的数学家们都不约而同地放弃了寻找能生成列表中的这些数字的精确公式。

他们认为可能有这样一个公式，它能生成一个近似值，与 N 的实际划分数偏差不大。这和利用高斯的公式得出 N 以内素数个数的近似值如出一辙。但是，拉马努金从不畏惧这类序列。他就是要站出来找到这样一个公式，利用该公式就能轻松得出，给 4 块石头分组有 5 种方法，或者给 200 块石头分组有 3 972 999 029 388 种方法。

　　尽管在素数问题上马失前蹄，但拉马努金成功地解决了划分数问题。哈代对复杂问题有着强大的证明能力，而拉马努金则具有天马行空的想象力，坚信必然存在这样一个公式。二者珠联璧合、相得益彰，这促使他们发现了这个公式。拉马努金为什么就那么坚信存在这样一个精确公式呢？任凭李特尔伍德抓耳挠腮、绞尽脑汁，也找不到该问题的答案。看到这个包含 2 的平方根、π、微分、三角函数和虚数的公式时，人们总忍不住想知道这个公式到底是从哪里冒出来的呢！

$$p(n) = \frac{1}{\pi\sqrt{2}} \sum_{1 \leqslant k \leqslant N} \sqrt{k} \left(\sum_{h \bmod k} \omega_{h,k} e^{-2\pi i \frac{hm}{k}} \right) \frac{d}{dn} \left(\frac{\cosh\left(\frac{\pi\sqrt{n-\frac{1}{24}}}{k}\sqrt{\frac{2}{3}} \right) - 1}{\sqrt{n-\frac{1}{24}}} \right) + O(n^{-1/4})$$

　　李特尔伍德之后这样评价道：“发现这一定理归功于两个人的鼎力合作。二人各有所长，并尽其所能地发挥各自的特长，不吝付出艰苦的努力。”

　　这个故事历尽曲折。利用哈代和拉马努金的这个复杂公式，得到的不是一个精确的数字，而是一个经过四舍五入后最接近的整数。比如，将 200 代入公式，会得到一个最接近整数 3 972 999 029 388 的值。因此，这个公式还不错，能估算出正确结果，不过却无法精确捕捉到这些划分数。（不过后来有人发现，对他们的公式稍加改进，就能得到精确答案。）

尽管拉马努金的这种直觉在素数问题上失效了，他和哈代在配分函数（partition function）上的工作却推动了哥德巴赫猜想解决的进程。面对这个最伟大的数论未解之谜之一，多数数学家早已放弃了破解的念头。多年来，该领域一直毫无进展。早在很多年前，兰道就宣布这是个高不可攀的山峰。

哈代和拉马努金在配分函数上的工作，使他们建立了一种现在称之为哈代 – 李特尔伍德圆法（Hardy-Littlewood Circle Method）的技术。这个名字源于他们在计算中使用的所有小图表。这些图表描述了虚数地图上的那些圆，而哈代和拉马努金则试图求这些圆的积分。这个方法没有以拉马努金的名字命名，是因为李特尔伍德和哈代首次使用该方法来证明哥德巴赫猜想。他们无法证明所有的偶数都能表示为两个素数之和。但到了 1923 年，他们成功证明了所有足够大的奇数都能写成三个素数之和。这对数学界来说可是个重磅消息。但要想让该结论成立，就必须满足一个条件，那就是黎曼假设是正确的。推测出这一结果，同样是相信黎曼假设会成为黎曼定理的产物。

拉马努金对这一方法的发展可谓功不可没。遗憾的是，他没能活着见证该方法在数学上发挥举足轻重的作用。1917 年，拉马努金的心情愈发黯淡。英国笼罩在第一次世界大战的恐怖阴影中。在三一学院研究员的评选中，拉马努金落选了。由于他的反战言论，他无缘罗素奖金。三一学院也不能容忍拉马努金这种持和平主义立场的人存在。他终于"妥协"了，把脚塞进西方人的鞋子里，穿上长袍，戴上学位帽。这些可能对他来说都变成轻车熟路的事情了，但他那种南印度人的灵魂始终还在。

对拉马努金而言，剑桥大学开始成为监狱一般的存在。拉马努金已经适应了印度那种自由自在的生活。那里气候温和，人们可以长时间在室外活动。而在剑桥大学，他不得不躲在那厚厚的大学墙内，以免受北海吹来的寒风侵袭。而不同的文化背景意味着他除了正式的学术交流之外，与外界没有任何联系。同时他开始意识到，哈代力求严谨，这束缚了他在数学天地中自由驰骋的脚步。

他的精神愈发萎靡不振，身体也每况愈下。三一学院则理解不了拉马努金那套严苛的饮食习惯。在印度生活时，拉马努金已经习惯于在自己记笔记的时候，妻子将食物放到他的手上。对待哈代和李特尔伍德这样的教职工，大学食堂一视同仁。面对高桌上的那些食物，拉马努金完全没有食欲。他简直无法独自在这里生存下去。妻子和家人都远在印度，这令他倍感孤独。营养不良使他可能患上了肺结核。从此他成了疗养院的常客。

拉马努金试图通过思考数学让自己振作起来，但收效甚微。错乱的数学图像总是出现在他的梦境里。他相信自己的腹痛是由黎曼 ζ 函数图景上那些无穷无尽的凸起物引起的，在那里他只能眼睁睁地看着那个描述 ζ 函数的公式越走越远。难道这是因为触犯了婆罗门那条"不准漂洋过海"的教规而遭到的严厉惩罚吗？还是因为他误解了娜玛卡尔女神的意思？自从他来到剑桥大学后，妻子还没有给他寄过信。他身心饱受煎熬，有些支撑不下去了。

身体稍微恢复的拉马努金，情绪依然十分低落。他失魂落魄地来到伦敦地铁，冲到一列缓缓驶来的列车前，想要以此结束自己的生命。这时，一名警卫冲过来，挡在他身前，叫停了列车，才使他逃过死神的魔爪。在 1917 年，自杀未遂是一种犯罪行为。在哈代的斡旋下，警方撤销了对他的指控。但条件是，他不得不入住位于德比郡马特洛克的一家疗养院，接受长达 12 个月的全面医疗监护。

现在，他失去了一切行动自由，甚至连和哈代的日常会面这唯一的乐趣都被剥夺了。"我已经来这儿一周了，"他在信中对哈代说，"无时无刻不处于监控之中。他们向我保证，在我专心研究数学的时候可以给我自由呼吸的空间。那一天却迟迟未能到来，而我却被困在这冰冷刺骨的房间里，一刻也不得动弹。"

哈代发动人脉、多方斡旋，终于将拉马努金转移到了位于伦敦帕特尼的一家私人疗养院。尽管哈代承认，拉马努金是他生命中"唯一的真爱"，但这种友谊与私人情感无干，只关乎数学研究。哈代来看望生病卧床的拉马努金，也没能说出什么像样的安慰的话来。不过，他倒是调侃道，他刚刚乘坐的出租车车牌号1729是一个无聊的数字。病榻上的拉马努金一听到数字，立刻两眼放光，精神大振："不，哈代！不，哈代！这个数字很有意思。在能以两种方式表示为两个正整数的立方之和的数中，1729是最小的。"他是对的，这个数字的确可以写成如下形式：

$$1729 = 1^3 + 12^3 = 10^3 + 9^3$$

拉马努金终于时来运转，当选为英国皇家学会（英国最负盛名的科研机构）的会士，随即获得了三一学院的研究员职位，走向人生巅峰。哈代在这些选举上享有极大的话语权。这是他向拉马努金致敬的最好方式。但拉马努金的身体健康每况愈下。第一次世界大战（简称一战）结束后，哈代建议拉马努金回家休养一段时间。1920年4月26日，拉马努金在马德拉斯逝世，年仅33岁。现在一致认为，他是被（由大肠受到变形虫感染而引起的）阿米巴病夺去生命的，这病或许在他去往英国之前就染上了。

尽管拉马努金在素数问题上并无多大建树，但他给哈代的第一封信拉开了二人合作的序幕，在数学史上留下了一段佳话。数学家们发现，无论何时何地，都会有人站出来，针对这种未知之谜，给出这样或那样的答案。某一新观点的出现，会让某个曾经寂寂无名的人一夜成名，从此活跃在聚光灯下。正如拉马努金教给我们的那样，知识和期望有时候会阻碍进步。传统教育模式下培养出的学术人才，易囿于现状，往往不会轻易打破传统藩篱。说不定某天，就会有另一个包裹出现在某个数学家的书桌上，预示着某位天才的横空出世。这位天才已经摩拳擦掌，准备好实现拉马努金未竟的梦想了——揭开素数的神秘面纱。

拉马努金留下的思想宝藏，值得历代数学家去挖掘。可事实是，直到近些年来，拉马努金这颗"沧海遗珠"才逐渐为人所识。甚至在哈代去世后，拉马努金的公式仍然无人问津，没能发挥出其应有的价值。对于拉马努金的一个猜想，就连哈代本人也曾不屑一顾，在一篇论文里这么评价："我们似乎陷入了数学的一潭死水中。"多年之后，到了 1978年，皮埃尔·德利涅因证明了拉马努金现今为人所熟知的 τ 猜想而获得菲尔兹奖。这时人们才意识到拉马努金猜想的重要性。拉马努金的拥护者之一，布鲁斯·伯恩特，认为拉马努金与巴赫乃同病相怜之人，后者也曾在去世后多年无人问津。

伯恩特耗尽半生心血，潜心研究拉马努金那些未发表的笔记。他毅然加入这样一群数学家之列，他们都被拉马努金稀奇古怪的公式和方程吸引住了，不惜耗尽半生探寻其奥秘。研究这些笔记的时候，伯恩特就发现了一个记录 1 亿以内素数的奇怪表格。这些素数有的正确，有的则近乎正确，这比拉马努金第一次给哈代的结果要更加精确。但这究竟是如何得出的，已经无从知晓了。

就像他曾经成功得出划分数公式一样，拉马努金真的有办法获得神秘的素数公式吗？拉马努金的笔记中是否还有其他线索呢？1976 年，这群数学家找到了曾经丢失的一本拉马努金的笔记，其中记录了他的数学新思想，这让他们兴奋不已。这一发现平添了更多的想象空间：除了三一学院档案里收录的资料，以及马德拉斯箱子里收藏的资料，是不是还有很多其他静待挖掘的宝藏，能有力地说明拉马努金为何拥有如此能力来精确地统计素数？

拉马努金的离世对哈代来说是沉重的打击。毕竟在他去世两个月前，哈代还收到了他寄来的一封信，拉马努金在信中以轻松的语气和他谈论数学问题。哈代为失去了这样一位在数学征途上的同伴而悲痛不已："自我们相识以来，他总能冒出一些新想法，这是我源源不断的灵感来源。而他的去世是有史以来对我最大的打击。"

年岁渐长的哈代，深受抑郁症的困扰。他一度以为自己还是个年轻人。如今，自己那日渐苍老的面容让他心生厌恶。每次进入房间，他都坚持把所有能看到的镜子都换掉。更令他深恶痛绝的是，随着年岁渐长，他在数学研究上越来越力不从心了。他在《一个数学家的辩白》一书里，也以触动人心的笔触，描述了一个在职业生涯即将结束时的数学家。要研究数学，数学家一定不能太老。数学上不需要冥想，它需要创造力。一个失去了创造力和创新欲望的人，是不会有多大建树的。这对数学家来说，更是亘古不变的真理。

和之前的拉马努金一样，哈代也曾尝试了结自己的生命，只是他选择自杀的方式是服药而不是卧轨。但他把药又吐了出来，结果成了一场闹剧。斯诺曾这样回忆探望生病中的哈代的情景。他自嘲道："我把事情搞得一团糟。还有人搞出过这么大的乱子吗？"正如他在《一个数学家的辩白》中写的那样，是拉马努金给了他生活下去的勇气："当我心情沮丧的时候，当我不得不去听那些讨厌鬼的夸夸其谈的时候，我至少能对自己说：'我做过一件你从没做过的事情，那就是我曾经和李特尔伍德以及拉马努金平起平坐过。'"

第 7 章

数学大迁徙：从哥廷根到普林斯顿

数学是一门规模庞大且分支众多的学科，因此有必要使其本土化，鉴于所有的人类活动都有赖于一种特定的地理环境，以及生活在这片土地上的人们。

——大卫·希尔伯特在 1913 年庆祝兰道入职哥廷根大学的
宴会致词

兰道的父亲莱奥波德定居在柏林。有一天，他发现有个数学神童就住在他家所在的那条街上。他心生好奇，就邀请这个神童来家里喝茶。这个神童就是卡尔·路德维希·西格尔。他性格腼腆，不善交际。但眼前这个人非等闲之辈，他的儿子是哥廷根大学伟大的数学家兰道。盛情难却之下，他决定去拜访一下这位老人家。老兰道从自己的藏书里取出一部由他儿子所写的著作（该著作由两卷组成），交到西格尔手里，对他说："你现在可能还看不懂，但日后它可能对你大有用处。"西格尔将埃德蒙·兰道的著作视如珍宝，而此书也的确在西格尔日后的数学之路上发挥了举足轻重的作用。

西格尔当时正身处第一次世界大战期间。一想到参军打仗，这个沉默的男孩就充满了恐惧。对于和军事有关的东西，他逐渐产生一种深深的厌恶之情。尽管兰道的父亲相信，西格尔将会在数学道路上大有作为，但一开始西格尔选择在柏林大学修读天文学专业。他相信这门学科不会和战争扯上关系。但是天文学专业开课较晚，于是他就去旁听一些数学讲座来打发时间。之后不久，他就迷上了数学。一入数学深似海。从此，他便沉浸在探索数字宇宙的世界中。不久，他就打算正式挑战兰道父亲送给他的那部素数著作了。

到了1917年，战争不可避免地扰乱了西格尔平静的生活。由于拒绝参军，他被送到了精神病院。在那儿，他失去了人身自由，这是对他的一种惩罚。在兰道父亲的干涉下，他才被释放出来，重新获得了自由。西格尔后来坦承道："如果没有兰道的话，我可能会死在那里。"1919年，这个还在苦难中挣扎的年轻人，加入了他的偶像——数学家兰道——在哥廷根大学的阵营。在那里，他的数学天赋得以施展。

然而西格尔发现，他不得不忍受兰道专横的性格。西格尔当时已经是小有名气的数学家了。有一次，他去柏林拜访兰道。整个席间，这位教授都在不厌其烦地讲解一个证明过程以及其用到的方法。西格尔耐心地听着，但当兰道讲解完毕时天色已晚，以至于他错过了回家的最后一班列车。他不得不徒步返回住所。一路上，他都在思考兰道的那个证明——它和一个图景（类似于黎曼构建的那个图景）里海平面上的点有关。等他回到家，头脑中就产生了一个新的证明方法。与之前那个令他错过末班车的证明方法相比，它更简洁易懂。第二天，他就鼓起勇气，给兰道寄去了一封明信片。在信中，他着重表达了自己的感激之情，其一是感谢兰道的款待，其二是感谢兰道激发了自己的灵感，从而想出一个更简洁的证明方法——这些内容正好写满一张明信片。

西格尔抵达哥廷根大学时，德国正面临着支付巨额战争赔款的重负。在这种经济不景气的情况下，他不得不寄宿在系里的一位教授家里。系里另一位教授还送给他一辆自行车，这样他就能骑车穿行在中世纪的街道上了。在哥廷根大学，数学系内部有着森严的等级观念。面对着众多数学家前辈，尤其是伟大的希尔伯特时，西格尔感到自己太渺小了。因此，他一直独来独往，默默工作着，期待着有朝一日自己能有一番成就，从而能与那些相片悬挂在系里走廊墙壁上的大师们一决高下。他从希尔伯特的讲座中汲取思想的营养。他知道，如果能解答出希尔伯特的 23 个难题之一，他就掌握了开启成功之门的钥匙。

起初，面对希尔伯特这样的伟人，他有些自卑，不敢表达自己的观点。但当几位高级教员邀请他去莱茵河畔游泳的时候，他终于还是鼓起了勇气，接受了这个邀请。身着泳装的希尔伯特，褪去了大师的光环，在西格尔眼里与常人无异。他走到希尔伯特面前，同他分享了自己对黎曼假设的看法。希尔伯特给予了热烈的回应。他的大力支持也使这个害羞的数学家在 1912 年获得法兰克福大学的教员一职。

西格尔在一生中成功解答了希尔伯特的很多问题。但真正令他名垂数学青史的，还是他在第八问题（即黎曼假设）上因打破常规而取得的突破。

7.1 重新审视黎曼

当西格尔致力于研究希尔伯特的第八问题的时候，他逐渐明白了一些数学家为何会质疑黎曼的这个问题是否值得他们这般煞费苦心。对于黎曼于 1859 年发布的那篇使他一战成名的 10 页论文，西格尔的导师兰道或许是其中最直言不讳的一个批评者。尽管他称赞那篇论文"充满智慧，内容充实"，但随后就话锋一转，批评说"黎曼的公式远未触及素数理论最核心的部分。他只是创建了一种工具，若对该工具加以改进的话，就有可能证明出其他很多东西"。

在剑桥大学中，哈代和李特尔伍德对这个问题也逐渐变得不屑一顾起来。到了 20 世纪 20 年代后期，哈代在证明黎曼假设上还是无能为力，这令他感觉大为挫败。李特尔伍德也开始怀疑，他们不能证明出黎曼假设，是否意味着这个假设本身就是错误的：

我相信这个假设是错误的。没有证据证明它是正确的。而人们不可能凭空相信缺乏证据的东西。实在想象不出它为何一定是正确的，我也应该记录下自己的这种感受了。而坚信这个假设是错误的，能让生命更美好。

实际上，黎曼是拿不出更多证据来证明这些零点就分布在他所预测的那条临界线上的。而在他那篇 10 页的论文中，他也没有专门留出篇幅来计算海平面上的那些点。哈代认为，黎曼对于他的图景中那些零点的直觉只是一种启发式推断。

黎曼似乎在论文中并没有计算过这些零点的位置，这使他在人们心中留下这样一副数学家的形象：善于思考，富有远见，却不屑于计算。总之，这体现了黎曼身上的一种革命性精神。同样地，希尔伯特一生都在致力于将这种新方法推广到数学研究中。在一篇论文中，他这样写道："我已经尽量不使用恩斯特·库莫尔（狄利克雷在柏林大学的继任者）发明的大型计算工具，而尽量贯彻黎曼遵循的法则：证明是通过思考而非计算来推动的。"菲利克斯·克莱因是希尔伯特在哥廷根大学的一位同事，他常常挂在嘴边的一句话就是"黎曼一贯以创意和直觉驰骋数学天地"。

然而，哈代并不满足于只靠直觉就行走于数学江湖。他和李特尔伍德成功地开发出一种方法，借助该方法可精确计算出最开始的一些零点的位置。如果黎曼假设是错误的，那么利用他们的公式，就不太可能快速定位黎曼临界线之外的零点。他们开发的这种方法充分利用了黎曼发现的"位于那条穿过 1/2 的临界线东西两岸的图景存在对称性"这一特征。结合欧拉研究出的有效方法，他们将这种方法用于估算无穷数字之和。到了 20 世纪 20 年代末，剑桥大学的数学家们已经成功定位了 138 个零点。如同黎曼预测的那样，这些零点真的都位于那条穿过 1/2 的临界线上。然而，显而易见的是，哈代和李特尔伍德创建的公式再往北就鞭长莫及了：不能通过该公式精确定位出 138 个零点以北的任意一个零点。

这些计算似乎就要止步于此了。哈代通过理论分析证明：必然有无穷多个零点分布在那条临界线上。现在，有一种感觉越来越强烈，那就是除非那个零点位于图景上最北边，否则它不可能出现在线外。如同李特尔伍德描述的那样，数学动物园里面的素数，比其他的动物更喜欢在浩瀚无垠的数字宇宙中隐藏其真容。因此，数学家们开始不再将精力放在精确定位零点上，而是将精力放在研究那片图景的理论特征上，以此揭开黎曼思想的神秘面纱。

但所有这一切工作都被一个意想不到的发现扰乱了。当西格尔在法兰克福大学举步维艰地寻求黎曼假设的破解之法时，他收到一封来自数学史学家埃里克·贝塞尔－哈根的来信。黎曼的妻子埃莉斯将部分笔记从勤快的女管家（她已经将黎曼的好多论文付之一炬了）手中抢救了出来，并将黎曼大部分的科研论文交由他的同辈人理查德·戴德金保管。但多年之后，她又后悔将可能包含个人信息的东西交给了别人。她要求戴德金将这些东西如数归还。一张遍布数学公式的草稿纸可能看上去没什么，但如果上面留下一丁点类似于某个购物清单或者某个朋友名字的痕迹的话，埃莉斯都会要回来。

仅剩的科研论文最终被戴德金保存在哥廷根大学的图书馆里。贝塞尔－哈根一直在尝试解读档案室里收藏的大量论文，但收效甚微。大多数数学家都有自己的记笔记习惯，而在这些笔记中会夹杂一些不成熟的观点和公式。西格尔在破解这些"天书"上能否更胜一筹呢？贝塞尔－哈根充满期待。

西格尔写信给哥廷根大学的图书管理员，询问能否查阅黎曼现在为人所熟知的遗稿。待管理员安排妥当后，这些文件就出现在寄往法兰克福当地图书馆的列车上了。西格尔望眼欲穿地期待着这个"远方客人"的到来。他一直因止步不前的研究而愁眉不展。他相信，这将会拂去自己心头的阴云。包裹如期而至了，他和一位到访的同事匆忙来到了图书馆。当他打开包裹的那一刻，映入眼帘的是一大摞密密麻麻地写满复杂数学计算公式的论文。这一切都给了当时的数学界一记响亮的耳光——将近 70 年来，黎曼都被宣传为这样一位数学家：他一味只靠直觉和概念打天下，而无法提出有力的证据来支持自己的观点。用手指着黎曼的大量运算公式，西格尔高声讽刺道："这就是黎曼所谓的一孔之见啊！"

在此之前，一些不入流的数学家曾翻阅这些手稿，试图找到黎曼假设的蛛丝马迹，但是没人能读懂这些断断续续的公式。最令人困惑的是，黎曼似乎利用空闲时间进行过大量的纯数学运算。这类运算总计有多少呢？这就需要西格尔这样的数学家来看看黎曼到底做了些什么。

审视这些手稿时，西格尔开始认识到，黎曼一直在践行他的恩师高斯的格言。高斯总是强调，建筑师在建造了一栋建筑物之后就会把脚手架移开。西格尔手握的脆弱纸张上，密密麻麻地写满了数学公式，甚至连每张纸的边缘处都不放过。黎曼生活清贫，后来还要照顾他的妹妹们。他只买得起粗糙劣质的纸张，就在这些纸张上，他充分利用每一寸空间。西格尔研究希尔伯特的思想，最终却成为了一名计算大师，他在计算中构筑自己的世界观，在收集到的证据中发现规律。在黎曼所列的公式中，其中有一些谈不上创新。例如，2 的平方根小数点后有 38 位。但西格尔的目光被其他一些从未见过的东西牢牢锁住了。随着他翻过的纸张越摞越高，那些看似随机写下而胡乱排列的公式开始闪闪发光起来。他意识到，黎曼正在计算那些零点的位置呢！

西格尔发现，黎曼正在借助一个神奇的公式来精确计算 ζ 函数图景的高度。这个公式的第一部分基于哈代和李特尔伍德发现的一种方法。黎曼早在 60 年前就想到了这种方法。这个公式的第二部分则借助了一种全新的方法。黎曼发现了一种将剩下的无穷级数求和的方法，这比当下正在使用的方法更加巧妙。欧拉的公式在准确定位 138 个零点后就只能望洋兴叹了。与之不同的是，在那些越来越靠北的零点的计算上，黎曼的公式锐不可当，其力量不容小觑。

在黎曼去世 65 年后，这位令人敬畏的数学家在这场数学接力赛上居然仍遥遥领先于其他人。哈代和兰道曾认为，黎曼的论文仅仅提供了一些可圈可点的启发性观点。现在看来这是错误的。恰恰相反，黎曼的论文以大量运算和强有力的理论观点为基础，而这些则是黎曼不愿展现在世人面前的。西格尔发现黎曼的秘密公式后的几年间，哈代在剑桥大学的学生就借助此公式证明，前 1041 个零点都分布在黎曼的临界线上。不过，在计算机时代到来后，这个公式才真正地大放异彩。

数学家们花了这么长时间才从黎曼的笔记中发现如此瑰宝，这实属反常。在他那篇 10 页的论文里，或者在他跟其他数学家的通信中，应该能留下一些蛛丝马迹。在那篇论文里，他提到了一个新公式，但随后便话锋一转，说道："这个公式还不够精简，还不到公之于众的时候。"哥廷根大学的数学家们已经研究这篇论文 70 年之久了，但竟然浑然不知，再沿着这条路走几个街区，就能邂逅那个用来定位零点的神奇公式了。克莱因、希尔伯特和兰道还津津乐道于他们对黎曼所做的评价，尽管他们都未曾静下心来研读过黎曼那些还未发表的遗稿。

其实，瞥一眼黎曼的笔记，就能看到这一任务之艰巨。西格尔这样写道："黎曼记录下的与 ζ 函数相关的东西都还不够完善，不能用来发表，偶尔会在同一页找到断断续续的公式，写好的公式常常只包含一部分内容。"这就像研读交响曲的乐谱初稿那般困难。而乐谱得以定稿，很大程度上归功于西格尔的数学鉴别力，这使他能从杂乱无章的笔记中提取公式。现在，人们将其称之为黎曼 – 西格尔公式，还真是实至名归。

西格尔坚持不懈的工作，挖掘出了黎曼性格中新的一面。他的确强调抽象思维和一般概念的重要性，但同时他也深知计算和数学实验的重要性。黎曼从未抛弃过 18 世纪秉承的数学传统，正是在此基础上，他才开辟出一片数学新天地来。

保存在哥廷根大学图书馆的遗稿，只是从黎曼管家手中抢救出来的一部分笔记而已。埃莉斯·黎曼于 1875 年 5 月 7 日写信给戴德金，希望他返还一些含有个人信息的手稿。这其中包括一个小黑本，上面记录了黎曼在 1860 年春天旅居巴黎时的所见所闻。就在数月前，黎曼发表了那篇伟大的关于素数的 10 页论文，他急着让它见诸报端，以满足柏林科学院的候选要求。现在，他来到了巴黎，不用再承受先前各种俗事的烦扰，终于可以静下心来去充实自己的想法了。不过，那里的天气有些糟糕，冰雹和雨雪时不时会光顾，这让黎曼无暇去游览这个城市。他就坐在房间里，将脑海里浮现出的各种想法一一记录在纸上。这样就不难推断出，黎曼在这个小黑本上不仅记录了他对巴黎这个城市的感受，还记录了他就 ζ 函数图景里的那些零点萌生的一些想法。这个小黑本从未面世过，尽管关于它的去向，坊间流传着很多版本的说法。

1892 年 7 月 22 日，黎曼的女婿在给海因里希·韦伯的信中这样写道："起初，我的岳母并不能接受黎曼的私人信件被公开。对她来说，这些东西是神圣而不可亵渎的，她不想看到任何学生都能接触到这些东西。因为他们有时会读到旁注，那可能涉及隐私啊！"想当年费马去世后，他的侄子就心急火燎地将他的手稿公之于众。黎曼的亲人则并不愿意曝光黎曼从没打算公开的笔记。似乎在那时，那个小黑本还在黎曼家族手里。

关于这个笔记本的下落则众说纷纭。有证据表明，贝塞尔–哈根后来又获得了一些保存在黎曼家族手中的尚未发表的手稿。这些手稿是通过拍卖得到的，还是通过私人关系得到的，就不得而知了。其中一些保存在柏林大学档案室里。但贝塞尔–哈根似乎想要将其余的藏品据为己有。二战结束后，处处呈现一片萧条景象。就在 1946 年的冬天，他死于饥荒。他的藏品也不知去向。

关于这个小黑本的去向，另一种说法是它流落到了兰道手里。战争期间，社会动荡不安，兰道就将这个笔记本交给他的女婿艾萨克·雅各布·勋伯格保管。他也是一位数学家，早在 1930 年就逃到了美国。但之后小黑本就不知所踪了。线索到了这里再一次断了。现在有百万美元的奖金摆在人们面前，而寻找黎曼小黑本已演变成了一场寻宝游戏。

如果黎曼不在纸上勾勾画画，西格尔意志不够坚定的话，我们不知道还要过多久才能揭开那个神秘公式的面纱。它太复杂了，时至今日，我们依然对此一头雾水。我们会因为丢失那个小黑本而错失挖掘其他珍宝的机会吗？黎曼宣称，他已经证明了大多数零点都分布在那条临界线上，但还没有其他人能给出相应的证明。德国图书馆的档案室里还可能藏着些什么呢？小黑本会流落到美国吗？从管家一把火中幸免于难的它，能否在二战的战火中生还呢？

1933 年，整个德国的数学家都发现，他们越来越难以集中精力研究数学了。二战的炮火也波及了原本宁静的校园。在 20 世纪 30 年代中期，一大批教职工失去了工作。许多人逃往海外寻求庇护，尤其是犹太人。不过，同样作为犹太人的兰道却留了下来，因为他资历老，早在一战爆发之前就在这里任教了。1933 年 4 月，德国当局颁布了公职人员法，其中的一些条款并不适用于任职多年的教授或者参战人员。

事态在急剧恶化中。到了 1933 年冬天，兰道受到当局的严密监视和百般刁难。高压之下，兰道崩溃了。他只得辞去教职，逃离柏林。失去教书的机会，这对他来说是一种莫大的伤害。哈代邀请他去剑桥大学做几场讲座。哈代回忆道："看到他重返讲台时露出久违的微笑，以及不得不离开时流露出的悲伤之情，我不由得悲从中来。"故土难离的兰道还是回到了德国，之后一直没离开过，直到 1938 年去世。

也是在那一年，西格尔从法兰克福大学来到哥廷根大学，以挽救数学系的声誉。1940 年，他逃到美国，以此来抗议那场恐怖的战争。一战给童年时期的他留下了心理阴影。他曾发誓，如果德国再次发动战争的话，他绝不会留在那儿。整个二战期间，他都留在普林斯顿高等研究院。那些曾为哥廷根的伟大荣耀增砖添瓦的数学家们都相继离开了，只有希尔伯特一人坚守阵地。他乐此不疲地诉说着数学在哥廷根大学有着何其重要的地位。他垂垂老矣，无法理解身边发生的灾难。西格尔试着向希尔伯特解释为何这么多教职工会离开。西格尔后来回忆道："我感觉，他可能觉得我们在给他讲一个冷笑话。"

短短数周时间，战争的爆发就摧毁了哥廷根大学的伟大学术传统，这一传统是由高斯、黎曼、狄利克雷和希尔伯特等人开创的。有评论家写道，这是文艺复兴以来人类文明经历的最大悲剧之一。哥廷根以及德国的数学，在战争的破坏下元气大伤，在整个 20 世纪 30 年代都萎靡不振。希尔伯特在哥廷根那条中世纪街道上摔倒一次之后，也于 1943 年的情人节那天去世了。他的辞世标志着这座城市作为数学之圣城地位的终结。

整个欧洲的数学界都陷入了危机中。各个国家的人们都如坐针毡，时刻准备着卷入那场不可避免的战争，这个时候为追求抽象之举正名是不大可能的。欧洲科学再一次沦为国家间战争的帮凶。许多数学家跟随西格尔从欧洲流亡到美国。他们在大西洋彼岸看到了一片欣欣向荣的景象，他们的研究也得到了大力支持。对于他们中的大多数来说，这里正是进行纯理论科学研究的理想之地。当越来越多的学术人才涌进美国而使这个国家日益强大时，欧洲就从此失去了世界数学中心的地位。

另一些数学家则从流亡中回到了德国。战争一结束，西格尔就回到了德国。逃到普林斯顿大学避难的那些日子，使他对欧洲的数学发展一无所知。他认为，在他离开期间不可能取得什么重大进展。然而，等待着他的是一个惊喜。尽管大多数数学家或流亡海外，或不再研究数学，但一条新闻还是出现在人们的视野里。西格尔偶然间碰见哈那德·玻尔，后者曾和哈代在哥本哈根一起研究过黎曼假设。"对了，我在普林斯顿大学的这段时间里有没有发生什么大事情？"西格尔问他的老同事。玻尔脱口而出四个字："塞尔伯格！"

7.2　塞尔伯格：孤僻的斯堪的纳维亚人

　　1940 年，西格尔前往普林斯顿，中途经过挪威。他应邀到奥斯陆大学做讲座。德国官方同意这次访问，根本没想到西格尔会利用讲座打掩护。他此行的主要目的是乘坐一艘从奥斯陆开往美国的轮船，以此从欧洲脱身。正当轮船驶离港口的时候，西格尔看到一艘德国商船向他驶来。后来他才反应过来，这些是德国入侵部队的先遣队。他逃出来了，却在奥斯陆大学数学系留下了一个名叫阿特勒·塞尔伯格的年轻人。这个年轻人试图忽略周遭发生的一切，像鸵鸟一样将头深深地埋在数学沙地里。

　　即使在战争还没有席卷到那个地方的时候，塞尔伯格也乐于在一种与世隔绝的状态中研究问题。这种状态常常会迫使数学家打破桎梏，从而开辟出新的道路来。塞尔伯格已经下定决心，去涉足一块没人特别关注的数学领域。在这条数学道路上，他注定将孤立无援，但这一切都没能阻挡他前进的步伐。相反，他似乎陶醉在这种与世隔绝的状态中。当战火逐渐逼近，连挪威也岌岌可危的时候，塞尔伯格就再也无法接触到国外的期刊了。然而他发现，这种状态有时候也能激发出灵感来："就像你身陷囹圄之中，从此与外界隔绝。你终于有机会全心专注于自己的事情，而不再受到其他事物的打扰。我认为，从这个意义上讲，这种状态对我的工作是大有助益的。"

　　这种字里行间流露出的自我满足之情，正是塞尔伯格数学生活的生动写照。他小时候就喜欢独自一人躲在父亲的藏书室里，从书架上拿起一本本数学著作，如饥似渴地汲取书中的营养。他沉浸在数学的世界里，仿佛忘记了周围的一切，不知不觉间，大半天时间就这样过去了。正是在此期间，他无意间读到了拉马努金发表在挪威数学学会某个期刊上的一篇文章。塞尔伯格回忆道："看到那些奇怪而美妙的公式时，我感受到强烈的震撼。"拉马努金的这些研究成果，成为塞尔伯格最重要的灵感来源之一："就像一个完全崭新的世界突然呈现在了我的面前，它更能激发出我的想象力。"塞尔伯格的父亲把拉马努金的 *Collected Papers* 作为礼物送给了他，他至今都随身携带着这本书。依托父亲大量的数学藏书，他自学了很多数学知识，早在 1935 年进入奥斯陆大学的时候，他就已经取得了很多原创性成果。

他对拉马努金的划分数序列公式尤其感兴趣，这一公式是这位印度数学家和哈代共同发现的。拉马努金的公式被视为惊人的发现，尽管有些地方令人不太满意。利用该公式得到的是一个非整数，最接近整数的就是划分数自身了。当然能找到一个能够精确得出划分数的公式。1937 年秋，塞尔伯格成功地超越了拉马努金，找到了一个精确的公式。这使他兴奋不已。不久后，他在阅读关于他最初发表的一篇文章的评论时，目光突然扫到一条评论。令他大为失望的是，在终点线上，他被汉斯·拉德马赫超越了，后者早在一年前就发表了相关论文。拉德马赫因其反战主张而失去了在布雷斯劳的工作，被迫离开自己在德国的家乡，辗转逃亡到美国。"我觉得，这对当时的我来说是一种打击，不过后来我就对这样的事情习以为常了！"在此之前，塞尔伯格还没听说过拉德马赫的贡献，这说明挪威的数学在当时还是比较滞后和闭塞的。

塞尔伯格一直认为，哈代和拉马努金错失了那个精确的公式，这有些令人难以理解："我一直坚信，责任都在哈代……哈代对拉马努金的洞察力和直觉并没有百分百信任……我相信，如果哈代充分信任拉马努金的话，他们就能获得拉德马赫的级数了。这只是我对此提出的一些质疑吧！"但也许正是因为他们的这种研究路线，才促使哈代和李特尔伍德对哥德巴赫猜想做出贡献，否则这一切可能都不会发生。

塞尔伯格开始大量阅读"剑桥三剑客"——拉马努金、哈代和李特尔伍德——的著作。他重点关注他们在素数以及素数和 ζ 函数关系上的贡献。在哈代和李特尔伍德的一篇论文里，有一句话引起了他的注意。

他们如此写道：使用现有的方法，尚不能有效证明黎曼 ζ 函数图景的大部分零点都分布在那条假想线（即临界线）上。哈代提出，他们已经证明了至少有无限个零点分布在这条线上，这是这一研究所迈出的重要一步，但他们始终无法证明这个无穷大的数对于零点总数来说究竟占多大比例。尽管他和李特尔伍德历尽千辛万苦，终于取得突破，但相比于他们所无法证明的庞大的零点数量，已证明分布于临界线上的零点数量显得微不足道。他们曾大胆断言，若采用他们所提出的现有方法的话，研究现状不会有什么起色。

但是，塞尔伯格并不像哈代和李特尔伍德那样悲观。他认为自己还是可以从他们的想法中获得一些启发的："我阅读了哈代和李特尔伍德原来的论文，文末解释了为什么他们的方法无法给出更多的证明。我边读边想，之后意识到他们做的事情毫无意义。"塞尔伯格预感到，自己能在这条道路上超越哈代和李特尔伍德。后来事实证明，这种预感是正确的。尽管他还是不能证明出所有的零点都分布在那条线上，但他起码可以利用自己的方法证明：如果向北捕获零点的话，那么零点出现的概率将不再是零。他还不是很清楚自己能够捕获的零点占总数的百分比，但他至少在这块馅饼上咬下了第一口，并留下了些许牙印。现在回头想想，他似乎成功地证明了有 5% ～ 10% 的零点分布在那条线上。如果向北统计零点个数的话，会发现至少这部分的零点是符合黎曼假设的。

即使这不能证明黎曼假设是对的，塞尔伯格咬下的这一小口馅饼也是重大的突破，足以鼓舞人心。但当时还没人意识到这一点，就连塞尔伯特本人也不清楚该结论会不会被推翻。二战结束后，他受邀在斯堪的纳维亚数学家大会上发表演讲，该大会于 1946 年夏天在哥本哈根举办。他先前曾宣布，自己发现了关于划分数的精确公式，结果首先发现这一公式的却另有其人。他还未完全从那次打击中走出来，所以他决定好好检查一下他发现的这个结果是不是原创的。但是，奥斯陆大学还是没有收到那些战争期间被挡在门外的期刊。"我听说挪威科技大学的图书馆收录有这些期刊，就专程前往特隆赫姆一探究竟。为了查资料，我在图书馆里待了差不多一个星期。"

他无须为此担忧。他发现，自己研究黎曼 ζ 函数图景上零点的方法比任何人都先进。他在哥本哈根的演讲使玻尔能够挺直腰杆，向美国的客人大声宣布：欧洲数学界的重磅新闻就是塞尔伯格的横空出世。塞尔伯格讲述了自己对黎曼假设的看法。尽管他在证明方法上做出了重大贡献，但他还是强调支持其为真的证据还比较少："我认为，我们当时之所以一厢情愿地相信黎曼假设为真，本质上是因为这是我们所能拥有的最美丽而简洁的分布规律——沿着这条线存在对称性。这也是素数最自然的分布规律。这样你就会相信，宇宙中至少有些东西是正确的。"

有些人曲解了塞尔伯格发表的以上评论，认为他对黎曼假设的有效性提出了质疑。然而，他可不像李特尔伍德那样悲观。后者认为，黎曼假设因为缺少证据的支持，所以是错误的。"我总是对黎曼假设怀着强烈的信心。我永远不会背叛它。但那时候我认为，我们还不能真正拿出数量上或者理论上的有力证据，来证明其正确性。一些证据只是表明，它很可能是正确的。"也就是说，大部分的零点很可能分布在那条线上，如同黎曼大约百年之前声称自己能够证明一样。

塞尔伯格在战争期间取得的成就，是欧洲在数学领域占统治地位的一种绝唱。声名鹊起后不久，他就收到了赫尔曼·外尔这位来自普林斯顿高等研究院的教授抛来的橄榄枝，后者早在 1933 年就逃离了哥廷根日渐恶劣的环境。塞尔伯格曾孤身一人待在欧洲，忍受着二战的折磨，他对大西洋彼岸陌生的世界充满着好奇。一想到在那儿可能激发出自己新的灵感来，塞尔伯格就激动不已。怀揣着这份激动的心情，他拿上了那封邀请信。他在熙熙攘攘的纽约港登陆后，就迫不及待地奔向普林斯顿那个寂静小镇，它位于曼哈顿南部，两者距离只有一箭之遥。

这些从海外源源不断涌入美国的诸如塞尔伯格之类的天才数学家，将会使这个一度默默无闻的国家成为一个教育强国。它的数学活动曾经是一潭死水，但它摇身一变，成为了今日主要的数学活动中心。它是数学的圣地，吸引着来自世界各地的数学家。尽管哥廷根这个曾经的数学圣地已被二战摧毁，但它就像凤凰一样，在普林斯顿高等研究院浴火重生了。

普林斯顿高等研究院成立于 1932 年，它的成立得益于路易斯·班伯格和他的妹妹卡罗琳·班伯格·富尔德捐助的 500 万美元。它旨在吸引世界上最优秀的学者，并为其提供安宁的学术环境以及可观的薪水——这个地方因而得到"高等薪水研究院"的绰号。它想重新营造牛津大学以及剑桥大学的那种学术氛围：不同专业的学者们能敞开心扉、相互交流。

在那些古老的高等学府中，学术氛围死板僵化；而在普林斯顿大学中，弥漫着清新的空气，处处充满生机和活力。在牛津大学和剑桥大学的餐厅高桌上讨论工作被视为一种失礼之举，而普林斯顿大学则不太在意这些细节。普林斯顿高等研究院的教职工们可以不分时间场合，随心所欲地就他们的工作展开讨论。爱因斯坦将其描述为一个未经烟熏的烟斗："普林斯顿是个神奇之地，它是个古色古香而又注重仪式的乡村，周围耸立着半人半神。然而，若对这些特有的社会习俗视若无物的话，我可以为自己营造一种超然物外的学习氛围。进入了这个小型大学城，就能免受人类嘈杂喧闹之声的打扰。"

虽然设立普林斯顿高等研究院是为了服务于所有学科，但它诞生于普林斯顿大学数学系那栋古老的办公楼里。之后，数学系搬进了普林斯顿大学唯一的摩天大楼，即法恩大楼（Fine Hall）。由于与数学系渊源颇深，普林斯顿高等研究院在数学和物理研究上成绩斐然。在教师休息室的壁炉上方，刻着这样一句话："上帝是狡猾的，却并无恶意。"（Raffiniert ist der Herr Gott, aber boshaft ist Er nicht.）这成为了爱因斯坦的口头禅。不过，数学家们对这句话的真实性存疑。正如哈代对拉马努金所解释的那样，"素数天生带有深深的恶意"。

1940 年，普林斯顿高等研究院迁到了新址。它位于普林斯顿郊区，周围全是森林，这使它免受外部世界的一切纷扰。爱因斯坦曾这样描述在这里的生活："一场放逐到天堂的旅程。我一生都在追寻这种世外桃源般的生活，终于，这一梦想在普林斯顿实现了。"在很多方面，普林斯顿高等研究院都在模仿其前辈——哥廷根大学。在这种与世隔绝的状态下，它获得了蓬勃发展。来自天涯海角的人们汇集于此，在这个世外桃源里实现着各自的人生价值。有些人会这样说，遗世独立的普林斯顿高等研究院，如今已陷入自我陶醉之中。它不但吸纳了哥廷根的数学家，似乎还践行着那个德国小镇一直奉行的座右铭：对研究院的人们来说，普林斯顿之外没有生活。普林斯顿是这样一个被森林环绕、与世隔绝的世外桃源，因此，它正是那些因战争而流亡在外的欧洲人心中理想的避风港。

7.3　埃尔德什：来自布达佩斯的奇才

有一位从欧洲流亡到普林斯顿高等研究院的数学家，他的一生和塞尔伯格有着千丝万缕的联系。当拉马努金的故事激励了挪威年轻的塞尔伯格的时候，这一幕同样在另一位年轻人身上上演。他就是来自匈牙利的保罗·埃尔德什，他将会成为 20 世纪后期最负盛名的数学家之一。但将二人联系起来的可能并不止拉马努金，或许还有其他东西。这里存在一些争议。

塞尔伯格喜欢独自一人工作，而埃尔德什则喜欢在合作中成长。埃尔德什身着西服套装，背有些驼，脚上穿着凉鞋。这样的数学家形象，在世界各地的数学系公共休息室都是一道熟悉的风景线。人们常常能看到这样一幅画面：他躬身伏在笔记本前，紧挨着他的是他的一位新搭档。在提出、解决数论问题时，他总是慷慨激昂，侃侃而谈。其情绪之高涨，就连身边的搭档都被感染了。他一生写就了 1500 多篇论文，这是一种现象级成功。其论文数量之多，能出其右者仅有欧拉一人。埃尔德什是个数学家，也是个苦行僧。他将钱财置之度外，认为这些身外之物会分散他的研究精力。他自己赚的所有钱，要么给了他的学生，要么奖励给那些能正确回答他提出的问题的人。就像之前的哈代一样，上帝也在埃尔德什的世界中扮演了一个起引领作用但非传统意义上的角色。"至高掌权者"——他总是这么称呼这个拥有"伟大之书"的上帝。他认为"伟大之书"中记载了所有已解决以及未解决的数学问题的最优雅的证明方法。对于一条证明，埃尔德什给出的最高赞誉是"这是从伟大之书里来的"。他相信，所有的婴儿——他喜欢称之为"epsilon"（即希腊字母 ε），因为数学家用其表示极小的数字——生来就拥有证明黎曼假设的能力，而证明就来自"伟大之书"。可问题是，6 个月之后，婴儿就丧失这种能力了。

对于埃尔德什来说，人生一大乐事莫过于在享受音乐的过程中研究数学了。人们常常可以在音乐会上看到他的身影：他在笔记本上涂涂画画，冒出一个新想法后，脸上就难掩喜悦之情。他讨厌独处，喜欢与他人一起探讨数学问题，却对身体接触十分排斥。在咖啡因的提神作用下，他感到精神愉悦，飘飘欲仙。而正是这种精神享受一直支撑着他走在数学探索之路上。他常常说："数学家就是一台把咖啡转化为数学定理的机器。"

和许多伟大的数学家一样，埃尔德什也有一位好父亲——他总是孜孜不倦地灌输给埃尔德什各种数学思想，从而激发了他对数字的研究热情。一次，他的父亲让他看欧几里得的一条证明，即素数有无穷多个。但是当他的父亲提出，如果能找到任意长度的数列，其中不包含素数，那么就能推翻欧几里得的观点，埃尔德什立刻就被这种想法深深吸引住了。

如果你想要一个数列，它包含 100 个连续数字，且其中不包含素数，那么只要把 101 个数字相乘就好了。所得乘积称为 101 的**阶乘**，表示为 101!。该数字显然能被 1～101 的每个数字整除。但是，如果 N 表示这些数字中的任意一个数，101!+N 也能被 N 整除，因此，101! 和 N 都能被 N 整除。101!+2, 101!+3, …, 101!+101，上述这些数字都不是素数。以上列出的就是一个包含 100 个连续数字且其中不包含素数的序列。

这引起了埃尔德什的兴趣。如果从 101! 或者其他某一数字开始，这要数到什么时候，才能确保下一个出现的是素数？欧几里得坚信，必然在某处存在素数。但是，在下一个素数出现之前，你一定要无限期等待下去吗？毕竟，如果素数的分布是由上帝抛硬币决定的，那么没人知道什么时候会出现"素数（正面）朝上"。当然，投 1000 次背面也不太可能——但也不是不可能。深入研究后，埃尔德什发现，从这一角度看，素数**不再**像抛硬币那般分布。它们就像一堆胡乱堆砌在一起的数字，但细看之下，也并非全然无序。

其实，法国数学家约瑟夫·贝特朗早在 1845 年就率先预测出要走多远才能确保下一个出现的是素数。他相信，如果取任意数，比如1009，一直数到 2018（即 1009 的两倍），就一定能发现一个素数。其实，在 1009 到 2018 之间，存在很多素数，第一个素数就是 1013。如果贝特朗选择的是任意数 N 的话，这条规律还适用吗？他无法证明，在 N 和 2N 之间，总能找到一个素数。但他在做出这一预测时年仅 23 岁，因而引得世人瞩目，一时风光无两。因此，该预测被称为贝特朗公设。

距离解开黎曼假设这个未解之谜的日子可能不远了。不到 7 年的时间，俄罗斯数学家巴夫尼提·列波维奇·切比雪夫就想出了一种证明方法。切比雪夫曾证明，高斯的猜想在误差率上不会超过 11%。这是在推动高斯猜想成为素数定理的进程中迈出的关键一步。在黎曼假设的证明上，相比于黎曼的方法，切比雪夫提出的方法并不那么复杂，却十分有效。切比雪夫证明，可借助一定的衡量标准来预测素数的出现，而不再像抛硬币一样，不确定下一次出现的到底是正面还是反面。

年仅 18 岁的埃尔德什于 1931 年公布的首个研究成果，就是找到了一种新方法来证明贝特朗公设。但直到有人建议他读一读拉马努金的著作，他才意识到自己提出的证明方法并不像自己想象中的那么新颖。这对他来说，犹如当头一棒。拉马努金在后期取得的一个成就，就是提出了一种观点，该观点极大地简化了切比雪夫提出的关于贝特朗公设的证明方法。尽管年轻的埃尔德什心情大为沮丧，但这种沮丧之情很快就被发现拉马努金著作的喜悦之情冲散了。

埃尔德什决定放手一搏，他想看看自己到底能不能超越拉马努金和切比雪夫。他开始研究起素数之间的差距来。两个相邻素数之差，是令埃尔德什一生为之着迷的问题之一。他也因设置奖金来奖励那些证明自己提出的猜想的人，而在数学史上留名。他曾设置 10 000 美元的奖金，来颁发给能证明出两个相邻素数之差的人。时至今日，这个问题仍然是一个未解之谜，而这项奖金依旧无人折桂，即使埃尔德什也没能活到见证它得到证明的那一天。但正如他开玩笑说的那样，赢得这项奖金需要付出的努力和汗水超乎想象，这可能违反了最低工资法规定。他曾经草率地许诺拿出 100 亿阶乘（100 亿阶乘就是把 1 ～ 100 亿的每个数字都相乘）美元的奖金来奖励给证明高斯素数猜想的人。100 亿阶乘已经达到宇宙中原子数目的量级了。20 世纪 60 年代，证明出该猜想的数学家并没有向他索要奖金，埃尔德什终于如释重负了。

20 世纪 30 年代末，埃尔德什一来到普林斯顿高等研究院就迎来了开门红。马克·卡茨是一位波兰人，因躲避欧洲战乱而来到美国。虽然他的关注点在概率论上，但他的一次演讲还是吸引了埃尔德什的注意。

卡茨讨论的是一个函数，它记录了一个数字可以由多少个不同的素数（即质因数）相乘而得。例如，15＝3×5 就是由两个不同的质因数相乘而得的，而 16＝2×2×2×2 则由同一个质因数相乘而得。因此，可以用一个数字来表示每个数字不同质因数的个数。

埃尔德什回想起哈代和拉马努金曾经研究过这个数字的变化规律。不过这需要卡茨这样的统计学家才能找出这些数字随机行为背后隐藏的规律来。卡茨发现，随着研究的数字不断增加，对其不同质因数个数进行绘图的话，那么得到的图形就是为统计学家所熟悉的钟形曲线——这一曲线体现了随机行为的分布情况。卡茨尽管意识到这是质因数的方程行为，却不知如何从数论入手来证明自己的这种直觉："1939 年 3 月，在普林斯顿的一次演讲中，我首先提出了这个猜想。对我来说，或者对数学家来说，值得庆幸的是，埃尔德什就是听众之一。他立刻打起精神，在演讲结束之前就完成了证明。"

这次成功之后，埃尔德什从此就走上了将数论和概率论结合研究的道路。乍一看，这两门学科风马牛不相及。哈代曾经不屑一顾地说："概率论根本就不是纯粹数学上的概念，它属于哲学或者物理学上的概念。"而数论学家们所研究的对象，从混沌之初就是一成不变的。正如哈代所言，无论你爱或不爱，317 就是个素数。概率论则是门不可捉摸的学科。你永远无法确定接下来会发生什么。

7.4 有序零点意味着随机素数

尽管高斯曾借助抛硬币的方式来统计素数个数，但数学家们直到 20 世纪才正式考虑将概率论和数论这两门不同的学科相结合。20 世纪的前几十年间，物理学家认为，概率是亚原子世界中不可或缺的部分。你可以把一个电子想象成一个台球，但不同的是，你永远无法确定这个

"球"的具体位置。你将在何处发现这个电子，似乎也是由量子世界的骰子来决定的，但许多物理学家很不愿意承认这一点。或许，新兴的量子物理理论中包含的令人不安的因素，以及概率模型的出现，促使人们对概率在素数确定问题上的无用论提出了质疑。尽管爱因斯坦认为上帝是不会掷骰子的，但穿过普林斯顿高等研究院的走廊，你会看到这样一幅画面：埃尔德什正在全神贯注地坐在桌前，思考着"掷骰子是数论的核心问题"这一难题。

正是在此期间，数学家才开始理解黎曼假设——即 ζ 函数图景上的零点沿临界线分布——为何能解释素数杂乱无序的分布。理解有序零点和混沌素数的最佳途径，就是深入观察那个最经典的随机模型——抛硬币。

如果抛 100 万次硬币的话，那么正面朝上和反面朝上的概率各为 1/2。但你无法得到一个精确的结果。一枚均匀硬币——随机抛出，毫无偏斜——即使其正面朝上的概率出现 0.2% 的误差率，你也不必大惊小怪。概率论就是为了测量实验过程中因某些随机行为而产生的误差才应运而生的。如果抛 N 次硬币的话，那么或多或少会出现一些偏差，使得正面朝上的概率不是 $N/2$。抛一枚均匀硬币时，要将误差考虑在内，尽量保证其误差不超过 N 的平方根。因此，例如，将一枚均匀硬币投掷 100 万次的话，其正面朝上的次数是位于 499 000 和 501 000（1000 正是 1 000 000 的平方根）之间的某个数字。如果投掷过程中发生偏斜的话，那么得到的误差明显会比 N 的平方根大。

高斯借助抛硬币来猜测素数个数。第 N 个硬币出现正面朝上的概率是 $1/\log(N)$，而不是 1/2。一枚普通硬币并不会出现正反面朝上各为 1/2 的概率；同理，自然界的素数硬币在投掷时，出现的素数个数也不会如高斯预测的那般精准。但二者之间的误差有多大呢？是在随机抛出硬币的可控范围内，还是出现严重偏斜，从而使生成的素数集中在某一数域，而在其他数域则分布较少？

答案就隐藏在黎曼假设及其预测的零点位置中。这些零点决定由高斯素数统计所带来的误差。东西方向坐标为 1/2 的假想线上，每个零点产生的误差为 $N^{1/2}$（这是 N 的平方根的另一种写法）。因此，如果黎曼对零点的位置预测无误的话，那么高斯对 N 以内的素数个数的猜想与实际的素数个数存在的最大偏差就是 N 的平方根。这就是概率论期望的误差幅度，前提是随机抛出硬币，且毫无偏斜。

如果黎曼假设是错误的，在临界线的东边更远处还有零点，那么这些零点就会产生比 N 的平方根更大的偏差。这跟硬币出现正面朝上的概率要远远大于理想中的 50% 是一个道理。如果黎曼假设是错误的，也就意味着这枚素数硬币很不均匀。人们找到黎曼临界线的位置越靠东，这枚素数硬币就越不均匀。

均匀的硬币会生成随机行为，而不均匀的硬币则会产生规律。这正是为何黎曼假设能捕捉到素数会分布得如此随机的表象背后的规律。黎曼具有卓越的洞察力，这使他能够透过这种随机性的迷雾，发现图景上的零点和素数的关系。为了证明素数是随机分布的，就必须证明在黎曼观虚镜另一面观测到的零点是整齐排列的。

这种从概率论入手来解读黎曼假设的方式，甚得埃尔德什之心。它使数学家们回忆起当初为什么会进入黎曼的观虚镜。埃尔德什想要让更多人回到最初的起点，重新探讨数论的本质——数。此言论一出，便犹如一枚重磅炸弹，在数学界掀起了轩然大波。自从黎曼打开了虫洞，将数学家们吸引到一片新世界之后，数论学家们就很少把数挂在嘴边了。他们更关心的是如何确定黎曼 ζ 函数图景中的几何与路径，以及如何定位海平面上的点，而不是探讨素数本身。埃尔德什首开先河，着手研究素数本身。很快他就发现，在这条漫漫求索之路上，他并非孤身一人。

7.5　数学大讨论

尽管一开始吸引塞尔伯格注意的是黎曼的 ζ 函数图景，但到达普林斯顿后，他就将注意力从 ζ 函数转移到素数上了。来到美国后，他的兴趣也随之发生了变化。他转而专心研究起黎曼观虚镜那看得见的一面来。

自从德·拉·瓦莱－普桑和阿达马证明了素数定理之后，数学家们就很难找到一种更简单的方式来证明高斯发现的对数和素数间的关系。这常常使他们感到困惑不已。难道只有借助诸如黎曼 ζ 函数和虚数图景这样高度复杂的工具才能解决高斯对素数个数的猜想这个难题吗？数学家们开始承认，这类工具可能对证明"误差永远在 N 的平方根以内"这样的问题是必不可少的，但是他们依然相信，还有更简单的方法，能用来初步粗略估算高斯所猜测的素数个数。他们希望能够改进切比雪夫初步提出的那个方法，即证明了高斯猜想的误差率不会高于 11%。但是一转眼，50 年已经过去了。在这条探索之路上，数学家们仍一无所获。他们开始意识到，这类由黎曼引入并为德·拉·瓦莱－普桑和阿达马所利用的工具是不可或缺的。

不过哈代认为，这里不存在什么初等证明方法。这并不是因为他不希望有这样一种方法。数学家们之所以前仆后继，不仅是为了寻找证明，更是为了找到一种更简洁的方法。哈代只是对此不再抱有幻想了，他开始质疑起此类事物是否真实存在。埃尔德什和塞尔伯格的贡献或许能让哈代振作起来。但造化弄人，在哈代于 1947 年去世的几个月后，他们就初步发现了一条素数和对数间关系的证据。然而，围绕"谁是提出该方法的第一人"的争议还是多少会令哈代感到惊讶吧。这个故事不仅出现在埃尔德什的两部传记中，而且还在许多其他的地方被提及。埃尔德什人脉广，有一群合作者，而塞尔伯格则沉默寡言。因此，广为流传的故事版本多是站在埃尔德什的立场上来讲述的。不过，塞尔伯格这边的故事版本倒是值得一读。

率先使用 ζ 函数这种复杂工具的人是狄利克雷。他借助这种工具来证明费马提出的一个猜想。狄利克雷证明，如果你有一个表盘刻度为 N 的时钟计算器，那么输入素数的话，计算器常常会敲击 1 点钟。换言之，有无数的素数被 N 除之后余 1。狄利克雷之所以能证明出这一猜想，就是因为利用了 ζ 函数这个复杂的工具。他提出的证明方法也促使黎曼发现了那些伟大的规律。

然而到了 1946 年，距离狄利克雷的证明约 110 年之后，塞尔伯格提出了一种关于狄利克雷定理的初等证明方法，它类似于欧几里得提出的证明方法，即存在无穷多的素数。他的这种证明方法没有借助 ζ 函数，这在当时是一种极大的突破。那时的人们普遍认为，如果不借助黎曼的思想的话，那么在素数理论探索之路上就会举步维艰、停滞不前。这一证明方法虽说微不足道，却不需要借助 19 世纪复杂的数学理论就能实现，很可能早就被捷足先登的古希腊人破解了。

匈牙利数学家保罗·图兰曾访问过普林斯顿高等研究院。在此期间，他和塞尔伯格相谈甚欢，成为了无话不谈的好友。同时，他也是埃尔德什的挚友。1945 年，有一次他在大街上被巡警拦住了去路，他拿得出手的能证明身份的东西只有他和埃尔德什合著的论文。巡警对此相当买账，就放了他一马。图兰后来打趣道："想不到数论还有如此妙用。"

对于塞尔伯格提出的证明方法所蕴含的数学思想，图兰迫不及待地想要了解一番。但是过了这个春季学期之后，他就要离开普林斯顿高等研究院了。塞尔伯格对此表现出了极大的热情。他让图兰看一些论证细节，甚至在他为加拿大之行办理签证续签的时候，还建议图兰可以就该证明发表演讲。不过，在和图兰讨论的过程中，口无遮拦的塞尔伯格轻易地就亮出了自己的底牌。

在演讲中，图兰提到了一个由塞尔伯格证明出的非比寻常的公式，但这个公式并不能直接证明出狄利克雷定理。正好在观众席上的埃尔德什发现，这个公式正是他梦寐以求的——利用这个公式可以对贝特朗公设（即 N 和 $2N$ 之间必定存在素数）加以改进。埃尔德什想要研究的是，是否一定要走到 $2N$ 那么远。例如，是不是在 N 和 $1.01N$ 之间就可以发现素数？他意识到，对于所有的 N 来说，这并不是普适的。若 N 为100，100 和 101（也就是 100×1.01）之间没有整数，更别提素数了。但埃尔德什认为，当 N 足够大时，按照贝特朗公设，就会在 N 和 $1.01N$ 之间出现素数。1.01 这个数字没什么特别之处。埃尔德什认为，这适用于1 和 2 之间的任意数字。听了图兰的报告后，埃尔德什意识到，塞尔伯格的公式正是他的论证过程中不可缺少的一环。

"我一回来，埃尔德什就询问我，如果他将这个公式用于求证贝特朗公设的普适性的话，我是否反对。"这个公式的确是塞尔伯格提出的，但是他并没有因此有所作为。"我的研究不在于此，所以我并没有反对。"当时，塞尔伯格正疲于应对各种生活琐事。他得办理签证续签手续；他还在雪城找了份教师的工作，接下来，他得在那儿寻得一处栖身之所；他还要备课，以便能在暑期学校为工程师们授课。"埃尔德什行事素来雷厉风行，不管怎么说，他成功地找到了一个证明方法。"

不过，塞尔伯格还留了一手。他对图兰有所保留，没有将自己研究贝特朗公设普适性的动机透露分毫——那就是他已经预见到这将是完成素数定理拼图不可或缺的一个拼图块。现在，万事俱备了。有了埃尔德什的研究成果，塞尔伯格就得到了拼图的最后一块。

他告诉埃尔德什自己将借助他的研究成果，来初步实现对素数理论的证明。埃尔德什建议，可以向听过图兰讲座的那部分观众公布他们的研究成果。但是，埃尔德什抑制不住自己内心的兴奋，他发出各种邀请，并保证这场报告的精彩程度。塞尔伯格没想到会有如此多的观众：

当我于下午四五点钟抵达会场的时候，整个大厅人头攒动。我走上台，讲述了自己的证明方法，然后，我让埃尔德什分享他的研究成果。之后，我得完成证明剩下的部分。这个证明之所以能实现，是与埃尔德什取得的研究成果分不开的。

埃尔德什建议，他们可以就该证明过程合著一篇论文。但是，正如塞尔伯格陈述的那样：

> 我从来没与人合作发表过文章。我真的希望能各自发表文章，但是，埃尔德什坚持要按哈代与李特尔伍德那样行事。不过，我从没同意与他合作。抵达美国的时候，我已经在挪威完成了所有的数学工作。我都是独自完成的，甚至没有和别人讨论过……不，我从来没有以这种方式与人合作过。虽然我也和别人交流，但是我都是独立完成工作的，我就这脾气。

其实，这两位数学家性格迥异：一位是个彻头彻尾的独行侠，一辈子只与人合著过一篇文章，合作者是印度数学家萨拉瓦达姆·周拉，这一定程度上也有违他的意愿；另一位则将合作精神发挥到了极致，以至于出现了为数学家们所熟知的埃尔德什数，该数字能把这些合作者和埃尔德什合著过的文章联系起来。我的埃尔德什数是 3，意思就是，我和某人合著过一篇文章，这个人又与另一个人合著过一篇文章，而后者又与埃尔德什合著过一篇文章。周拉是埃尔德什的 507 位合作者之一，而塞尔伯格与其合著过一篇文章，因此，塞尔伯格的埃尔德什数就是 2。埃尔德什数为 2 的数学家就有 500 多位。

塞尔伯格发现，合作事宜泡汤后，接下来的事情发展就已经不受他的控制了。到了 1947 年，埃尔德什已经建立起一个强大的人脉网，其合作者和通信者数不胜数，遍布全球。他时不时会给这些合作伙伴寄去明信片，以使他们随时了解他在数学上取得的进展。据说，给塞尔伯格致命一击的是一位迎接他来雪城就职的教师对他说的一番话。这名教师问道："你听说了吗？ 埃尔德什和某个斯堪的纳维亚数学家已经完成了对素数定理的初等证明。"那时候，塞尔伯格已经发现了另一种方法，可以不借助埃尔德什的方法就能完成该证明。塞尔伯格抢先一步，独自发表了这一证明。他的文章刊发在《数学年刊》上。该期刊是由普林斯顿大学主办的世界数学三大顶级期刊之一，怀尔斯最终也是在此期刊上发表了他提出的关于费马大定理的证明方法。

埃尔德什大怒。他要求赫尔曼·外尔就此事来评评理。塞尔伯格叙述道："我很高兴，赫尔曼·外尔在听了双方意见之后站在了我这边。"埃尔德什发表了他的证明方法，并在文中承认了塞尔伯格的贡献。但这是个尴尬的小插曲。尽管数学本身无关乎世俗利益，数学家们却需要他人的肯定来认同自我价值。没有什么比用你的名字命名某个定理这种流芳百世之举更能促进创新和推动数学发展了。塞尔伯格和埃尔德什的故事揭露出这样一个真理：对数学家而言——其实对所有科学家都如此——追求名誉，实现新突破，是他们人生的头等大事。这正是为何怀尔斯会在自己的阁楼上一待就是 7 年，在这 7 年时间里，他甘心忍受着孤独的折磨，心无旁骛，只为独自揭开费马大定理的面纱，生怕旁人会分一杯羹。

尽管数学家们如同接力赛里的选手一样，将接力棒一代代传递下去，但他们没有一刻不渴望自己能冲过终点线，赢得属于自己的荣耀时刻。数学研究就是一种复杂博弈：一方面，数学家们需要在合作中取得突破；另一方面，他们又渴望自己能留名于数学史。

一段时间之后，事情就明了了。塞尔伯格曾宣称，自己初步证明了素数定理。然而天不遂人愿，事实证明，这还不能算是素数研究史上取得的重大突破。一些人认为，他提出的观点，或许可以为黎曼假设的证明指明大概方向。不管怎么说，他至少证明出了，高斯猜想出的素数个数和实际的素数个数之间存在的误差不会超过 N 的平方根。这就相当于说，零点分布在黎曼的临界线上。

到了 20 世纪 40 年代末，塞尔伯格依然保持着证明出了黎曼临界线上的零点个数最多的纪录。这使他在 1950 年荣获菲尔兹奖。阿达马时年 80 岁，受邀参加在马萨诸塞州剑桥市举办的国际数学家大会，为塞尔伯格颁奖。塞尔伯格究竟是何方神圣，竟能开辟出一条路径，直通阿达马和德·拉·瓦莱－普桑于 50 年前建立起的大本营？阿达马迫不及待地想要一睹这位数学家之真容。然而，阿达马和另一位即将获得菲尔兹奖的数学家洛朗·施瓦茨，在签证上遇到了些麻烦。只有在大会开始数天前获得杜鲁门总统的特批，他们才能进入美国。

后来，人们在塞尔伯格观点的基础上加入了他们自己的想法，从而扩大了分布在黎曼临界线上零点的比例。一旦你有了大致的想法，就会一气呵成地完成对某些数学定理的证明。万事总是开头难。不过，对塞尔伯格的方法加以改进，可不是轻轻松松就能搞定的。证明时要确保每一步都经得起推敲。这不需要他们提出多么伟大的想法，却需要他们拥有着惊人的毅力，从而能坚持到最后。这条路上到处都是陷阱。只要一步走错，你认为的比零点大的数字就会轰然坍塌。每走一步都要万分小心，因为错误总是蠢蠢欲动，很容易趁虚而入。

20 世纪 70 年代，诺曼·莱文森历经重重险阻后，终于优化了塞尔伯格的方法，或许能在一定程度上将素数零点估算率提升到 98.6%。莱文森将此证明的手稿交给他在麻省理工学院的同事吉安－卡洛·罗塔，并开玩笑地说道，自己已经证明了 100% 的零点都分布在临界线上，只不过已经做完的占 98.6%，剩下的 1.4% 需要读者来完成。罗塔觉得他是认真的，就开始传播"莱文森已经证明出黎曼假设"这一消息。当然，即使他真的证明出了 100% 的零点，这也并不一定意味着所有的零点都分布在临界线上，因为这需要对无穷多的零点进行操作。但这并不能阻止流言的传播。

人们最终还是发现了手稿里的一处错误，这将零点估算率降低到了34%。不过，这一纪录还是保持了相当长的时间，并且是所有记录中最令人津津乐道的，因为这项伟大的成就是莱文森在 60 多岁的高龄取得的。正如塞尔伯格所言："他得有多么大的勇气才能完成如此庞大的数值计算，因为这就是摸着石头过河，你根本就不知道前方是否有出路。"据说，莱文森已经想到了如何去改进之前的方法，不过还没等付诸实践，他就因脑部肿瘤去世了。来自俄克拉荷马大学的布赖恩·康瑞打破了他的纪录，在 1987 年证明出必然有 40% 的零点分布在临界线上。康瑞想到了一些方法，能多多少少提升这一估算率，但一想到这需要花费他大量的精力，他就退却了："若能将估算率提升到 50% 以上，这才值得一做，因为那时候至少你就可以理直气壮地说，大多数零点分布在临界线上。"

埃尔德什对围绕着"谁是对素数定理做出初等证明的第一人"的争议心存芥蒂，但是他一生都行走在数学研究之路上，不断取得新的研究成果，这打破了"随着年岁渐长，数学家会江郎才尽"的偏见。他没能保住在普林斯顿大学的"铁饭碗"，于是选择了流浪数学家的生活。他无家无业，于他而言，除了数学研究之外，其他事物皆是身外之物。他不惜跋山涉水穿越整个地球，只为造访某位朋友，与他一起研究某个数学问题。他常常一待就是数个星期，之后他就会悄然离开。在距离初次提出证明素数定理的 100 年后，也就是 1996 年，他离开了这个世界。年届 80 岁的埃尔德什依然与他人合著文章。就在他去世前不久，他还曾断言："人们至少还要 100 万年才能彻底了解素数。"

年届 90 多岁、满头银发的塞尔伯格，还在研读关于黎曼假设的最新文章，参加会议并做演讲。这些演讲总会给与会的年轻人以新的启迪。从他温和的声音中，我们依旧能够听出他那浓重的挪威人口音。但撇开这些不提，仔细聆听的话，你总能听到他针对最新研究成果做出的那一针见血的评论。他批评起错误的观点来可是丝毫不留情面的。1996年，在西雅图的一次"素数证明百年纪念会"上，他做了一次精彩生动的演讲。演讲结束后，600多名数学家为他起立鼓掌。

塞尔伯格认为，尽管进展颇多，但如何证明该假设，我们实际上仍一筹莫展，不知从何入手：

> 我想，大家都在猜测我们是否已经快要找到解决方案了。有些人觉得我们已经接近答案了。当然，随着时间的流逝，我们不断有所突破，这意味着我们越来越接近真相了。但是，有些人觉得我们已经掌握了解决问题的关键所在。我可不这么认为。它与费马大定理可是大不相同。目前，这方面还未取得什么突破性进展。或许，这一难题会安全无恙地度过又一个百年纪念日，也就是2059年，当然我不可能活到见证那一天的到来。还要多久才能解决这个问题？这就很难预测了。我认为，这个问题终将会有结果，它不会是无解的。或许，仅仅是因为这个问题太过于复杂了，复杂到凭借人脑无法理解。

二战结束后，塞尔伯格曾到哥本哈根做演讲。在该演讲中，他对"是否有证据证明黎曼假设是正确的"一事提出质疑。当时看来，这似乎是他一厢情愿的想法，不过现在他的观点发生了变化。战后50年间出现的证据，在塞尔伯格眼中简直如雨后春笋般涌现了出来。但是从另一方面来说，正是由于战争，尤其是在布莱切利园①进行密码破译的工作者们，才促进了机器制造业的发展，从而使得新证据——计算机——出现于世。

---

① 又称X电台，是一座位于英格兰米尔顿凯恩斯布莱切利镇内的宅邸。在二战期间，英国政府主要在布莱切利园进行密码破译的工作，包括轴心国的密码与密码文件，如恩尼格玛密码。——译者注

第8章
思想的机器

我建议考虑这个问题：机器可以思考吗？

——阿兰·图灵，*Computing Machinery and Intelligence*

阿兰·图灵的名字总是和破译德国战时的密码机器——恩尼格玛（Enigma）——联系在一起。在牛津大学和剑桥大学之间，坐落着舒适的乡间别墅布莱切利园。邱吉尔的密码破译团队在那里发明了一种机器，它可以破译德国情报机构发出的消息。图灵独具创意地将数理逻辑与测量相结合，从德国潜艇部队手中挽救了许多生命的故事，已成为小说、戏剧和电影的创作素材。图灵所创造的密码破译机器"炸弹"，其灵感可以追溯到他在剑桥大学国王学院的日子，那时候哈代和希尔伯特的思想还是主流。

在二战的战火烧到欧洲之前，图灵已经在计划制作两个机器，目的是让希尔伯特的 23 个问题中的两个问题浮出水面。第一个机器是理论的，只存在于头脑中，可以摧毁任何在牢不可破的基础上构建数学体系的希望。第二个机器是实体的，由齿轮构成，上面还涂着润滑油。图灵想要用这台机器挑战数学中的另一个正统思想。他梦想着转动这个精巧的装置就能对希尔伯特的 23 个问题中的第八问题，也是希尔伯特最喜欢的问题——黎曼假设——进行证伪。

图灵的同事曾试图证明黎曼假设，但用了好几年都没能成功。于是图灵相信，现在是时候研究一下黎曼假设是不是错的。或许在黎曼临界线之外的确存在零点，可以让素数有规律地排列。图灵能够看出，如果要搜寻这些能够证伪黎曼假设的零点，那么机器会成为最强大的工具。多亏了图灵的工作，数学家如今才有了新型的、机械化的工具来研究黎曼假设。然而对素数的探索产生影响的不止是图灵的实体机器。图灵的思想机器，原本为解决希尔伯特的第二问题而设计，在 20 世纪后期衍生出了最令人意想不到的分支：一个用于产生所有素数的公式。

1922 年，有一本书让 10 岁的图灵开始对机器着迷。这本书就是 *Natural Wonders Every Child Should Know*，由埃德温·坦尼·布鲁斯特撰写。书中的知识宝藏激发了年幼的图灵的想象力。这本出版于 1912 年的书中解释了一些自然现象，但并不依赖于仅仅灌输给年轻的读者一些被动的观察记录。考虑到图灵后来对人工智能的热情，布鲁斯特对生物的描述尤为出彩：

> 身体当然是一台机器。它是一台特别复杂的机器，比我们制造出来的任何机器都复杂很多、很多倍，但它终究还是机器。有人将身体比作蒸汽发动机，但那时我们对身体的工作原理所了解的不如现在多。身体的确是台蒸汽发动机，就像汽车、摩托艇或者飞行器的发动机一样。

甚至在学校里，图灵对发明创造也很是痴迷：照相机、蓄水钢笔，甚至还有打字机。这种热情一直延续到1931 年，也就是他进入剑桥大学国王学院数学系的时候。尽管图灵性格腼腆还有些不合群，但就像之前的许多人一样，他在数学带来的绝对确定性中找到了安慰。不过，他也始终保持着创造的热情。他一直在寻找一种实体机器，这种机器可以用来分析一些抽象问题。

图灵在本科学习阶段的第一份研究工作是试图理解抽象数学和变化多端的大自然碰撞出的边界。他从抛硬币的实际问题出发，得到了对随机试验分数的复杂的理论分析。当图灵展示自己的证明时，就像之前的埃尔德什和塞尔伯格一样，他发现自己的结论早在十多年前就被芬兰数学家贾尔·瓦尔德玛·林德伯格证明了，这令他多少感到不快。林德伯格所证明的定理叫作"中心极限定理"。

数论学家们后来发现，中心极限定理为统计素数的数量提供了新的视角。黎曼假设想要证实的是，素数的真实数量和高斯的统计结果之间的偏差，就如同随机抛掷硬币的期待值和真实值之间的偏差一样。但是根据中心极限定理，素数的分布无法完美地用抛硬币的模型来解释。素数并不适用于通过中心极限定理实现的更加细粒度的随机行为测量。统计学不过是从不同角度对收集到的数据进行分析和判断。从图灵和林德伯格的中心极限定理的角度来讲，尽管素数的分布和抛硬币的结果有诸多相似点，但二者在数学上终究不是一回事。

图灵对中心极限定理的证明虽然不是独创，但也足以说明他的潜力，他在 22 岁就被选为国王学院的研究员。在剑桥的数学圈里，图灵依然是个孤独的人。虽然哈代和李特尔伍德对数论中的经典问题争论不休，图灵还是倾向于绕开这些经典的数学问题。相比于阅读同行的数学论文，他更喜欢自己得出结论。就像塞尔伯格一样，他将自己和常规意义上的学术生活隔绝开来。

虽然刻意地与剑桥的数学圈保持距离，但图灵能够察觉到数学界所潜伏的危机。剑桥的人们在讨论一位年轻的奥地利数学家的工作，他指出了埋藏在某个问题核心中的不确定性，而图灵恰恰认为数学这门学科的安全性就建立在这一问题之上。

8.1　哥德尔和数学方法的局限

在希尔伯特的第二问题中，希尔伯特向数学界提出了一个挑战：证明数学体系中不包含矛盾。古希腊人将数学发展为一门有关定理和证明的学问。他们从关于数字的简单命题开始，每个命题都表示不证自明的真理。这些命题，也就是数学公理，是数学花园所需要的种子。自欧几里得的第一个有关素数的证明开始，数学家就已经利用演绎法，从简单的公理推出关于数字的更多知识。

但是希尔伯特对不同类型几何的研究抛出了令人担忧的问题。我们能否确定，我们永远无法证明某个命题既真又假？我们又能否确定，从一些公理推出的证明序列可以证明黎曼假设为真，但还存在另一个证明序列可以证明它为假？希尔伯特确信，数理逻辑可以用来证明数学体系中不包含这样的矛盾。在他看来，他的 23 个问题中的第二问题只是将数学房屋中的东西归置一下。在许多人得出了貌似数学悖论的东西之后（其中包括伯特兰·罗素，即哈代和李特尔伍德的哲学家朋友），这个问题开始变得紧迫起来。虽然罗素具有里程碑意义的杰作《数学原理》中发现了解决悖论的方法，但这还是令许多人意识到了希尔伯特的第二问题的严重性。

1930 年 9 月 7 日，希尔伯特在他的家乡柯尼斯堡被授予荣誉公民称号。同一年，他从哥廷根大学退休。在接受柯尼斯堡荣誉市民称号的演讲中，希尔伯特向所有的数学家发出倡议："我们必须知道，我们必将知道。"演讲之后，他很快被送进一个录音棚里面，为一个广播节目录制刚才演讲的最后一部分。我们可以在那段录音中听到希尔伯特说完"我们必须知道"后发出的笑声。但希尔伯特也许还不知道，那会是他最后的笑声——在他演讲的前一天，在柯尼斯堡大学举办的一场会议改变了一切。一位 25 岁的奥地利裔逻辑学家库尔特·哥德尔在会上宣布了一个声明，摧毁了希尔伯特世界观的核心。

哥德尔在幼年时被称作"为什么先生"（Herr Warum），因为他总有问不完的问题。幼年时的一次风湿热发作，令他心脏虚弱并染上了疑病症。在他生命的最后阶段，这种疑病症变成了彻底的妄想症。他变得疑神疑鬼，坚信有人要毒死他，于是他最后几乎是饿死了自己。不过 25 岁的哥德尔是个厉害的角色：他摧毁了希尔伯特的梦想，并在数学界引发了一场被害妄想症的流行。

为了写论文，哥德尔将求知欲转向了希尔伯特的问题，也就是处于数学工作核心的问题。哥德尔证明了数学家永远无法证明他们拥有希尔伯特所渴求的、保证数学大厦常安无虞的基础，也不可能用数学公理来证明从公理推出的序列永远不会产生矛盾。是否可以通过改变和增加公理来补救呢？这么做也并不奏效。根据哥德尔的证明，无论选择什么样的数学公理，都无法证明矛盾永不出现。

如果一个公理集合的内部不会产生矛盾，数学家就称其为**相容**。某一组选定的公理内部也许永远不会产生矛盾，但是也永远无法通过该组公理自身来证明。也许通过其他一组公理可以证明这组公理的相容性，但这只是局部的胜利，因为用于证明的那一组公理的相容性也同样值得怀疑。这就像希尔伯特尝试将几何学转化成数论的形式，希望借此证明几何学的相容性一样。这样做只会让人质疑算术上的相容性。

哥德尔的意识令人想起了史蒂芬·霍金的《时间简史》一书的开头，有一位年长的女士描述了她心目中的世界。在一场天文学科普讲座的结尾，这位女士站起来，向所有听众说道：“你刚才所讲的一切都是垃圾。世界明明是一个平面，由一只巨大的乌龟驮在背上的。”于是演讲者问她，乌龟站在什么东西上面，而她的回答正是哥德尔所期待的：“你真聪明，年轻人，这是个好问题。不过乌龟下面还是乌龟。”

哥德尔提供了一个数学证明，即数学世界是架构在“乌龟塔”上的。我们可以找到一个不包含矛盾的理论系统，但我们不能在这个理论系统之内**证明**它没有矛盾。我们能做的只是在另一个无法证明自身相容性的系统里证明前一个系统的相容性。讽刺的是，数学证明居然被用来论证其本身的局限性。法国数学家安德烈·韦伊用一句话总结了后哥德尔时代的情况："数学系统存在相容性，于是有了上帝；但我们无法证明这种相容性，于是有了魔鬼。"

希尔伯特已于 1900 年宣布，数学中没有什么是"不可知"的。然而 30 年后，哥德尔证明了无知也是数学的必要组成部分。在柯尼斯堡演讲的几个月后，希尔伯特听说了哥德尔的爆炸性新闻，并显然因此被激怒了。希尔伯特在哥德尔宣布声明的次日发出的倡议，即"我们必须知道，我们必将知道"，最终也找到了合适的归宿。这句话被刻在了希尔伯特的墓碑上，它代表的是一种数学上的理想，但数学家最终还是从这个过于理想主义的美梦中醒来了。

海森堡的不确定性原理，让物理学家意识到了自己认知上的局限性。哥德尔的证明则意味着数学家不得不与数学的不确定性长久相伴——他们某天可能会忽然发现，整个数学体系就是海市蜃楼。当然，对大多数数学家而言，这一天尚未到来，就足以让他们相信这一天永远不会到来。我们也有可证明相容性的有效模型，但是这种模型终究是无限的，我们也就无法确定模型的某个位置会不会出现和公理相矛盾的地方。正如我们所发现的那样，即使像素数这样平淡无奇的事物，也会随着数字的无限延伸而展现出令人惊奇的特征，而这些特征不是简单地靠实验和观测就能把握住的。

哥德尔并未就此打住。他的论文还有第二条爆炸性的结论。如果有一组数学公理**是**相容的，那么从这组公理出发，就总能得到一些关于数论的真命题，却无法从形式上证明其为真。这违背了数学自古希腊以来一直继承的全部精神。证明一直以来被视作通往数学真理的道路，但现在哥德尔运用证明本身的力量，彻底粉碎了这种信念。有些人还寄希望于添加新的公理来修补数学大厦的漏洞。但是哥德尔证明，这样的努力也是徒劳的。即使加入再多的新公理，也总会出现一些无法证明为真的真命题。

这被称为哥德尔不完备定理——任何相容的公理系统都必然是不完备的，因为其中存在无法从这些公理推出的真命题。为了更好地说明这一点，他找来的头号帮手就是素数。哥德尔给每个数学命题都加了独立的编号，称为哥德尔数。通过分析这些数字，哥德尔可以证明，对于任意一组公理，总会存在无法证明为真的真命题。

哥德尔的研究结论对全世界的数学家来说都是当头一棒。有许多关于数论的命题，尤其是素数的命题，看上去如此正确，但我们就是想不出来如何证明。比如哥德巴赫猜想：每个大于 2 的偶数总能表示为两个素数之和。还有孪生素数猜想：存在无限组相差 2 的素数对，比如 17 和 19。这些难道就是在现有的公理系统中无法证明为真的命题吗？

不可否认，这一事态令人不安。也许黎曼假设也仅仅是在现有的公理系统内无法证明，同时还受限于我们当前对算术的理解程度。许多数学家用这样的理由安慰自己：任何真正重要的命题都是可以证明的，而那些啰唆的、没有真正数学价值的命题才属于哥德尔所谓的无法证明的命题。

但是哥德尔不以为然。1951 年，他抛出了一个问题，即我们现有的公理系统是否足以解决数论方向的诸多问题：

> 我们所面对的是无尽的公理，它们不断拓展，看不到尽头……的确，当今的数学在实践中还没有用到较高级别的定理……我们始终无法证明某些基本定理，比如黎曼假设，而这和当前数学的这一特性相关，也并非完全没有可能。

哥德尔相信，我们无法证明黎曼假设，是因为所用的公理系统不足以解释该假设。我们或许需要拓宽数学大厦的基础来发现能够解决此类问题的新型数学系统。哥德尔不完备定理强烈地改变了人们的想法。如果存在几乎不可能解决的问题，就像哥德巴赫猜想和黎曼假设那样，那或许就是因为我们现有的逻辑工具和公理系统不够用罢了。

同时，我们也应该小心谨慎，不要过分夸大哥德尔的结论所带来的影响。这并非为数学敲响了丧钟。哥德尔也并没有颠覆任何现在已被证明的真相。他的定理所要表明的是，数学所包含的事实不仅仅是从公理推出定理。数学也不仅仅是简单的下棋游戏。在数学大厦不断构建的同时，数学大厦的地基也在不断发展。不同于地基之上的数学大厦的形式化结构，数学地基的发展依赖于数学家的直觉，即哪些公理能更好地描述数学世界的现实。很多数学家高兴地庆祝哥德尔不完备定理的诞生，并认为它证实了精神力量优于工业革命以来出现的机械力量。

8.2　图灵神奇的思想机器

哥德尔不完备定理的启示带来了一个全新的问题，这引起了希尔伯特和年轻的图灵的兴趣。究竟有没有办法把那些可以证明为真的命题和哥德尔所说的虽然为真但不可证的命题区分开来呢？务实的图灵开始考虑制作一台机器，将数学家从不可证的命题中拯救出来。能否造出一种机器来判断输入的命题能否从现有的公理推出，即使没有实际证明也行？我们可以用这种类似德尔斐神谕的机器来让自己安心——至少为哥德巴赫猜想或黎曼假设寻找证明不会徒劳无功。

至于是否存在这样一种神谕般的机器，这个问题和 20 世纪初希尔伯特所提出的第十问题并无太大差异。希尔伯特推测，可能存在一种通用的方式或算法来判断不定方程是否有解。他在计算机真正出现之前就想到了计算机程序的点子。他设想了这样一套机械程序，对"某个方程是否有解"这样的问题，可以回答"是"或者"不是"，无须来自操作者的任何人为干预。

　　然而这些对机器的讨论仍然是纸上谈兵。那时还没人想到制造一台真正的实体机器。他们所能拥有的是思想机器，即能产生结果的方式和算法。这就类似于在硬件出现之前就有了软件的概念。不过，即使希尔伯特的机器存在也无济于事，因为如果它要判断某个方程是否有解，那么所需的时间很可能比宇宙的年龄还要长。对希尔伯特而言，这个机器的存在意味着一种哲学上的重要性。

　　这种理论机器的想法令很多数学家心生恐惧，因为他们害怕这种机器可能会把数学家淘汰出局。我们再也不需要依赖人类的想象力和直觉来构造巧妙的论证。数学家会被毫无思想的机器所取代，而机器处理新问题也丝毫不需要什么新的思维模式。哈代坚称不会有这种机器。这种机器让他感觉整个人都受到了威胁：

　　　　当然不存在这种定理，我们也非常幸运，因为如果存在一套机械的规则，可以解答所有数学问题的话，那么我们作为数学家的职业生涯将走到尽头。只有头脑简单的门外汉才会如此想象——通过转动某种神奇机器的把手，数学家就能有新的发现。

　　图灵对哥德尔的复杂想法的痴迷，源于剑桥大学的数学教师马克斯·纽曼在 1935 年春天所做的一系列讲座。纽曼在 1928 年于博洛尼亚举办的国际数学家大会上目睹了希尔伯特的演讲，自那时起他就对希尔伯特的问题十分痴迷。这是一战之后首次有德国的数学家出席这一会议。许多德国数学家拒绝参会，因为 1924 年的大会没有邀请德国数学家，他们依然对此耿耿于怀。但希尔伯特不在乎这些纷争，并带领了由67 位德国数学家组成的代表团前来参会。当他走进大厅，准备观看开幕式的时候，所有的观众都起立鼓掌。他对此所做出的回应，同时也代表了很多数学家的心声：“有的人认为数学这门学科会因国籍和种族而有所区别，这是彻头彻尾的偏见。数学不分种族……对数学而言，整个文明世界是一体的。"

1930 年，当纽曼得知希尔伯特的项目进展被哥德尔全面打乱之后，他开始探索哥德尔理论中的一些复杂点。五年后，他认为自己已经足够了解哥德尔不完备定理，于是做了这一主题的一系列讲座。图灵也旁听了讲座，并惊讶于哥德尔的证明是如此迂回曲折。在讲座结束时，纽曼抛出了一个问题：有没有方法来判定一个命题能否被证明？这个问题激发了希尔伯特和图灵的想象力。希尔伯特给这个问题命名为"判定性问题"。

当听到纽曼关于哥德尔的讲座后，图灵越发确信，判定命题是否可证的神奇机器是不可能被制造出来的。但是证明这种机器不存在也成了一大难题：毕竟，谁也说不准未来人类的智慧能达到什么高度。或许你可以证明解决某个特定问题的机器是不存在的，但是如果将这个结论推广到所有的机器，那就否认了未来的不可预测性。然而图灵做到了。

这是图灵的首个重大突破。他有了一个主意：设计一种特殊的机器，可以有效地模仿任何人或机器的运算过程。这种机器后来被称作**图灵机**。究竟什么是判定命题是否可证的机器，希尔伯特给出的概念是比较模糊的。幸亏有了图灵，现在这个概念终于清晰了起来。如果一台图灵机无法判定命题是否可证，那么其他的机器也不行。这样的机器是否足以解决希尔伯特的判定性问题？

有一天图灵沿着剑河河岸跑步，忽然又灵光一闪，想到了判定命题是否可证的图灵机为何不能制造出来的原因。当他停下来躺在格兰切斯特果园附近的草地上休息的时候，他想起了一个曾经成功解答无理数问题的方案，它也许可以帮助回答是否存在判定命题是否可证的图灵机。

图灵的想法基于德国数学家格奥尔格·康托尔在 1873 年的惊人发现。他发现存在几种不同的无限。这个观点乍一看很奇怪，但是两个无限大的集合的确可以比较大小。在 19 世纪 70 年代，康托尔宣布这个新发现的时候，他的话被当作天方夜谭，或者神志不清时的疯话。要比较两个无限大的集合的大小，可以想象一个部落，这个部落的计数系统是"1、2、3、很多"。部落里的人能够判断他们当中谁最富有，即使无法识别财富的精确数值也没关系。如果用鸡的数量来衡量他们的财富，那么两个人只需要将彼此的鸡一一对应。谁的鸡先用完了，谁就是相对不那么富有的那个。不用统计鸡的数量，就能知道谁更富有 。

利用一一对应的方法，康托尔指出，如果比较所有整数的集合和所有分数（如 1/3、3/4、5/101）的集合，那么这两个集合的元素可以完全一一对应起来。这似乎有悖于直觉，因为分数看上去好像要比整数更多。然而康托尔找到了一种方法，让每一个分数都能和整数一一对应。同时他还巧妙地证明，无法将所有分数和所有**实数**一一对应起来。实数包括无理数，比如 π 和 √2，以及无限不循环的小数。康托尔指出，无论怎样将分数和实数进行配对，都必然会有一些无限小数落单。这就是两个无限集合的大小并不相同的情况。

希尔伯特意识到，康托尔所创造的是一种全新的数学理论。他称赞康托尔有关无限集合的想法"是数学思维最令人惊叹的成果，人类纯粹智力活动的最高成就之一……没有人能将我们从康托尔所创造的乐园中驱赶出去"。出于对康托尔思想的独创性的赞许，希尔伯特将康托尔所提出的一个问题放在了他的 23 个问题中的首位：是否存在这样一个数的无限集合，它大于分数集合，但小于实数集合？

图灵在剑桥的草地上躺着晒太阳的时候，脑海中浮现的就是康托尔所展示的无限小数集合大于分数集合的证明。他忽然意识到，这一事实可以用来证明，希尔伯特所梦想的判定命题是否可证的机器只是空中楼阁而已。

图灵从假设有一台可判定命题是否可证的图灵机开始。康托尔已经巧妙地证明，所有的分数都能找到一一对应的实数；反之则不然，实数中总会出现落单的小数。利用这种技术，图灵制造出了"落单"的真命题，也就是图灵机无法判定是否可证的真命题。康托尔的论证有一个妙处：如果尝试让图灵机能够判断这个命题是否可证，那么总会出现另一个不可证的命题。就像哥德尔不完备定理所展示的那样，在公理集合中添加新的公理只会导致出现新的不可证命题。

图灵也清楚自己此时的论证并非无懈可击。他跑回国王学院的住处后，又把自己的论证在脑海里过了一遍，寻找其中任何可能的纰漏。有个问题一直困扰着他。他已经证明，没有任何一台图灵机能解答希尔伯特的判定性问题。但他如何让别人相信，在图灵机之外也没有其他任何机器能解答判定性问题呢？这就是他的第三个突破：**通用机**的构想。他草拟了一台机器的蓝图，这台机器经过训练后，可以像图灵机一样工作，也可以像其他任何能够解答判定性问题的机器一样工作。从那时起，他开始理解这种训练通用机的程序的威力，因其可以模仿任意一种能够解答判定性问题的机器的行为。人脑本身也是一台机器，能够判定某个命题可证或不可证，这激发了图灵后来对机器能否思考的研究兴趣。不过目前他的注意力都集中在如何解答希尔伯特的判定性问题上，他给出了自己的方案，并认真检查方案的每一个细节。

为了确保论证滴水不漏，图灵付出了大概一年的努力。他知道，这篇论文一旦发表，就会接受来自学界的最严格的审视。他认为审稿人的最佳人选就是最初将希尔伯特问题介绍给他的人：纽曼。这篇论文起初让纽曼感觉很棘手，因为它似乎有种误导人的嫌疑。但是纽曼随后思来想去，觉得图灵的论点还是站得住脚的。不过图灵不是唯一一个得到这个结论的人。

图灵得知自己被普林斯顿大学的一位数学家击败了。阿隆佐·邱奇几乎是和图灵同时得到相同的结论的，但是他率先发表了论文。图灵自然会担忧，在残酷的学术丛林中，这一事件会让他的学术地位更难被认可。不过在导师纽曼的帮助下，图灵的论文也被期刊接受并发表。令图灵不悦的是，论文最初发表的时候并没有得到太多认可。然而，他对通用机的构想比邱奇的方法更加切实，所带来的影响也更加深远。图灵对发明具体实物的热爱也影响了他在理论上的考虑。尽管通用机只是思想上的机器，但图灵对它的描述仿佛是某种真实机器的计划。图灵的一个朋友开玩笑说，如果某天这个机器被制造出来，那么它一定会被摆放在皇家艾伯特演奏厅里面。

通用机的出现标志着计算机时代的到来，从此数学家在探索数字的世界时就有了全新的工具。甚至图灵在世的时候，就已经称赞过计算机对素数研究可能带来的影响。但他并没有预见到自己的思想机器的非凡意义：它将在日后发掘数学"圣杯"的过程中起到重大作用。图灵对希尔伯特判定性问题的抽象分析，在数十年后起到了关键作用，事关一项重要发现——一个能生成所有素数的方程。

8.3　齿轮、滑轮和润滑油

图灵接下来要做的就是越过大西洋去拜访邱奇。他也希望能有机会见见正在普林斯顿高等研究院访问的哥德尔。尽管图灵机还只是理论上的机器，但图灵对制造真实机器的热情并没有丧失分毫。在海上航行的这一周，为了消磨时间，他用六分仪来记录这一进展。

抵达普林斯顿后，图灵发现哥德尔已经返回奥地利了，不禁有些失望。不过两年之后，为了躲避欧洲战乱，哥德尔还会返回这里，并在高等研究院拿到终身教职。图灵在普林斯顿见到了恰巧同时来访问的哈代。图灵在给母亲的一封信中提及和哈代的会面："起初我觉得他相当冷漠，但他也可能只是害羞而已。我到达的当天在莫里斯·普莱斯的房间和他会面，他一句话也没同我讲。但是现在我们友好多了。"

在准备发表的关于希尔伯特判定性问题的论文完成之后，图灵开始在数学问题中寻找下一个难啃的硬骨头。解决判定性问题已经令人难以望其项背。不过，如果真的想要挑战一个大问题，那么为什么不试试终极挑战——黎曼假设？图灵请他在剑桥大学的同事艾伯特·英厄姆帮忙找一些最新的关于该假设的论文并寄过来。他也开始找哈代讨论，想听听他对这个问题的看法。

在 1937 年之前，哈代对黎曼假设的正确性越发悲观。他花了相当长的时间试图证明这一假设，但都徒劳无功，于是他开始思考这一假设会不会是错的。图灵在普林斯顿受到哈代的影响，认为自己可以创建一台机器，证明黎曼假设是错误的。他也听说了西格尔所发现的黎曼计算零点的巧妙方法。西格尔发现的公式巧妙地运用了三角函数来有效地估算黎曼图景的高度。在剑桥大学，图灵对希尔伯特判定性问题的解答方案被看作用机器来解决问题的积极实践。不过图灵意识到，机器或许能帮助我们进一步了解黎曼的秘密公式。他发现黎曼的公式和用于预测周期性物理现象（如行星轨道运动）的物理公式有着强烈的相似性。1936年，牛津大学的数学家爱德华·查尔斯·蒂奇马什改装了原本用于计算天体运行的机器，来证明 ζ 函数图景的前 1041 个零点的确落在了黎曼临界线上。但是图灵见过一种更加复杂的机器，可以预测另一种周期性自然现象：潮汐。

潮汐引发的数学问题极为复杂，因为它依赖的是对地球自转周期、月球绕地球公转周期以及地球公转周期的计算。图灵在利物浦见到了自动运行此类计算的机器。周期正弦波的叠加被弦和滑轮系统的操作取代，结果也用特定弦的长度表示出来。图灵给蒂奇马什写信，承认他在利物浦第一次看到这个机器的时候，并没有想到它还可以用来研究素数。他的思维在飞速运转。他希望制作一台可以计算黎曼图景高度的机器，这样他就可以发现黎曼临界线之外的零点，从而证明黎曼假设是错误的。

图灵并不是第一个考虑用机器来执行枯燥的计算过程的人。机器运算的拓荒者是同为剑桥校友的查尔斯·巴贝奇。巴贝奇 1810 年毕业于剑桥大学三一学院，和图灵一样痴迷于机械设备。他在自传中回忆了想让机器来计算数表的缘由，当时的数表对英国的航海业至关重要：

> 在剑桥大学时的一天晚上，我坐在"解析社"①的屋子里，昏昏欲睡，头往前倾斜，面前的桌子上有一张平铺的对数表。"解析社"的另一个成员走了进来，看见我睡眼惺忪的样子，就问我："巴贝奇，你都梦到了什么？"我回答说："我在思考这些表（用手指着对数表）或许可以用机器计算出来。"

直到 1823 年，巴贝奇才开始实现自己的梦想——制造一台差分机（Difference Engine）。但是到了 1833 年，由于造价过高，巴贝奇和当时的首席工程师闹翻了，这一项目也随之搁浅。机器的一部分已经完成，但是直到 1991 年，也就是巴贝奇出生 200 年之后，机器的全部构件才得以完成。这台造价 30 万英镑的差分机现存于伦敦科学博物馆，至今依然对公众开放展览。

图灵关于计算黎曼 ζ 函数图景的机器（以下简称"ζ 机器"）的设想，和巴贝奇利用差分机计算对数表的思想如出一辙。这台机器可以根据所计算的具体问题来调整。它不是可以模仿任何计算的、只存在于理论中的通用机，而是为具体问题量身打造的实体机器，并不能解答目标问题之外的其他问题。为了给制造 ζ 机器筹集资金，图灵向英国皇家学会提交了一份基金申请书，并在其中承认了这一点："该设备没有什么永久性的价值……该设备在跟 ζ 函数无关的领域也基本派不上什么用场。"

巴贝奇自己也意识到，只制造出一台能计算对数表的机器是远远不

---

① "解析社"是巴贝奇还在剑桥大学读本科时与另外两位学生约翰·赫歇尔和乔治·皮科克一起创立的社团，旨在复兴英国数学。——编者注

够的。在 19 世纪 30 年代，他梦想着造出一台更大的机器，能完成更多的任务。当时流行于欧洲的由法国人雅卡尔发明的织布机给了他灵感。这种织布机不需要熟练的工人来织出图案，取而代之的是一种打孔卡片，只要将打孔卡片放入织布机中，织布机就会自动编织出图案。（有人将这种打孔卡片视作最早的计算机软件。）巴贝奇对雅卡尔的织布机印象十分深刻。他买了一张用打孔卡片编织的丝质挂毯，上面的图案就是织布机的发明者雅卡尔的肖像。"那台织布机简直能织出人们能想象出来的任何图案。"他对此惊奇不已。如果这台机器可以制作任何图案，那为什么不造一台通过打孔卡片输入指令来执行数学运算的机器呢？巴贝奇将这种机器命名为分析机（Analytical Engine），而图灵对通用机的设想正是受到了巴贝奇的分析机的影响。

埃达·洛夫莱斯，也就是诗人拜伦的女儿，意识到巴贝奇的机器在复杂运算上的极大潜力。当时她在帮忙把巴贝奇的论文翻译成法语，就忍不住添加了额外的注释来赞美机器之强大："我们或许可以恰如其分地说，分析机织出代数的图案，正如雅卡尔的织布机织出花与叶来。"她的注释还包括很多能在巴贝奇的新机器上实现的程序，尽管这台机器还只是纯粹理论上的，尚未被实体化。待翻译完成时，由于添加的注释极多，以至于法语版论文的篇幅是英语版的三倍。如今，洛夫莱斯被普遍认为是世界上的第一位程序员。她在 1852 年死于癌症，年仅 36 岁。

当巴贝奇在英国研究自己的机器时，黎曼正在德国发展自己的数学理论。80 年后，图灵希望将二者结合在一起。他已经在哥德尔不完备定理上小试牛刀，这也构成了他的论文的基础。接下来他的工作就是制造自己的 ζ 机器。幸好有哈代和蒂奇马什的支持，图灵成功地从英国皇家学会获得了 40 英镑的资助。

根据图灵的传记作者安德鲁·霍奇斯的描述，在 1939 年的夏季之前，图灵的屋子里面"大大小小的齿轮摆了一地"。图灵的梦想是制造

出 ζ 机器，从而将 19 世纪英国人对机器的热情和德国人的理论相结合。但就在那个夏天，他的计划被粗暴地打断了。二战的爆发让两个国家之间原本欣欣向荣的学术交流变成了水深火热的敌对关系。英国的知识分子被集中到了布莱切利园，研究重心也从寻找零点变成了破译密码。图灵能够成功设计出破解恩尼格玛的机器，部分归功于他在计算黎曼 ζ 函数零点上的经验。图灵新设计的具有复杂齿轮的机器并没有揭露素数的秘密，但它成功地揭露了德军的战争机器内部运转的秘密。

布莱切利园是象牙塔和真实世界的奇异结合。某些方面它就像剑桥大学一样，有可以玩板球游戏的草坪。对图灵和他的同事们来说，在乡间别墅中处理每天收到的加密信息，这和在剑桥大学的公共休息室里面做《泰晤士报》的填字游戏也没什么两样。虽然是理论上的谜题，但他们都知道答案关乎性命。在这样的气氛中，图灵在帮助国家取得战争胜利的同时还能持续思考数学问题，也就不足为奇了。

也正是在布莱切利园的日子里，图灵开始理解巴贝奇百年之前的感悟：与其为每个新任务单独设计新机器，不如设计一种能执行多种任务的机器。尽管道理上明白这一点，但他经历了一番波折后才真正认识到知行合一的重要性。当德军改变了战场上使用的恩尼格玛的设计之后，布莱切利园陷入了几周的沉寂。图灵意识到，密码破译员需要一种灵活的破译机器，一旦德军改变恩尼格玛的结构，这种机器就能随之改变。

二战结束后，图灵开始探索构造可编程执行多种任务的通用机。在英国国家物理实验室工作几年之后，他开始和曼彻斯特大学的纽曼在新建立的英国皇家学会计算实验室共事。从图灵在剑桥大学研究破解希尔伯特判定性问题的理论机器时，纽曼就一直和图灵在一起。现在他们要一起设计并制造一台真正的机器。

在曼彻斯特大学，图灵又有了充分的时间来开发自己在布莱切利园练就的密码破译技术，尽管他的战时活动需要保密几十年。他重拾了战前令他魂牵梦萦的想法：利用机器来探索黎曼图景，并寻找黎曼假设的反例，即临界线外的零点。但是相比于制造一台只适用于这一问题的机器，图灵这次更希望创造一种通用计算机的程序。他和纽曼用阴极射线管和磁鼓制造了一个机器，用于实现这一程序。

显然，理论机器运行起来毫不费力，但实体机器——就像图灵在布莱切利园发现的那样——行为反复无常。不过到了 1950 年，图灵的新机器已经完成，准备开始探索 ζ 函数的图景。截至二战爆发前，统计黎曼临界线上零点数目的最高纪录保持者是哈代以前的学生——蒂奇马什。蒂奇马什证明了前 1041 个零点都符合黎曼假设。图灵打算在此纪录上更进一步，利用机器查看前 1104 个零点，但之后的情况就像他所写的那样："很不幸，这时候机器崩溃了。"不过崩溃的不止是他的机器。

图灵的私生活也开始变得一团糟。1952 年，他以同性恋的罪名被警察逮捕。他曾因家中失窃而报警，结果盗窃犯认识图灵的一位同性爱人。在警方追捕盗窃犯的同时，图灵向警方承认了他和同性爱人之间的关系，于是被警方（依照当时的法律）指控"严重猥亵"。他为此心烦意乱，因为这可能意味着牢狱之灾。纽曼为图灵作证，说他"是一个全身心投入工作中的人，也是当代数学领域最有影响和创造力的人之一"。图灵因此躲过了牢狱之灾，但条件是自愿接受改变性取向的药物治疗。他在给剑桥大学的一位老师的信中写道："有人说这种药会抑制性欲，但停用后会恢复原状。我希望他们是对的。"

1954 年 6 月 8 日，图灵被发现死于家中，死因是氰化物中毒。他的母亲无法接受他死于自杀的解释。她认为她的儿子从小就喜欢搞化学实验，并且从来不洗手。她坚称那是一场意外。但是图灵的身边放着一个苹果，上面还有咬过的痕迹。尽管这个苹果没有经过化学分析，但几乎可以肯定，它蘸过氰化物。图灵最喜欢的电影片段是迪士尼的《白雪公主和七个小矮人》中的一幕，巫婆一边制作可以让白雪公主昏睡的毒苹果，一边念念有词："苹果蘸毒，让死之沉睡渗入。"

在图灵去世 46 年后，也就是 21 世纪初，数学界开始有传闻称图灵已经找到了黎曼假设的一个反例。由于图灵使用的是二战时在布莱切利园破译恩尼格玛密码的同一台机器，英国情报机构坚持对此严格保密。数学家们则吵闹着要解密当年的档案，以找到图灵所发现的线外零点。后来事实证明，谣言只是谣言。这一谣言源自邦别里的一位朋友在愚人节所开的玩笑。

图灵的实体机器在创造新纪录的路上"出师未捷身先死"，但它迈出了计算机取代人脑来探索黎曼图景的第一步。也许仍需一段时间才能开发出高效的"黎曼巡航者"，但是很快这些无人操纵的探测器将沿着黎曼临界线一路前进，并不断反馈给我们越来越多的证据。这些证据显示（但也许不是定论），和图灵的判断相反，黎曼假设是对的。

尽管图灵的实体机器还没对黎曼假设构成足够的威胁，但他的理论思想造就了素数研究的一个奇异分支：一个能产生所有素数的方程。他也许从来没有想到，他和哥德尔曾联手摧毁希尔伯特的梦想，也就是数学体系建立在完全可靠的基础之上的梦想，而刚才所提到的产生所有素数的方程就诞生于这一过程中。

8.4　从不确定的混沌到素数方程

图灵证明了他的通用机无法解答所有的数学问题。但如果降低一些要求的话，它可以判断某个方程是否有解吗？这是希尔伯特第十问题的核心。1948 年，来自加州大学伯克利分校极具天分的数学家朱莉娅·鲁宾逊开始研究这个问题。

除了极少数天才，直到近几十年来，女性数学家在数学史上并不耀眼。法国数学家索菲·热尔曼曾写信给高斯，但她在信中装作男子，她担心如果不这么做的话，她的想法就不会被重视。她发现了和费马大定理相关的一类特殊素数，现在被称作热尔曼素数。高斯对这封署名"勒布朗先生"的信印象非常深刻。当他费了一番周折后发现这位"先生"的真身原来是一位女士时，他更是惊讶不已。他在给她的回信中写道：

> 您对数字的奥秘有着罕见的品味……这一崇高的科学只向那些有勇气了解它的人展示它的魅力。但是当一位女性不得不直面性别相关的社会传统与偏见时……她挣脱了这些束缚，洞见了最隐秘的真相，她无疑拥有最可贵的勇气、非同寻常的天赋，以及卓越的才能。

高斯曾尝试说服哥廷根大学授予她荣誉学位，不幸的是热尔曼在那之前就去世了。

在希尔伯特时代的哥廷根大学，埃米·诺特是一位特别优秀的代数学家。希尔伯特为了她而公开抨击德国学术机构拒绝为女性提供教职的陈规陋习："我并没有觉得她的性别对申请教职有任何不利的地方。"他同时还批评说"这里是大学，不是澡堂"。埃米·诺特是一名犹太人，二战时被迫离开哥廷根，逃往美国。某些对数学有深远影响的代数结构就以她命名。

朱莉娅·鲁宾逊在人们眼中不只是一位天才数学家那么简单。她同时也是一名20世纪60年代的女性，她的成功激励着越来越多的女性投身于数学事业中。她后来回忆，因为她是当时学术界仅有的几名女性之一，所以总有人请她填写调查问卷："每个人的调查样本里都会有我。"

鲁宾逊的童年是在美国亚利桑那州的沙漠中度过的。那真是一段孤独的时光，只有一个小妹妹和那片土地为伴。她在年幼的时候就发现了沙漠中隐藏的图案。她回忆道："我最早的记忆之一就是躲在巨大的树形仙人掌的阴影中，把石子排列成各种图案。阳光很刺眼，我只能眯着眼看。我想我对自然数有种发自内心的喜爱。对我来说它们就是实在。"9

岁那年，她染上了风湿热，因此卧床休养了两年。

　　如此孤独的环境却为成长中的年轻科学家提供了灵感来源。柯西和黎曼都曾经躲进数学的世界来避开现实中的物质和情绪问题。尽管卧病在床期间的鲁宾逊并没有专门研究定理，她还是学会了不少技能，为日后的数学研究打下了基础。"卧病在床的那一年，我觉得我学到了什么是耐心。我母亲说我是她见过的最固执的孩子。我想说的是，我在数学上取得的那些成就，很大程度上都要归功于我的固执。不过，固执也是数学家的共性。"

　　当鲁宾逊康复的时候，她已经耽误了两年的学业。不过在请了一年的家庭教师之后，她发现自己的成绩在班级里面已经遥遥领先了。有一次她的家庭教师讲了这样一个知识：古希腊人在两千多年前就知道，2的平方根不能写成分数的形式，其小数部分也不会循环。对鲁宾逊来说，能通过证明得出这一结论是很了不起的。谁能确定在小数点后的几百万位就不会出现循环呢？"到家后，我就用我新学到的开平方根的方法来检验这一说法，不过快到傍晚的时候，我就放弃了。"尽管这次没能成功，但她开始意识到数学证明的强大力量。无论你计算到 2 的平方根的小数点后多少位，都不会出现重复循环的位数的。

　　简单的证明却拥有惊人的力量，吸引了无数人投身到数学研究中。有些问题是无法用枚举法解答的，即使有最强大的计算机助阵也无济于事。然而将一些经过挑选的数学思想结合起来，就可以揭开无限小数的神秘面纱。无须检查无限小数的小数点后的每一位（这也是不可能的任务），只需要一个简短而巧妙的证明即可。

　　14 岁的时候，鲁宾逊开始寻找数学的相关资料来打发学校无聊的算术课。她很喜欢听一个叫作 *University Explorer* 的广播节目。有一集讲到了数学家德里克·诺曼·莱默和他的儿子德里克·亨利·莱默，鲁宾逊对他们的故事尤其感兴趣。广播讲述了这对数学家父子是如何用自行车链条和齿轮制造的计算机来解决数学问题的。小莱默是第一个拿到图灵手中的接力棒的人，他于 1956 年利用现代计算机找到了前 25 000 个满足黎曼假设的零点。老莱默则找到了二战之前计算机不能正常运转的原因。他们的机器"前几分钟运转流畅，但突然间就失灵了。过一会儿就恢复正常，但没过多久就又崩溃了"。他们最终找到了机器故障的原因——有位邻居在听广播。他们最喜爱的数学问题就是找到大数的素因数。节目中对这些机器的描述让鲁宾逊十分兴奋，于是她给节目组写信索要了一份文字稿。

她还在报纸上发现了一则消息，声称有人发现了有史以来最大的素数，她就迫不及待地把它从报纸上剪了下来。标题《找到无人问津的最大素数》的下面这样写道：

萨缪尔・I.克里格博士用完了 6 支铅笔，写满了 72 张标准票据纸，把自己折腾得精疲力尽，但是他现在终于可以宣布：231 584 178 474 632 390 847 141 970 017 375 815 706 539 969 331 281 128 078 915 826 259 279 871 就是已知的最大素数。他一时也说不清谁会关心此事。

这个数字实际上可以被 47 整除（如果报纸在发表这则消息之前检查一下的话，也许会发现这一点），或许这也说明真的没什么人关心此事。鲁宾逊则一生都保存着这张剪报，和剪报放在一起的还有莱默父子的计算机那期广播节目的文字稿，以及一本关于四维空间的奥秘的小册子。

朱莉娅・鲁宾逊已经为自己的数学事业打下了基础。她拿到了圣地亚哥州立大学的数学学位，然后去加州大学伯克利分校继续研究。在那里，她对数论的热情被她的老师——后来成为了她的丈夫——拉斐尔・M.鲁宾逊唤醒。当他们还在约会的时候，拉斐尔就发现朱莉娅一心扑在数学上。于是他开始给她讲数学研究的各种最新的突破来讨她的欢心。

在拉斐尔所描述的数学发现中，尤其令朱莉娅着迷的就是哥德尔和图灵的研究结论。她说："数论方面的事实可以通过符号逻辑来证明，这让我感到无比兴奋。"虽然哥德尔的结论令人不安，但她依旧坚持相信数字带给她的真实感，那是她小时候在沙漠中玩石子时就已经体会到的。"我们可以设想一种不同的化学体系或者生物学体系，但是我们无法去设想一种不同的数学体系。数学知识一旦被证实，那么它在任何时空中都将是事实。"

尽管在数学上有着很高的天赋，朱莉娅·鲁宾逊也承认，如果没有丈夫的支持，她将很难继续从事数学研究。毕竟在那个时期，很多女性都对继续从事学术工作感到吃力。加州大学伯克利分校规定夫妻不可以在同一院系工作。为了表彰鲁宾逊的成就，统计学系特意为她设立了一个职位。她向人事部门提交了职位申请书，随之提交的还有一份工作说明书，这份工作说明书是对大部分数学家的工作日的经典写照："周一，尝试证明定理；周二，尝试证明定理；周三，尝试证明定理；周四，尝试证明定理；周五，发现定理错了。"

由于有机会和 20 世纪最著名的逻辑学家之一阿尔弗雷德·塔斯基共事，朱莉娅·鲁宾逊对哥德尔和图灵的兴趣被激发了出来。塔斯基是波兰人，他在 1939 年访问哈佛的时候发现自己的家乡燃起了战火，于是不得不留在了美国。但鲁宾逊同时也不想放弃对数论的追求。希尔伯特的第十问题则完美地结合了这两个主题：是否存在这样的算法——或者用计算的术语来说，程序——可以判断不定方程是否有解？

借助哥德尔和图灵的研究结论，事情变得明朗起来。和希尔伯特最初的想法相反，这种判定程序可能并不存在。鲁宾逊可以确定，在图灵的基础之上应该还可以进一步挖掘。她清楚每个图灵机都可以生成一个数列。例如，有一台图灵机可以产生二次幂序列，如 1, 4, 9, 16, …，还有一台图灵机可以产生素数序列。图灵解决希尔伯特判定性问题的步骤之一就是，给定一台图灵机和一个数字，没有程序可以判断这个数字是不是由这台图灵机产生的。鲁宾逊在寻找方程和图灵机之间的关系。她相信每个图灵机都对应一个特定的方程。

如果这种关系成立的话，那么鲁宾逊所关心的某个数字是否由某台图灵机产生的问题，就可以转化为某台图灵机所对应的方程是否有解的问题。如果她能在二者之间建立这种联系的话，那么她就成功了。如果存在判断不定方程是否有解的程序，就像希尔伯特的第十问题所描述的那样，那么根据鲁宾逊所假设的方程和图灵机之间的对应关系，这一程序也可以检验某个数字是否由某台图灵机产生。但是图灵已经证明，判断某个数字是否由某台图灵机产生的程序并不存在。因此，也就没有程序可以判定不定方程是否有解。希尔伯特的第十问题的答案应该是否定的。

鲁宾逊试图理解为何每个图灵机可能会有对应的方程。她想找到以图灵机生成的数列为解的方程。对于自己给自己设置的这个难题，她也感到十分有趣："数学上通常的做法是先有方程，再求解；但现在的问题是先有解，再求方程。我喜欢这个挑战。"随着鲁宾逊年岁增长，她在1948年对此问题燃起的星星之火成为了燎原之火。9岁的那场病之后，由于她的心脏已经十分脆弱，医生预测她可能活不过40岁。鲁宾逊回忆起每年过生日时的心情："年复一年，每当轮到我吹生日蛋糕上的蜡烛的时候，我都会许下同一个心愿：希望有朝一日，希尔伯特的第十问题能被解决。只要能被解决就好，不一定要归功于我。如果看不到这个问题被解决，我是不会甘心就这样死去的。"

年复一年，鲁宾逊也取得了越来越多的成果。她的团队新加入了两名数学家，马丁·戴维斯和希拉里·普特南。20世纪60年代末，他们成功地进一步简化了问题。他们发现，如果能找到一个对应特定数列的方程，那么无须寻找所有的图灵机所对应的方程，就能证明鲁宾逊的直觉了。这一成就意义非凡。事情渐渐有了眉目，他们的工作由此简化为寻找满足这一数列的方程。他们的整个理论依赖于能否证实数学围墙中某个砖块的存在。如果最后发现这一数列并没有鲁宾逊所设想的方程，那么他们长年累月修筑的数学围墙就会土崩瓦解。

　　越来越多的人开始怀疑鲁宾逊的方法能否破解希尔伯特的第十问题。有些数学家开始抱怨这一方法误导了他们。然而，在 1970 年 2 月 15 日这一天，鲁宾逊突然接到一个电话，是她的一位同事打来的。这位同事刚刚参加完西伯利亚的一个会议。他对鲁宾逊说，会议上有一个非常精彩的演讲，他认为她应该会感兴趣。22 岁的俄罗斯数学家尤里·马季亚谢维奇发现了解决希尔伯特的第十问题的最后一块拼图。他已经证明，鲁宾逊所预测的可以产生特定数列的方程的确存在。这就是鲁宾逊的方法赖以构建的基石。希尔伯特的第十问题至此也迎刃而解：并不存在判断方程是否有解的程序。

　　"那一年，当我准备吹灭蛋糕上的蜡烛时，我愣了一下，忽然意识到我多年以来的梦想终于变成了现实。"鲁宾逊知道，其实解决方案就在她眼皮底下，但是马季亚谢维奇发现了它。她解释道："很多东西就像沙滩上的贝壳，我们平时注意不到，直到有人拾起它来，我们才意识到它的存在。"她向马季亚谢维奇发去了贺信："当我第一次提出有关这个方程的猜想的时候，你还是个婴儿，而我接下来要做的就是等着你长大。想到这一点我就非常欣慰。"

　　数学有一种将不同的人们聚拢到一起的神奇力量。尽管面临冷战时期的压力，美国和俄罗斯的数学家仍然凭借着他们对希尔伯特问题的强烈兴趣而走到了一起，并结下了深厚的友谊。鲁宾逊将两国的数学家之间奇异的合作关系形容为"一个超越地域、种族、信仰、性别、年龄，甚至时间限制（过去和未来的数学家都是我们的同伴）的大家庭——所有人都致力于这门艺术和科学中最为美丽的学科"。

　　马季亚谢维奇和鲁宾逊为解决这一问题应归功于谁而产生了争论，但不是为了各自的名声；相反，他们都坚称对方所做的贡献更多。的确，由于马季亚谢维奇找到了拼图的最后一块，破解希尔伯特的第十问题通常被认为是他的成就。但事实上，自希尔伯特于 1900 年提出该问题以来，之后漫长的 70 多年中，许多数学家都为此做出了自己的贡献。

虽然这个问题的答案是否定的，也就是说没有可以判定方程是否有解的程序，但还有一线希望尚存。鲁宾逊证明了她的直觉，即图灵机生成的数列可以用方程来描述。数学家也知道有一种图灵机能够生成素数序列。因此，根据鲁宾逊和马季亚谢维奇的研究成果，理论上应该存在一个可以生成所有素数的公式。

但是数学家如何找到这样的公式呢？ 1971 年，马季亚谢维奇找到了一种推导公式的显式方法，但他并没有用这个方法得到答案。第一个详细的显式公式是在 1976 年被发现的，由用 $A \sim Z$ 的英文字母所表示的 26 个变量构成，如下所示：

$$
\begin{aligned}
(K+2)\{&1-[WZ+H+J-Q]^2-[(GK+2G+K+1)(H+J)\\
&+H-Z]^2-[2N+P+Q+Z-E]^2-[16(K+1)^3(K+2)(N+1)^2\\
&+1-F^2]^2-[E^3(E+2)(A+1)^2+1-O^2]^2-[(A^2-1)Y^2+1\\
&-X^2]^2-[16R^2Y^4(A^2-1)+1-U^2]^2-[((A+U^2(U^2-A))^2-1)\\
&\times(N+4DY)^2+1-(X+CU)^2]^2-[N+L+V-Y]^2-[(A^2-1)L^2\\
&+1-M^2]^2-[AI+K+1-L-I]^2-[P+L(A-N-1)\\
&+B(2AN+2A-N^2-2N-2)-M]^2-[Q+Y(A-P-1)\\
&+S(2AP+2A-P^2-2P-2)-X]^2-[Z+PL(A-P)\\
&+T(2AB-P^2-1)-PM]^2\}
\end{aligned}
$$

这个公式就像计算机程序一样工作。你可以给变量 A, $\cdots$, Z 代入任意数值，然后利用公式计算出结果。例如，你可以让 $A=1$, $B=2$, $\cdots$, $Z=26$。如果计算结果大于零，那么它就是素数。你可以重复这个过程，给字母变量代入不同的数值。当你尝试过所有数值和变量的排列组合之后，你就可以保证生成所有的素数。不会有素数被遗漏的：总会存在某种变量 A, $\cdots$, Z 的赋值组合，令公式可以生成所需的素数。不过这里还是有点小瑕疵：有些赋值组合会计算出负数，不过忽略这种情况就可以了。如果让 $A = 1$，$B = 2$，$\cdots$，$Z = 26$，那么最后就会计算出一个负数，只能忽略不计。

这不正是我们最终要寻找的数学"圣杯"——一个了不起的、可以生成所有素数的多项式吗？要是这个公式能在欧拉的时代被发现的话，当时一定是轰动的新闻。欧拉曾经发现了一个可以生成很多素数的方程，但是他对生成所有素数的可能性感到悲观。不过，从欧拉的时代开始，数学研究的风向已经开始转变：单纯研究公式和方程已经落伍，人们开始拥抱黎曼的思想，也开始关注贯穿数学世界的内在架构和主题的重要性。数学的探索者正在描绘通往新世界的路线，而素数方程的发现可谓生不逢时。对新一代数学家来说，这个公式就像多年前使用的探路技术，如今早已过时。他们对这种公式的存在感到惊奇，但黎曼早已将素数研究转移到了新的领域。在肖斯塔科维奇的时代演奏莫扎特风格的交响曲已不可能打动听众，即使它的演奏风格已经日臻完美。

不过这个奇迹般的公式之所以被忽视，不仅仅是因为数学研究风向的转变。这个公式实际上没什么实用价值，因其计算出的结果大部分都是负数。甚至它的理论意义也并不大。鲁宾逊和马季亚谢维奇已经证明，图灵机所生成的任何数列都可以用方程来表示，因此和其他数列相比，素数序列并没有什么特别之处。这种观点当时被很多人认同。有人同俄罗斯数学家尤里·弗拉基米罗维奇·林尼克谈到马季亚谢维奇在素数上取得的成果时，林尼克说："太棒了，我们也许很快就能学到关于素数的许多新知识了。"但在对方进一步解释了结果是如何得到的，以及它在许多数列上的应用之后，他最初的热情冷却了："很遗憾，这样我们可能就学不到任何关于素数的新知识了。"

如果这样的方程适用于所有数列的话，那么它就不能告诉我们有关素数的任何特定知识。这也正是黎曼对素数的解释更加有意义的原因。

黎曼图景的存在以及图景上的每个零点所构成的音符都是素数所独有的。并非所有数列背后都能有如此优美和谐的结构。

当鲁宾逊对希尔伯特的第十问题的研究告一段落时，她的一位来自斯坦福大学的朋友正在试图摧毁希尔伯特的信念之一：数学没有不可知的部分。1962 年，保罗·科恩还是学生的时候，就很傲慢地问斯坦福的教授：解决希尔伯特问题中的哪一个可以让他一战成名。他们想了一会儿，告诉他第一个问题最重要。这个问题简而言之就是问世界上到底有多少个数。希尔伯特将康托尔关于不同大小的无限集合的问题放在 23 个问题的首位。是否存在这样一个数字的无限集合，它大于分数集合，又小于实数集合（包括 π、$\sqrt{2}$ 以及无限小数的集合）？

科恩研究了一年之后得出了结论，但这个结论倘若希尔伯特九泉之下有知，或许会从坟墓里跳出来。科恩认为两种情况都有可能！他证明了最基本的问题就是哥德尔的不可证命题之一。因此，并非只有模糊的问题才是不可判定的。科恩所证明的结论如下：基于现有的数学公理，我们无法证明存在这样一个数字的无限集合，其大小严格地介于分数集合和实数集合中间；同理，我们也无法证明不存在这样一个数字的无限集合。事实上，他尝试构建了两种不同的数学世界来满足我们现有的数学公理。对于康托尔的问题，一个世界给出了肯定的回答，另一个世界则给出了否定的回答。

有人将科恩的结论比作高斯的发现——数学中存在几种不同的几何体系，物理世界的几何体系只是其中一种。某种程度上的确如此。但重点在于，数学家对数论的意义有自己强烈的主张。当然，用于证明我们已知的数字有哪些性质的公理集合可能也适用于我们尚不了解的其他数字。不过，大部分数学家依然相信，对我们用来构建数学大厦的数字而言，康托尔的问题只有一种解答为真。鲁宾逊在写给科恩的信中表明了自己的态度，这也代表了大部分数学家对他的证明的反应："只有一种**真**

正的数论！这是我的信仰。" 不过在这封信寄出去之前，她划掉了最后一句话。

尽管科恩开创性的工作令正统派数学家十分不安，他还是因此赢得了菲尔兹奖。在发现无法从经典的数学公理出发来判定康托尔的问题是否有解之后，他决定转向希尔伯特问题列表中的下一个最富有挑战性的问题：黎曼假设。科恩是为数不多的承认自己在积极研究这一难题的人。不过，他在这方面没有什么实质性进展。

有趣的是，黎曼假设和康托尔的问题不属于同一类别。如果科恩也能证明黎曼假设在现有公理的基础上是不可判定的，那么也就证明了黎曼假设实际上是正确的。如果黎曼假设无法判定，那么或者无法证明其为真，或者无法证明其为假。但如果其为假，就意味着存在临界线外的零点，我们就可以用它来**证伪**了。也就是说，黎曼假设为假的情况一定是可判定的。因此，黎曼假设不可判定的唯一原因就是它可能为真，但我们尚不能证明所有的零点都落在临界线上。图灵就是首先发现这一点的人。但是很少有人相信这种怪异的逻辑性质能成功解答希尔伯特的第八问题。

图灵的理论机器——也就是通用机器——在我们理解数学世界的道路上起到了至关重要的作用，但是在 20 世纪后半叶，图灵试图制造的实体机器却赢得了掌控地位。人们转而追捧用真空管、电线和硅制造出来的计算机，而不是由神经元和无限的记忆构成的思想机器。随着计算机在全球各地的兴起，数学家能够更深入地探究数字世界的奥秘。

第 9 章

计算机时代：从人脑到电脑

我跟你打赌。如果黎曼假设可以证明的话，一定不用计算机
就能完成。

——格哈德·弗赖，

费马大定理和椭圆曲线之间关键联系的发现者

对大部分人来说，离开学校之后，"邂逅"素数的唯一机会，就是
大型计算机发现已知最大素数的新闻报道了。朱莉娅·鲁宾逊珍藏的
"发现最大素数"的剪报表明，早在 20 世纪 30 年代，就连错误的发现
也能上新闻。多亏欧几里得发现了素数无穷的特点，这样的新闻才能源
源不断。第二次世界大战结束时，已知的最大素数有 39 位，自 1876 年
发现起一直保持着纪录。如今，已知最大素数的位数已经超过 100 万。
如果要把这个数打印出来，需要的纸张比这本书还要多，全部读完的话
需要好几个月。是计算机让我们取得了这样的成果。在布莱切利园，图
灵一直在思考如何利用他的机器来发现打破纪录的素数。

虽然图灵理论上的通用机拥有无限的内存来存储信息，但战后他和纽
曼在曼彻斯特建造的机器存储空间却非常有限，只能进行内存消耗不大
的计算。例如，要生成斐波那契数列（1, 1, 2, 3, 5, 8, 13, …），只需
记住前两个数就可以，这种简单的数列对他们的机器来说不在话下。图
灵知道一个巧妙的技巧，它是小莱默为了发现特殊素数开发出来的，这

些特殊的素数因 17 世纪的修道士马兰·梅森而闻名。图灵发现，莱默的检验和斐波那契数一样，无须大量内存。寻找梅森素数将是最适合图灵机的任务。

梅森想到的生成素数的办法是将多个 2 相乘，然后减去 1。例如，$2 \times 2 \times 2 - 1 = 7$ 就是一个素数。他发现，要使 $2^n - 1$ 有可能是素数，n 就必须是素数。不过，他后来发现这并不能保证 $2^n - 1$ 是素数。虽然 11 是素数，但 $2^{11} - 1$ 并不是。梅森做出了这样的预测：在 257 以内，仅当 n 取以下值时，$2^n - 1$ 才是素数：

$$2, \ 3, \ 5, \ 7, \ 13, \ 19, \ 31, \ 67, \ 127, \ 257$$

$2^{257} - 1$ 这样的数太大了，所以仅凭人脑根本无法检验梅森的断言。或许这正是梅森敢大胆断言的原因。他相信"一个人不眠不休也不足以检验这些数是否是素数"。他对数的选择受到了欧几里得对素数无穷性的证明的影响。取 2^n 这样可被很多数整除的数，然后减去 1，使其除不尽。

尽管 $2^n - 1$ 未必是素数，但梅森关于数的直觉在某种程度上是正确的。因为梅森素数和可整除的数 2^n 接近，所以有一种高效的方式来检验这样的数是否是素数。1876 年，法国数学家爱德华·卢卡斯在证实 $2^{127} - 1$ 是素数的时候，发明了这一方法。在计算机时代到来之前，这个 39 位的素数一直是已知最大的素数。利用这种新方法，卢卡斯成功揭开了梅森素数序列的面纱。梅森给出的令 $2^n - 1$ 是素数的 n 不够准确：他漏掉了 61、89 和 107，同时错误地囊括了 67。不过 $2^{257} - 1$ 是否是素数，卢卡斯没能证实。

梅森的神秘洞见最后被证明是胡乱猜测。虽然他的声誉可能受到了影响，但是他的名字却闪耀在素数王座之上。登上新闻的素数无一不是梅森素数。尽管卢卡斯证明了 $2^{67} - 1$ 不是素数，但他的方法却无法分解出这个数的素因数。正如我们后面将会看到的，分解这样的数是个难题，也是现代密码安全系统的核心，而密码安全系统的前身是图灵在布莱切利园用"炸弹"机[①]破解的恩尼格玛密码。

图灵并非唯一一个思考素数和计算机之间的关联的人。鲁宾逊在孩童时听广播的时候发现，莱默父子也对利用计算机探索素数十分着迷。老莱默在世纪之交时已经列出了 10 017 000 以内的素数表（之后没人发布过更长的素数表）。他的儿子做出了更多的理论贡献。1930 年，年仅 25 岁的小莱默改进了爱德华·卢卡斯用于检验梅森数是否为素数的方法。

莱默表明，为了证明梅森数是素数，无法被任何更小的数整除，你可以将反过来思考这个问题。只有在 2^n-1 可以整除另一个数，也就是卢卡斯 – 莱默数（用 L_n 表示）时，梅森数 2^n-1 才是素数。和斐波那契数相似，这些数可基于数列中前面的数求得。要得到 L_n，你只需求前一个数（L_{n-1}）的平方，然后减去 2 即可：

$$L_n=(L_{n-1})^2-2$$

当 $n=3$ 时，对应的卢卡斯 – 莱默数是 $L_3=14$。接着可以得到 $L_4=194$、$L_5=37\ 634$。这种方法的强大之处在于，你只需生成数 L_n，然后检验一下梅森数 2^n-1 是否能整除它就好了，计算起来十分方便。例如，$2^5-1=31$ 可以整除卢卡斯 – 莱默数 $L_5=37\ 634$，所以梅森数 2^5-1 就是素数。凭借这个简单的测试，莱默检验了梅森数序列，并证明了 $2^{257}-1$ 并非素数。

卢卡斯和莱默是如何发现梅森素数检验法的呢？这不是很容易想到的方法。这种发现与黎曼假设的突然发现以及高斯对素数和对数之间关系的发现截然不同。卢卡斯 – 莱默检验不是通过实验或者观察数字得到的规律。他们反复地研究 2^n-1 是素数意味着什么，最终发现了梅森素

---

① 破解密码的机器。——译者注

数检验法，就像一直把玩一个魔方，直到颜色突然以一种全新的方式呈现出来。每次旋转就相当于证明中的一个步骤。和其他定理一开始就清楚目标不同，卢卡斯－莱默检验最初并不知道循着证明会去往哪里。卢卡斯开始旋转这个"魔方"，而莱默成功地将其变成了现在我们使用的简单形式。

当图灵在布莱切利园破解德国人的恩尼格玛密码的时候，他就和同事们讨论了机器（类似于他们建造的"炸弹"机）在寻找更大素数方面的潜能。幸好有了卢卡斯和莱默发明的方法，梅森数特别适合用来检验素数。这种方法非常适合在计算机上自动化，但战争很快就让图灵搁置了这个想法。不过，战后图灵和纽曼又重新开始寻找更多的梅森素数了。这对他们筹划在曼彻斯特研究实验室建造的机器来说，将是一种完美的检验。尽管它的存储空间很小，但是卢卡斯－莱默检验法在判定素数的每一步并不需要太多内存。为了计算第 n 个卢卡斯－莱默数，计算机只需记住第 $(n-1)$ 个卢卡斯－莱默数。

图灵在黎曼零点上的研究比较坎坷，在他将精力转向寻找梅森素数时，运气并没有转好。他在曼彻斯特建造的计算机没能打破保持了 70 年纪录的 $2^{127}-1$。下一个梅森素数是 $2^{521}-1$，这正好超出了图灵机的计算能力。在命运的安排下，朱莉娅·鲁宾逊的丈夫拉斐尔宣称发现了这个新的破纪录的素数。他得到了德里克·莱默在洛杉矶建造的一台计算机的手册。那时候，莱默已不再摆弄他那台战前机器的自行车齿轮和链条，他已是美国国家标准局数值分析研究所所长，并且创造了一台被称作"标准西部自动计算机"（SWAC，Standards Western Automatic Computer）的机器。在伯克利舒服的办公室里，拉斐尔从来没有正眼看过 SWAC，而是编写了一个程序在上面运行，以寻找梅森素数。1952 年 1 月 30 日，SWAC 发现了第一个超出人脑计算能力的素数。在 $2^{521}-1$ 这个纪录创立几小时之后，SWAC 找到了一个新的大素数，$2^{607}-1$。在这一年之中，拉斐尔三次打破自己的纪录。现在最大的素数是 $2^{2281}-1$。

　　谁拥有最强大的计算机，谁就能找到新的大素数。到了 20 世纪 90 年代中期，新的纪录是由计算领域的巨头克雷计算机所创造的。克雷研究所成立于 1971 年，利用了计算机无须等上一个操作完成就可以开始下一个操作的特点。几十年来，世界上公认最快的计算机正是基于这个思路创造的。从 20 世纪 80 年代开始，加州劳伦斯利弗莫尔国家实验室的克雷计算机，在保罗·盖奇和大卫·斯洛文斯基的监督下，一直保持着纪录，占据着新闻头条。1996 年，他们宣布第七次打破了素数的纪录，找到了共有 378 632 位数的素数 $2^{1257787}-1$。

　　不过，最近这个潮流变得有利于小型计算机了。就像大卫战胜了歌利亚①，这个纪录现在用台式机就可以轻松打破了。是什么赋予它们能力去挑战克雷计算机呢？是互联网。互联网将无数小型计算机的计算能力汇聚起来，使它们有能力去寻找大素数。这并不是互联网第一次被业余人士用来做真正的科学研究。天文学曾因给成千上万的天文爱好者分配一小块星空进行探索而大大获益；互联网提供了网络来协调这一天文学上的努力。受到天文学家的启发，美国程序员乔治·沃特曼在互联网上发布了一款软件，一旦下载下来，它就可以将无穷个数字中的一小部分分配给你的台式机。天文学家训练望远镜在夜空中寻找超新星，而业余爱好者可以利用他们计算机的空闲时间在"数字银河"的每个角落寻找更大的素数。

　　这个搜索项目并不是没有风险。沃特曼招募的一个成员是美国一家电话公司的雇员，为了寻找梅森素数，他借助了公司的 2585 台计算机进行工作。当凤凰城的计算机要花费 5 分钟而不是 5 秒钟来检索电话号码的时候，公司开始怀疑是不是什么地方出了问题。当美国联邦调查局

---

① 圣经故事中，跟随扫罗出征的大卫利用了投石弦击中巨人歌利亚的额头，极大地鼓舞了士气。——译者注

最终找到延迟原因的时候，该雇员称"这些计算机的能力对我来说简直太诱人了"。电话公司对于该雇员追求科学并没有表示赞同，而是解雇了他。

在 1996 年克雷计算机宣布打破素数纪录几个月之后，这群"互联网猎人"首次发现了一个新的梅森素数。巴黎的程序员乔尔·阿芒格在为沃特曼的项目探索几个数字的过程中，发现了新的梅森素数。对媒体来说，这个发现和上一次发现间隔的时间太短了。当我就最新的最大素数联系《时代周刊》时，他们告诉我，这个话题他们隔一年才会报道一次。从 1979 年起，克雷双雄——斯洛文斯基和盖奇——平均每两年就会有一次新发现，实现了供需平衡。

不过，除了发现新素数，这一切还有其他意义。它标志着计算机在素数搜索中所扮演的角色发生了变化，当然它也得到了互联网行业杂志《连线》的报道。《连线》对如今所谓的 GIMPS（Great Internet Mersenne Prime Search，互联网梅森素数大搜索）做了专题报道。沃特曼成功地用世界上的 20 多万台计算机创造了一个巨大的并行处理器。并不是说克雷那样的"重型武器"已经退出市场了。它们现在是平等的合作伙伴，共同检验小型机的发现。

到 2002 年，在梅森素数的搜索中已有 5 位获胜者，先后来自法国巴黎、英国和美国加州。不过，来自密歇根州普利茅斯的志愿者纳扬·哈吉拉特瓦拉在 1999 年 6 月真的挖到了"金子"。他发现的素数 $2^{6\,972\,593}-1$ 有 2 098 960 位，是第一个超过 100 万位的里程碑式的素数。除了发现本身带来的荣誉外，他还获得了电子前沿基金会提供的 5 万美元奖金。这个加州组织自称是网民（使用互联网的人）自由的保护者。如果哈吉拉特瓦拉的成功激励了你的话，基金会还有 50 万美金用来奖励更多大素数的发现者，而下一个里程碑设定在 1000 万位。2001 年 11 月，加拿大学生迈克尔·卡梅伦打破了哈吉拉特瓦拉的纪录，他用他的个人计算机发现了素数 $2^{13466917}-1$，这个数超过了 400 万位。[①] 数学家们认为，还有无数的梅森素数等待我们去发现。

9.1 计算机：数学的终结者吗

如果计算机的计算能力可以超过人类，数学家是不是就"下岗"了呢？万幸，不是这样。计算机并没有敲响数学的丧钟，而是凸显了数学家和计算机之间真正的不同：数学家进行艺术创作，而计算机做的是单调的计算。计算机的确是数学家们遨游数学世界的得力助手，也是我们在黎曼之山上攀登时需要的有力的夏尔巴人伙伴[②]，但是它永远无法取代数学家。尽管计算机可在任何有限的计算中超越数学家，但在拥抱无限图景以及揭开数学背后的规律和结构方面，还是缺乏想象力。

例如，计算机对于大素数的搜索帮助我们更好地理解素数了吗？我们或许可以唱出越来越高的音，但是依旧不懂音乐。欧几里得早已告知我们，总有更大的素数有待发现。但是我们却不清楚梅森数能否无限地产生素数。或许卡梅伦发现的第 39 个梅森素数就是最后一个梅森素数[③]。我和保罗·埃尔德什讨论的时候，他将梅森素数无穷性的证明列为数论中最大的未解之谜之一。一般认为使 2^n-1 为素数的 n 有无穷个。但是计算机很可能无法证明这一点。

这并不是说计算机什么都无法证明。给定一组公理和推理规则，你就可以写出程序，让计算机开始输出数学定理。重点在于，就好像打字

---

① 好奇不，现在最大的梅森素数是多少？在超算日益发展的今天，最大的梅森素数是 $2^{82589933}-1$，这个数有 24 862 048 位数。——译者注

② 夏尔巴人住在珠穆朗玛峰附近，因为给攀登珠穆朗玛峰的各国登山队当向导或背夫而闻名于世。——译者注

③ 后来又发现了 5 个，不过本书英文版首次出版于 2004 年。——译者注

机前的猴子一样，计算机分辨不出高斯定理和小学的求和方法。不过，数学家们已经研究出了辨别重要定理和不重要定理的方法。数学家具有审美能力，因此他们欣赏优美的证明，拒绝丑陋的证明。尽管丑陋的证明也一样有效，但优雅一直被视为开辟通往数学世界的最佳道路的重要标准。

计算机首次成功证明的定理叫作"四色定理"（也叫四色问题），这个问题是一位充满好奇心的业余爱好者提出的。我们小时候可能都发现过：如果你想给地图上色并保证相邻两国颜色不同的话，四种颜色就够了。即使是以最有创造力的方式重绘各国边界，看起来欧洲地图也无须更多的颜色。当前，法国、德国、比利时和卢森堡的边界就证明你确实至少需要四种颜色。

但是你能证明对于任何一幅地图来说，四种颜色都足够了吗？

这个问题首次公开发表于1852年，当时一个名叫弗朗西斯·古德里的法律系学生①给他在伦敦大学学院研究数学的弟弟写信，询问是否有人证明了四种颜色就够了。诚然，当时很多人并不觉得这是个重要的问题。一些二流数学家尝试给古德里提供证明。但是，由于一直没人取得成功，这个问题的数学难度越来越大。甚至连希尔伯特在哥廷根最好的朋友闵可夫斯基也直挠头。闵可夫斯基在一次讲座中提到了四色问题。他说："这个定理还没有被证明，但那是因为只有三流的数学家们在研究它。我相信我可以证明。"他用了几堂课在黑板上破解这个问题。一天早上，他走进讲座会场时，突然承认说："上帝被我的自大激怒了，我的证明有问题。"

越多的人尝试并失败，问题的难度就越大，尤其是当这个问题很容易被提出的时候。一直到1976年，证明这个问题的所有尝试都失败了，此时自古德里给他弟弟寄信已经过去了100多年。伊利诺伊大学的两位

---

① 他先获得了数学学士学位。——译者注

数学家，凯尼斯·阿佩尔和沃尔夫冈·哈肯表示，并不需要研究给无穷
个地图着色，这是不可能完成的任务，而是可以将这个问题简化，仅考
虑 1500 种不同的基本地图。这是个重大突破。这就好像发现了地图的
"元素周期表"，利用基本的地图就可以构建其他所有地图。不过要手动
检查每一个"原子"地图意味着，就算阿佩尔和哈肯从 1976 年就开始
给地图着色，至今也完成不了。取而代之的是，计算机首次被用于完成
证明。它用了 1200 机时，最终得出了结果：每张地图都可以用四种颜
色着色。人类的聪明才智让我们只需考虑 1500 种基本地图就可以理解
所有的地图，再结合计算机的强大运算能力，终于证明了 1852 年古德
尔的猜想：对于任何一张地图，只用四种颜色就能给相邻国家着上不同
的颜色。

　　知道了四色定理的正确性并没有什么实际意义。听闻这个消息之
后，制图者们没有因为不用买第五种颜料而松一口气。数学家们也没有
急切地等待该证明，然后才去探索该问题之外的东西。他们只是看不到
另一端需要深入研究的东西。这也不是有成千上万的结果依赖其证明的
黎曼假设。四色问题的意义在于，它表明了我们对二维空间的理解还足
以回答这个问题。只要未解，它就会激励数学家们进一步探索和研究我
们周遭的空间。这也是许多人并不满足于阿佩尔和哈肯的证明的原因。
计算机给了我们一个结果，但是它并没有加深我们的理解。

　　阿佩尔和哈肯对四色问题的计算机辅助证明是否真正抓住了"证
明"的精髓，始终备受争议。很多人对计算机的角色感到不安，虽然大
多数人知道，计算机的证明比许多人的证明更有可能是正确的。证明不
应该帮助人们理解问题吗？哈代喜欢这样描述："一个数学证明应该像一
个简单明晰的星座，而不是零散的银河系。"计算机在证明四色问题时，
费力地描绘出了混沌的天空，而没有针对为什么天空是混沌的提供深刻
的理解。

计算机辅助证明强调了数学的乐趣并不仅仅源于获得最终的结果。我们不是为了找到真凶才去读数学小说的，我们在曲折情节展开的过程中获得乐趣。阿佩尔和哈肯对四色问题的证明"剥夺"了我们在阅读数学时会产生的"啊哈，我懂了"的感觉。我们喜欢分享证明者感受到的顿悟时刻。关于计算机是否能感受到情感，人们会争议几十年，但是四色问题的证明的的确确没有分享给我们计算机在证明成功后可能会感受到喜悦的机会。

尽管没有什么审美能力，但计算机已经开始为数学社区证明定理提供帮助了。当一个问题已被简化到检验有限数量的情况时，计算机总能帮上忙。那么计算机能帮我们攀登黎曼假设这座山峰吗？二战末期，哈代去世的时候，依然有人质疑黎曼假设的正确性。图灵指出，如果黎曼假设是错的，那么计算机就能帮上忙。人们可以编程以搜索零点，直到找到一个线外零点。但是如果黎曼假设正确的话，计算机证明无穷个零点都在临界线上就没有意义了。它能做的也就是为我们提供更多的证据来支撑我们对黎曼假设的信心。

计算机也可以满足其他的需求。直到哈代去世的时候，数学家们依然十分困惑。在黎曼假设的证明方面，并没有取得什么理论上的进展。似乎哈代、李特尔伍德和塞尔伯格已经利用可用的技巧，获得了关于黎曼图景中零点位置的最好结果。这些技巧已经很难再有提升空间了。大部分数学家认为，要在黎曼假设的证明上取得新的进展，得提出新的想法来。在没有新想法的情况下，计算机给人一种取得了进展的感觉。但这仅仅是感觉——计算机的参与掩盖了当时在黎曼假设的证明方面明显没有取得进展的事实。计算变成了思维的替代品，让我们以为自己真的在做什么，而实际是我们止步不前。

9.2　察吉尔：数学火枪手

1932 年，西格尔在黎曼未公开的手稿中发现的神秘公式，就是一个可以精确并高效地计算黎曼图景中零点位置的公式。图灵曾尝试利用其复杂的计算机加速计算过程，但是利用更先进的机器才挖掘出了该公式的全部潜能。一旦对这个神秘的公式进行计算机编程，人们就可以开始探索黎曼图景当中此前难以想象的区域。20 世纪 60 年代，当人们开始用无人飞船探索遥远的宇宙时，数学家们开始将计算机的计算能力运用到黎曼外部景观的探索当中。

数学家们越往北搜寻零点，收集到的证据越多。但是这些证据有什么用呢？到底要在临界线上找到多少个零点，才能确信黎曼假设的正确性？问题在于，就像李特尔伍德的工作所证明的，在数学中，证据很少能给人以信心。这也正是为什么很多人不认为计算机对于证明黎曼假设来说是个有用的工具。然而，令人惊讶的是，在不久的将来，即使是最顽固的怀疑者也开始相信，黎曼假设很有可能是正确的。

20 世纪 70 年代初，一位数学家是这一小群怀疑者的代表。唐·察吉尔是当今数学圈最具活力的数学家之一，当他穿过波恩的马克斯·普朗克数学研究所的走廊时，非常引人注目，这个德国人对普林斯顿高等研究院的邦别里做出了回应。和一些数学火枪手一样，察吉尔非常睿智，时刻准备解决遇到的任何问题。他对于数学充满热情和活力，能噼里啪啦给你讲一堆想法，让你听得聚精会神。他研究数学的方式很有趣味性，在波恩的马克斯·普朗克数学研究所吃午餐的时候，他总是会用一个数学难题来"调味"。

对于一些人忽视真正的证据，纯粹因为美感而愿意相信黎曼假设，察吉尔表示愤怒。对黎曼假设的信心可能仅仅基于对数学当中简洁和美丽的崇敬。一个线外零点将是这幅美丽图景上的一个污点。每个零点都为素数这首乐曲贡献了一个音符。恩里科·邦别里描述了黎曼假设被证伪的后果："这就好像你在音乐厅听一场美妙而和谐的演奏。突然大号发出一声巨响，淹没了其他所有乐器的声音。"数学世界当中充满如此多的美丽，我们无法（也不敢）相信，大自然会选择一个不和谐的、令黎曼假设错误的宇宙。

此时，察吉尔是黎曼假设激进的反对者，而邦别里则代表了黎曼假设典型的"信徒"。20 世纪 70 年代初，邦别里还没有去普林斯顿高等研究院，仍然在意大利担任教授。就像察吉尔解释的："邦别里坚信黎曼假设是正确的。它必须正确，否则整个世界就会错位，这种观点简直就是宗教信仰。"的确，正如邦别里所述："上高二的时候，我就研究了一些中世纪的哲学家。其中奥卡姆的威廉提到，当一个人必须在两种解释中做出选择的时候，总是应该选择简单的那一个。奥卡姆剃刀原理被称作删繁就简。"对邦别里来说，线外零点就相当于一个"淹没他人的乐器——在美学上令人反感。作为奥卡姆的支持者，我反对这个结论，所以我支持黎曼假设"。

邦别里访问波恩的研究所的时候，事态发展到了紧要关头，茶歇变成了关于黎曼假设的讨论。察吉尔是数学界的侠客，终于有机会跟邦别里来一场"决斗"了。"茶歇的时候我跟他说，还没有足够的证据能够说服我，所以我愿意出同额赌注赌黎曼假设是错的。并非我觉得它一定是错的，而是我愿意扮演魔鬼的代言人。"

邦别里回应道："那好，我一定会准备好接受挑战。"察吉尔意识到，自己居然蠢到提出同额赌注，因为邦别里是一位坚定的信徒，他应该会选择赔率 10 亿比 1。双方达成了一致意见：赢家将赢得两瓶上好的波尔多葡萄酒。

"我们希望在有生之年可以分出输赢，"察吉尔解释道，"然而，很有可能我们俩会带着这个赌进入坟墓。我们并不想给这场赌局加上一个时限，以便十年后就终止。这看起来很傻。十年和黎曼假设有什么关系呢？我们想要的是数学证明。"

因此察吉尔讲述了以下事实。尽管图灵的机器算完前 1104 个零点就崩溃了，但是到 1956 年，德里克·莱默取得了更大的进展。他在加州用自己的机器验证了前 25 000 个零点都在临界线上。到了 20 世纪 70 年代初，一个著名的计算证明了前 350 万个零点确实都在临界线上。这个证明简直是一场奇妙的旅行，它利用了一些杰出的理论技术，到达了当时计算机技术在计算性能上的绝对极限。察吉尔解释说：

所以我说不错，现在已经算出来 300 万个零点了，但即使大多数人会说"你还想怎样……天哪……300 万个零点啊"，这依然说服不了我。多数人会说："都 300 万了，还能有什么变化？ 300 万和 3 万亿有什么区别？"这就是我要告诉你的。情况并非如此。现在算出 300 万个零点了，我还是无法确信黎曼假设是正确的。我要是早一点儿打这个赌就好了，因为我已经开始动摇了。我要是在算出第 10 万个零点的时候打这个赌就好了，因为那时候绝对没有理由相信黎曼假设是正确的。现在，当你分析数据的时候，10 万个零点完全没用了。它基本算不上证据了。到第 300 万个零点的时候，事情开始变得有趣了。

但是察吉尔承认 3 亿个零点就代表重要的分水岭了。前几千个零点一定在黎曼临界线上是有理论依据的。然而，随着进一步向北，从前支撑零点一定在临界线上的依据，开始不如零点应该开始"掉线"的依据那么强有力。到 3 亿个零点的时候，察吉尔才意识到，如果零点不"下线"，这将是一个奇迹。

察吉尔基于一个图形进行了分析，这个图形记录了沿着黎曼临界线的波峰和波谷的斜率的变化（见下图）。察吉尔的图形代表了一个沿着临界线观测黎曼图景的切面的新角度。有趣之处在于它催生了对黎曼假设的新解释。如果新图形越过了临界线，那么在这个区域必须有一个零点位于黎曼线外，这也就说明黎曼假设是错误的。首先，图形离临界线很远，实际上它在向上爬升。但是越往北，图形就开始向下走，逐渐向临界线靠近。察吉尔的图形时不时地试图通过临界线，但是如下图所示，似乎有什么在阻止它。

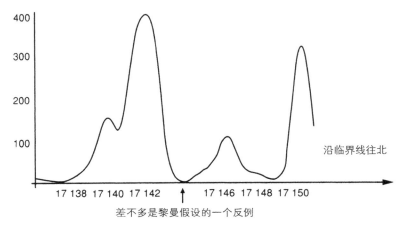

察吉尔的辅助图形：如果图形越过了水平轴，黎曼假设就是错的

所以，越往北，这个图就越可能越过临界线。察吉尔知道，第一个真正的弱点在第 3 亿个零点附近。临界线的这个区域才是真正的考验。当你到达此处的时候，如果图形还没有跨越临界线，一定有原因。察吉尔总结的原因将是，黎曼假设是正确的。这也是为什么察吉尔将第 3 亿个零点设置为赌局的拐点。如果找到了证据，或者 3 亿个零点被计算出来了并且没有找到反例，那么邦别里将赢得这场赌局。

察吉尔意识到，20 世纪 70 年代的计算机还不够强大，无法探索黎曼临界线周围的区域。计算机已经计算出了 350 万个零点。察吉尔预测，考虑到当时计算机技术的发展，可能只要 30 年就可以计算出 3 亿个零点。不过他没有预见到一场计算机革命即将开始。

在随后将近 5 年的时间里，什么事情都没有发生。计算机慢慢变得强大起来，但是要计算 2 倍（更别说 100 倍）数量的零点需要很大的工作量，没人愿意去做。毕竟，在这个行当中，仅仅为了增加一倍的证据而花费大量精力是不值得的。不过大约 5 年之后，计算机突然变快了许多，有两支团队开始挑战，想要计算出更多的零点。其中一支团队在阿姆斯特丹，由赫尔曼·特里尔领导；另一支团队在澳大利亚，领导者是理查德·布伦特。

1978 年，布伦特首次宣布，前 7500 万个零点依然在临界线上。之后，阿姆斯特丹的团队和布伦特联手，经过一年的努力，发表了一篇精心编写的、样式美好的、厚重的论文。他们计算出了 2 亿个零点！察吉尔大笑着说：

> 我长舒了一口气，因为这真是一项巨大的工程。感谢上帝，他们算出 2 亿个零点就停止了。显然他们是可以算到第 3 亿个零点的，但是谢天谢地，他们并没有这么做。现在我可以"缓刑"几年了。他们不会接着再计算 1 亿个零点了。人们将等待，直到他们能够算到第 10 亿个零点。所以这需要很多很多年。不幸的是，我没料到我的好朋友亨德里克·伦斯特拉会坏事，他知道这场赌局，并且他就在阿姆斯特丹。

伦斯特拉去问特里尔："你们为什么算出 2 亿个零点就停下了？你知道，如果你们算出 3 亿个零点，察吉尔就会输掉这场赌局。"所以这个团队继续算到了 3 亿零点。显然他们没发现什么线外零点，所以察吉尔不得不愿赌服输。他给邦别里带了两瓶酒，邦别里和察吉尔一起喝了其中一瓶。正如察吉尔经常说的那样，那可能是他喝过的最贵的两瓶酒，因为：

> 2 亿零点跟我的赌局无关。他们的计算完全是独立事件。但是他们计算最后的 1 亿个零点，只是因为听说了我的赌局。计算额外的 1 亿零点大约花了上千机时。当时，一机时要花费 700 美元。既然他们进行计

算仅仅是为了让我输掉赌局，花两瓶酒钱，我就说那两瓶酒每瓶35万美元——这可比拍卖会上最贵的葡萄酒贵多了。

不过，在察吉尔看来，更重要的是，现在证据完全支持黎曼假设。计算机作为计算工具，终于强大到历经了黎曼 ζ 函数图景上足够靠北的地方，那里很有可能出现反例。尽管察吉尔的辅助图形多次尝试跨越黎曼临界线，但是显然就像有一股巨大的排斥力在阻挡它。原因是什么呢？黎曼假设。

"这正是我坚定地支持黎曼假设的原因。"察吉尔现在承认道。他将计算机比作理论物理中的粒子加速器。物理学家有一个关于物质构成的模型，不过要测试这个模型，需要产生足够的能量把原子炸开。对察吉尔来讲，3亿个零点足以测试黎曼假设正确的可能性了：

我相信，这百分之百地证明有什么东西在阻碍图形越过临界线，而我唯一能想象到的就是，黎曼假设确实是正确的。现在我和邦别里一样，是黎曼假设的坚定支持者，并不是因为它美丽而优雅或者因为上帝的存在，而是因为这个证据。

阿姆斯特丹团队的成员简·范德伦现在已经退休了。但是数学家对数学的狂热从来不会消逝，即使他们不得不让出办公室。他利用家中的三台个人计算机以及团队几十年前使用的程序，确认了前6.3亿个零点全部遵循黎曼假设。不管他的计算机连续计算多久，都不可能以这种方式来提供证据。但是如果有线外零点，那么计算机确实能够帮助揭示黎曼假设为纯粹的幻想。

这就是计算机得心应手的事——作为推测的破坏者。20世纪80年代，零点的计算被用于推翻黎曼假设的"近亲"——默滕斯猜想。但是这些计算并非是在安逸的数学系中做出的。实际上，一个意想不到的机构萌生了对零点计算的兴趣，这个机构便是美国的 AT&T 公司。

9.3　奥德里兹科：新泽西计算大师

在新泽西州的中心地带，在沉睡的小镇弗洛勒姆帕克附近，一群数学人才在 AT&T 研究实验室的赞助下大展拳脚。走进 AT&T 研究实验室，你可能会感觉误入了某大学的数学系。但这里其实是一家大型电信企业的所在地。AT&T 研究实验室的起源要追溯到 20 世纪 20 年代，当时 AT&T 公司的贝尔实验室刚刚建立。战时，图灵在纽约的贝尔实验室工作过一段时间。他参与设计了一个语音加密系统，用来保证华盛顿和伦敦之间通话的安全性。图灵说在贝尔实验室的时光比在普林斯顿更加精彩有趣，尽管这可能和曼哈顿丰富多彩的夜生活有关。埃尔德什经常去拜访新泽西州的 AT&T 研究实验室。

20 世纪 60 年代，科技的迅猛发展冲击了电信行业。显然，要在竞争中取得领先地位，AT&T 公司需要更加先进的数学知识和技能。60 年代，高校快速扩张，到了 70 年代，数学家们要找到一份学术工作已非易事。而 AT&T 公司扩充了研究设施，吸引了一部分数学家。尽管 AT&T 的最终目的是期望他们的研究能够转化为科技创新成果，但他们依然很愿意看到数学家们追逐数学的热情。这听起来很无私，实际上却是一桩划算的生意：因为 AT&T 公司在 20 世纪 70 年代享有垄断地位，所以公司对于如何使用它的利润制定了某些限制。投资研究实验室被视作一种利用利润的精明方式。

不管 AT&T 公司此举背后的目的是什么，数学家们感激万分。一些最有趣的理论进展都源于他们在实验室里的想法。这是学术界和精明的商业圈的一次美妙结合。一次，对 AT&T 研究实验室的数学家进行访谈的时候，我亲眼目睹了这种结合。为了尽可能提高 AT&T 公司手机宽带的竞价，几位数学家在吃工作餐的时候提出了一个理论模型，它可以为公司顺利通过复杂的拍卖流程提供最佳策略。对数学家来讲，这可能就是国际象棋比赛的一种策略，而不是花费公司数百万美元的策略。但是两者并不矛盾。

直到 2001 年，研究实验室的带头人都是安德鲁·奥德里兹科。他来自波兰，至今依然带有浓重而儒雅的东欧口音。他的商界经历令他能够很好地交流复杂的数学思想。他以令人愉悦的、包容的数学态度鼓励你加入他的数学之旅。不过他是一位追求精准和完美的数学家：每一步都必须无懈可击。在麻省理工学院跟从哈罗德·斯塔克读博期间，奥德里兹科对 ζ 函数产生了兴趣。其中一个研究问题要求他尽可能准确地知道前几个零点在 ζ 函数图景上的位置。

高精度的计算正是计算机超越人类的一件事。在奥德里兹科加入 AT&T 公司贝尔实验室后不久，他就时来运转。1978 年，实验室购置了第一台超级计算机——Cray-1。这是第一台由私营公司而非政府和大学拥有的克雷（Cray）计算机。因为 AT&T 公司是一个商业机构，财会和预算控制了大多数事情，所以每个部门都得付费使用这台大型机。然而，人们花了好久才掌握给这台机器编程的技能，但一开始它没什么用。因此计算机部门决定，让那些值得研究但没有资金支持的项目免费使用克雷计算机 5 小时。

奥德里兹科无法拒绝利用克雷计算机的机会。他联系了阿姆斯特丹和澳大利亚那两个证明了前 3 亿个零点都在临界线上的团队。他们准确定位这些零点在黎曼临界线上的位置了吗？并没有。他们专注于证明每个零点东西方向的坐标是 1/2，正如黎曼预测的那样。他们不太关心零点在南北方向上的坐标。

奥德里兹科申请使用克雷计算机来确定前 100 万个零点的准确位置，AT&T 公司同意了。之后的几十年里，他尽可能地使用所有空闲机时来计算更多的零点。这些计算并不只是毫无动机的计算练习。他的导师斯塔克已经利用前面几个零点的位置，证明了高斯关于某些虚数分解方式的猜想。另外, 奥德里兹科利用他计算出的前 2000 个零点的准确位置, 证伪了一条自 20 世纪初就萦绕数学圈的猜想: 默滕斯猜想。阿姆斯特丹的特里尔加入了对这一猜想的证伪, 正是这位数学家证明了前 3 亿个零点位于黎曼线上, 令察吉尔输掉了赌局。默滕斯猜想和黎曼假设密切相关, 而它的证伪向数学家表明, 黎曼假设为真并非建立在默滕斯猜想为真的基础上。

可以将默滕斯猜想理解为抛掷素数硬币这一游戏的变体。如果 N 是由偶数个素数构成的, 那么在第 N 次抛掷时, 默滕斯硬币会正面朝上。例如, $N=15$ 时抛掷的结果是正面朝上, 因为 15 是两个素数 3 和 5 的乘积。如果 N 是由奇数个素数构成的, 例如 $N=105=3\times5\times7$, 那么抛掷的结果就是背面朝上。然而这样一来, 还有第三种可能, 就是一个素数被用到了两次, 例如 $N=12$ 是由两个 2 和一个 3 相乘得到的, 那么抛掷的结果就记为 0。可以把结果 0 视为硬币落在视线之外或者立起来了。默滕斯对于随着 N 变大时硬币的行为进行了猜想。默滕斯猜想和黎曼假设非常类似, 黎曼假设说素数硬币是均匀无偏颇的。但是默滕斯猜想略强于黎曼对素数的预测。它预测, 误差略小于均匀硬币的误差。如果默滕斯猜想正确, 那么黎曼假设也正确, 但反之不成立。

1897 年, 默滕斯制作了一张计算表来支撑他的猜想, 其中一直计算到了 $N=10\ 000$ 的情况。到 20 世纪 70 年代, 实验证据的数量已经达到了 10 亿。不过, 就像李特尔伍德展示的那样, 数十亿的实验证据不过是冰山一角。现在越来越多的人怀疑默滕斯猜想的正确性。奥德里兹科和特里尔精确计算了前 2000 个零点的位置, 并且保留了 100 个小数位, 最终证明了默滕斯猜想是错误的。然而, 对于那些为数字实验证据所打动的人来说, 另一个警告是, 奥德里兹科和特里尔估计, 即使默滕斯对他的抛掷硬币分析到 10^{30}, 他的猜想看起来仍然是正确的。

奥德里兹科在 AT&T 公司的计算机不断地帮助数学家们揭开素数的

神秘面纱。但这并非单向的努力。素数现在也在为不断发展的计算机时代贡献自己的力量。20 世纪 70 年代，素数突然变成了保护电子通信隐私的"钥匙"。数学，尤其是数论，在现实世界中是无用的，哈代一直为此感到非常骄傲：

"真正"数学家的"真正"数学——费马、欧拉、高斯、阿贝尔和黎曼的数学——几乎都"没什么用"（"纯粹"的数学确实没有什么"应用"）。不可能基于工作的"实用性"来证明任何天才数学家生命的意义。

哈代错得太离谱了。费马、高斯和黎曼的数学后来也渐渐被用于商业世界的核心。这也是 AT&T 公司在 20 世纪八九十年代招募了更多数学家的原因。电子地球村的安全完全取决于我们对素数的理解。

第 10 章
破解数字和密码

如果高斯还活着的话，他可能会是个黑客。

——彼得·萨那克，普林斯顿大学教授

1903 年，哥伦比亚大学的数学教授弗兰克·纳尔逊·科尔在美国数学学会的会议上提出了一个很有意思的议题。他什么都没说，只是在一块黑板上写下了一个梅森数，在另一块黑板上写下了两个相乘的更小的数字。他在二者中间只写了一个等号，然后就回去坐下。

$$2^{67} - 1 = 193\ 707\ 721 \times 761\ 838\ 257\ 287$$

观众起立鼓掌——对一屋子的数学家来说，这是一次罕见的爆发。当然，将两个数字相乘并非什么难事，即使对刚刚进入 20 世纪的数学家来说也是如此。事实上，科尔做了相反的事情。早在 1876 年，人们就知道 $2^{67} - 1$ 这个拥有 20 位数字的梅森数，其实并不是素数，而是两个更小素数的乘积，但是没人知道素因数是多少。"破译"这个数字的素因数花费了科尔接连 3 年的周日下午时间。

并非只有 1903 年那场会议的观众对科尔的壮举赞赏有加。2000 年于外百老汇上演了一部名为 *The Five Hysterical Girls Theorem* 的内容深奥的戏剧，剧中设置了一个情节，让其中一个女孩破解了科尔的数字密码，借此表达对他的计算工作的敬意。素数是剧中的数学家庭在海边旅行时反复出现的主题。父亲为女儿即将成年而感到可惜，不是因为她长到了可以和情人私奔的年纪，而是因为 17 是个素数，18 却可以被其他 4 个数字整除。

早在两千年前，古希腊人就证明了所有的数字都可以写成素数的乘积形式。从那时起，数学家就没能找到一种快速高效的方法来寻找构建其他数字的素数。我们缺少的是数学上对应的化学光谱，也就是告诉化学家化合物是由元素周期表中哪些元素所构成的技术。如果能发现数学上类似化学光谱的技术，也就是能破解组成数字的密码的技术，那么这一工作所能带来的不仅仅是学术领域的赞誉。

再回到 1903 年，科尔的计算工作被视作满足数学上的好奇心之举——他所获得的地位也是为了赞扬他异常艰辛的工作，而不是因为这个问题本身有多么重要。然而在现代密码破译领域中，这样的数字密码破译已经不再是周日下午的消遣，而是处于核心地位。数学家设计出了一种方法将这些复杂的数字密码进行组合，借以保护世界范围内的在线金融活动。长达 100 位的密码对于银行和电子商务来说已经够复杂了，足以应对金融交易的安全需求，这是因为找到其对应的素因数所需的时间实在是太长了。同时，这类新的数学密码也被用于解决另一个困扰密码学世界的难题。

10.1 网络加密的诞生

人类自从能够交流以来，就需要媒介来传递秘密的消息。为了防止重要的信息落入不该知道的人手中，我们的祖先发明了相当多的有趣的加密方式。其中一种最早的加密消息的手段是 2500 多年前由斯巴达军队发明的。消息的发送方和接收方分别持有一个尺寸相同的圆柱体，称为斯巴达密码棒（scytale）。为了编码信息，发送方首先将一条狭窄的羊皮纸沿水平方向包在密码棒上，这样它就一圈圈地缠绕起来。然后顺着密码棒的垂直方向竖着写下信息。展开羊皮纸之后，上面的文字看起来毫无意义。只有将它重新缠绕在尺寸相同的密码棒上时，信息才会重现。从那以后，一代代人不断创造出更多的复杂加密方法。其中最复杂的一种机器编码装置是德国人发明的恩尼格玛，在二战中被德军所利用。

在 1977 年之前，所有想要发送加密消息的人都面临着一个固有的问题。发送方和接收方必须提前见面来决定使用哪种密码。例如，斯巴达的将军们需要对密码棒的尺寸达成一致。即使是批量生产的恩尼格玛，柏林方面依然需要派出特工，给潜水艇舰长和坦克指挥官传送密码本，详细说明每天加密所需的机器设置。当然，如果敌人得到了密码本，那他们就玩儿完了。

想象一下互联网电子商务使用这种密码系统的后勤状况。在安全发送银行账户信息之前，我们必须接收来自购物网站的安全信件，信中会告诉我们如何加密信息。考虑到庞大的网络信息流量，很可能会有大量的安全信件被拦截。一种适用于快速的全球通信时代的密码系统亟需开发。就像布莱切利园的数学家在二战时破解了恩尼格玛一样，现在也是数学家发明了一代又一代的密码，并将其从谍战小说带到了地球村。这些数学密码为我们所知的**公钥密码系统**的诞生奠定了基础。

其实加密和解密就像锁门和开门一样。对于传统的门，锁门和开门用的是同一把钥匙。对于恩尼格玛，用于加密的设置也可以用于解密。这个设置——称为**密钥**——一定要保密。接收者和发送者距离越远，后勤运送加密和解密的密钥就越困难。设想一个间谍头目想要安全地接收不同的特工发过来的加密消息，但是不希望这些特工看到彼此的消息。因此，不同的密钥需要分别发给不同的特工。现在把特工换成几百万名饥渴的购物网站用户。这种规模的操作虽说并非完全不可能，但对后勤来说简直是噩梦。首先，访问网站的用户无法立即下单，因为它们必须等待安全密钥传过来。万维网（World Wide Web）真的变成了"万未网"（World Wide Wait）。

公钥密码系统则像有两把不同钥匙的门：钥匙 A 用来锁门，钥匙 B 用来开门。你会忽然发现，对于钥匙 A 来说，没有必要再添加什么安全措施。其他人拥有这把钥匙并不会危及安全。现在把这个门想象成公司网站的安全部门的入口。公司可以自由地向任何访问者分发密钥 A，使得访问者可以给网站发送加密消息，比如信用卡号码。尽管每个人都可以用这个密钥来加密数据，也就是把秘密锁在门后，但没人可以读取其他人加密后的消息。实际上，一旦数据被加密，用户就无法读取，即使是自己发送的消息也不行。只有幕后运营这个网站的公司拥有密钥 B，而只有拥有密钥 B 才能解密并读取那些信用卡号码。

公钥密码系统的首次公开提出是在 1976 年的一篇影响深远的论文中，作者是斯坦福大学的两位数学家，惠特菲尔德·迪菲和马丁·赫尔曼。两人在密码世界中掀起了一种反主流文化的潮流，欲挑战政府机构对密码系统的垄断。尤其是迪菲，一个典型的反建制派，属于 20 世纪 60 年代的那种叛逆长发青年。两人都热衷于让密码学面向公众，并认为它不该仅仅是由政府关起门来讨论的话题，而是应该用于造福个人。但后来人们才知道，一些政府安全机构早就联合推进了这一密码系统，只是没有公开发表在期刊上，而是被列为**最高机密**，并被束之高阁。

斯坦福大学的这篇题为《密码学新方向》的论文，预示着加密技术和电子安全技术的新时代的到来。配有两个密钥的公钥密码系统，理论上听起来十分强大，但是能否将理论用于实践并创造有效的密码呢？经过几年的尝试，一些密码学家开始怀疑这种加密技术的可行性。他们担心这种学术化的密码系统无法应对真实世界的间谍活动。

10.2　RSA：MIT 三剑客

迪菲和赫尔曼的论文激发了众多人的灵感，其中就有麻省理工学院的罗纳德·L.李维斯特。和叛逆的迪菲和赫尔曼不同，李维斯特是个传统的人。他沉默寡言，讲话温和，行为举止也很慎重。当他读到《密码学新方向》这篇论文的时候，他的职业目标还是成为学术机构的一员。他的梦想是教授职位和定理，而不是密码和间谍。那时他还不知道，他所读的这篇论文将带他走上另一条路：创造出史上最强大、商业上也最为成功的密码系统之一。

在斯坦福大学和巴黎工作了一阵子之后，李维斯特于 1974 年加入 MIT 的计算机科学系。和图灵一样，他对抽象理论和具体机器的相互作用十分感兴趣。在斯坦福大学他花了一阵子时间来制作智能机器人，但是他的思想却转向了计算机科学更加理论化的层面。

在图灵的时代，受到希尔伯特的第二和第十问题的启发，计算机所面对的主要问题是，理论上是否存在这样的一种程序，它能够解决特定类型的问题。正如图灵所展示的那样，没有程序可以决定某个数学事实能否被证明。到了 20 世纪 70 年代，另一个理论问题在计算机科学界掀起了一阵风潮。假设的确存在解决特定数学问题的程序，那么是否有可能分析该程序解决问题的速度？如果要实现该程序的话，那么这个问题显然很重要。这个问题需要很强的理论分析能力，却又植根于现实世界。这种理论与实际的结合对李维斯特而言简直是完美的挑战。他离开了斯坦福大学的机器人项目，加入了 MIT，转而研究计算复杂度这一新兴学科。

李维斯特回忆道："一天，有个研究生带着这篇论文来找我，对我说：'您或许会对这个感兴趣。'"那正是迪菲和赫尔曼的论文，他立刻被吸引了。"他还说：'这篇论文在宏观上讨论了密码学的定义和发展。要是您也可以给出出主意就好了。'"文中的挑战囊括了李维斯特所有的兴趣：计算、逻辑学和数学。其中有个问题显然是出于对现实世界的考虑，但也直接关联到和李维斯特所关心的一个理论问题。"在密码学中，你所关心的是如何区分容易的问题和困难的问题，"他解释道，"而这正是计算机科学所研究的东西。"如果一个密码很难破解，那么它一定是基于某个很难计算求解的数学问题。

李维斯特开始尝试构建公钥密码系统，他从数学宝库中挑选所需的难题，这些问题都是计算机需要花很长时间才能破解的。他也需要有人来给他的工作提供反馈意见。那时的 MIT 已经开始打破传统大学的桎梏，加强各院系之间的互动和沟通，为的是鼓励跨学科研究。李维斯特虽然在计算机科学系工作，但他和数学系的同事在同一楼层。在他附近的办公室就坐着两位数学家，伦纳德·阿德曼和阿迪·萨莫尔。

阿德曼比李维斯特更善于交际，但仍然符合学者的经典形象，对那些看似不切实际的事物有着疯狂而奇妙的想法。阿德曼回想起有一天早晨，当他来到李维斯特的办公室时的情景："罗就坐在那儿，手里拿着一份稿子。他对我说：'你看过这篇斯坦福的论文吗，是关于加密、密码、加扰之类的……'我回答：'好吧，这挺好的，罗，但我还有重要的事情要谈，我真的不关心这些。'但是罗对此很兴趣。"阿德曼关心的是高斯和欧拉的抽象世界。证明费马大定理对他来说才是重要的事情，而不是投身于密码学这种流行学科的研究。

李维斯特在附近的办公室里发现了更好的聆听者——阿迪·萨莫尔，来 MIT 访学的以色列数学家。萨莫尔就和李维斯特一起寻找可用来实现迪菲和赫尔曼的设想的方法。尽管阿德曼并不怎么感兴趣，他还是难以无视李维斯特和萨莫尔的研究热情："每次我走进办公室里，他们都在讨论这个。他们尝试的多数系统都失败了。既然我也在那里，我就索性加入了讨论，看看他们的提议靠不靠谱。"

随着他们对"困难"的数学问题的研究范围不断拓展，他们的密码系统已初具雏形，并开始用到了越来越多的数论知识。这正是阿德曼的本行："因为那是我的专业领域，所以分析他们的系统时，我可以施展拳脚，而且大部分时间也用不着他们。"当李维斯特和萨莫尔提出一个看起来非常安全的系统时，他以为自己输定了。但是借助自己的数论知识，只需工作一宿就足以破解他们最新的密码："这种情况周而复始。在去滑雪的路上，我们讨论的是这个……甚至我们坐着缆车，快要到达山顶的时候，我们还在讨论这个……"

转折点发生在一天晚上，三人受邀去往研究生院，参加逾越节第一夜的晚餐。阿德曼没喝酒，但他记得李维斯特喝了一瓶逾越节家宴的酒。阿德曼半夜才回家。他到家不久后，电话铃响了。打来电话的是李维斯特："我想到了另一个点子……"阿德曼仔细地听着，说："罗，这次你成功了！我觉得你这个想法是对的。"关于因数分解的难题，他们已经思考了一段时间。对寻找构造出某个数的素因数而言，目前尚未出现任何巧妙的编程方法。这个问题太合适了。在逾越节晚宴酒的影响下，李维斯特已经看到了如何将这个问题通过编程融入到他的新密码中。李维斯特回忆道："当时的第一感觉真是太棒了。但我们知道，起初感觉良好并不意味着后面的路就会好走。所以我们把问题搁到了第二天早晨。"

次日上午，阿德曼来 MIT 上班的时候，李维斯特拿着一份手稿跟他打招呼，稿子的顶部写着阿德曼、李维斯特和萨莫尔的名字。阿德曼翻阅着手稿，回想起李维斯特昨天晚上打电话告诉他的事情。"于是我对罗说，'把我的名字去掉，这是你完成的'，之后我们为了要不要留下我的名字差点打起来。"最后，阿德曼同意再考虑考虑。当时阿德曼觉得署名与否并不重要，因为这篇文章有可能是他发表的文章中阅读量最低的。不过他又想到，为了这个早期的密码系统，他没日没夜地研究，终于让它有了较为成熟的方案，也让这篇论文避免了因生成不安全的密码而在发表后遭人唾弃的危险。"于是我回去找罗，对他说：'让我来当第三作者吧。'这就是 RSA 加密算法的名称的由来。"

李维斯特觉得他们最好研究一下因数分解问题到底有多难："研究因数分解在那时属于一种高深的艺术，相关文献也很少。我们所提出的算法究竟要花多少时间才能完成，我们也不好说。"不过恰好马丁·加德纳对这个问题有所了解，他是世界上最受欢迎的数学科普作家之一。加德纳被李维斯特的想法迷住了，正好他在《科学美国人》杂志上有一个专栏，他便问李维斯特是否愿意由他来写一篇专栏文章，介绍这一思想。

加德纳的文章发表后，读者的反响让阿德曼最终确信，他们真的搞了件大事情：

> 那年夏天，我在伯克利的某间书店里面。有一位顾客在和柜台后面的人谈论着什么，然后我听到他说："你有没有看过《科学美国人》里的那篇关于密码的文章？"我就走了过去，对他说："嗨，我就是文中提到的研究者之一。"他就回过头来，对我说："我可以得到你的亲笔签名吗？"我们可曾被人要过亲笔签名？从未有过。喔，当时感觉……也许我们的出头之日就要来了！

加德纳在文中还提到，只要提供贴好邮票并写上收信地址的信封，这三位数学家就会寄出论文的预印本。"等我回到 MIT 的时候，我们已经收到了数以千计的——毫不夸张，真是数以千计的——来自世界各地的信封，其中还有来自保加利亚国家安全局的……"

人们开始告诉他们三个，他们要发财了。即使是在 20 世纪 70 年代，电子商务还很难想象的时候，人们也能看出他们的想法拥有巨大的潜能。阿德曼觉得用不了几个月就会财源滚滚，于是直接出门买了辆红色跑车庆祝一下。看来邦别里并不是唯一一位用跑车来奖励自己在数学上的成就的人。

阿德曼的跑车最后还是用他在 MIT 的工资分期付清的。安全机构和商业机构着实花了一段时间，才真正领会了 RSA 加密算法在密码安全方面的威力。当阿德曼一边开着跑车，一边还想着费马大定理时，李维斯特已经开始着手推动他们的想法落地：

> 我们认为我们的方案或许还有一些商业价值。我们去 MIT 的专利办公室碰了碰运气，看看有没有公司愿意将其投入市场。但那时是 20 世纪 80 年代早期，我们几乎没有市场。那个时代对此感兴趣的人太少了。互联网尚未兴起，个人计算机也尚未普及。

对此最感兴趣的当然是安全机构。"安全机构开始密切关注这一技术的进展，"李维斯特说，"但他们仔细研究后，认为我们的研究计划不会进展太快。"在情报机构紧闭的大门背后，似乎有人做着同样的事情。不过安全机构也不是很确定，能否将特工人员的生命安全托付给几位研究密码的数学家。根据来自德国联邦信息安全局的安斯加尔·霍伊泽尔的回忆，在 20 世纪 80 年代，他们曾考虑在该领域使用 RSA 加密算法。他们问了这几位数学家一个问题：西方国家的数学家在数论上是否强于俄罗斯数学家。当得到否定的回答时，这个想法就被搁置了。但是在接下来的十年中，RSA 加密算法证明了自己的价值：它不仅能保护特工人员的生命安全，还能在商业领域大显身手。

10.3 一个密码学的纸牌戏法

如今网络上进行的大部分交易都是由 RSA 加密算法保护的。值得注意的是这种公钥密码系统背后的数学计算，令人想起高斯的时钟计算器，以及费马（阿德曼的偶像）所证明的定理，即费马小定理。

高斯计算器上的加法运算和我们所熟悉的 12 小时表盘的工作原理一致。我们知道，如果现在是 9 点，那么再过 4 小时就是 1 点。这就是时钟计算器上的加法运算：对数字进行求和，然后除以 12。以下就是高斯 200 多年前所写的式子：

$$4+9=1（以 12 为模）$$

在高斯的时钟计算器上，乘法和幂运算的原理也一样：先用传统计算器来计算，再将结果除以 12，最后取余数。

高斯还意识到，这种计算器不必拘泥于传统的 12 小时表盘。甚至在高斯明确提出时钟计算器的概念之前，费马就已经发现了一个基本规律，即所谓的费马小定理。假设有一个表盘时间为**素数**的时钟计算器，该素数用 p 表示。如果在该计算器上计算某个数字的 p 次幂的话，那么结果总是会出现最初的数字。例如，使用 5 小时表盘的时钟计算器来计算 2 的 5 次幂。传统计算器的计算结果是 32，而在 5 小时的表盘上，时针会指向 2 点。费马发现，每次将计算结果乘以 2 时，时针指向的钟点是有规律地变化的。5 次操作之后，时针就指向最初的钟点，并开始重复前 5 次的规律，如下表所示。

2 的幂运算	2^1	2^2	2^3	2^4	2^5	2^6	2^7	2^8	2^9	2^{10}
传统计算器	2	4	8	16	32	64	128	256	512	1 024
时钟计算器（5 小时表盘）	2	4	3	1	2	4	3	1	2	4

如果使用 13 小时表盘的时钟计算器来进行 3 的 13 次幂运算，即 3^1, 3^2, $\cdots$, 3^{13}，就会得到：

$$3, 9, 1, 3, 9, 1, 3, 9, 1, 3, 9, 1, 3$$

这时候指针并没有遍及表盘上所有的数字，但其指向的钟点还是有规律地重复的。也就是说，如果对 3 进行 13 次幂运算，那么第一次和最后一次运算的结果都是 3。无论费马选择了什么样的 p 值，这种神奇的现象都一样会发生。采用高斯的时钟运算或模运算的记法，可以将费马的这一发现描述为，在 p 小时表盘上，对任意素数 p 及表盘的任意钟点 x，都有：

$$x^p = x（以 p 为模）$$

费马的发现在某种程度上令数学家们热血沸腾。素数居然如此神奇，但背后的原因是什么呢？费马并不满足于实验观察，他希望从理论上证明，无论表盘时间选择什么素数，这一结论都能站得住脚。

费马在 1640 年写给他的朋友伯纳德·弗莱尼科·德贝西的一封信中描述了这一发现。他好歹没有像对待费马大定理那样，只在某本书的空白处写了几句话，声称"我确信已发现了一种美妙的证法，可惜这里空白的地方太小，写不下"。虽然他承诺将证明寄给弗莱尼科，但这一证明的文本至今下落不明。又过了一个世纪，相关的讨论才重新进入人们的视野。1736 年，欧拉发现了费马的素数表盘指针在进行素数幂次运算之后还能指向起始钟点的原因。欧拉还设法将费马的发现推广到 N 小时表盘上，其中 $N=p×q$，p 和 q 都是素数。欧拉发现，在这种表盘上，时针指向的钟点在 $(p-1)×(q-1)+1$ 步操作之后开始有规律地重复。

由费马发现并由欧拉推广的神奇的素数时钟运算，在逾越节晚宴结束后的深夜闯入李维斯特的脑海。李维斯特想到，可以将费马小定理作为设计新密码的关键机制，用于信用卡号码的加密和解密。

加密信用卡号码就像开始演示某种纸牌戏法，但这不是普通的纸牌：如果要记录这摞纸牌共有多少张，那么这个数字可以达上百位。用户的信用卡号码就是这些纸牌中的一张。用户将信用卡号码的纸牌放在这摞纸牌的顶部，然后由网站来洗牌，这样用户的纸牌似乎就"消失"了。想要从这摞打乱的纸牌中找回这张牌，无异于大海捞针，这对任何黑客而言都是不可能的任务。然而网站知道这个戏法背后的窍门。多亏有了费马小定理，网站只需要再洗一次牌，就能让信用卡号码那张牌在纸牌的顶端重现。第二次洗牌就是只有网站的所有者——也就是公司——才能掌握的密钥。

李维斯特设计这一加密技巧所用到的数学计算相当简单。洗牌也是通过数学计算来完成的。用户在网站上下单之后，计算机就会获取用户的信用卡号码并进行计算。计算很容易执行，但是如果不知道密钥的话，那就几乎不可能破解。这是因为计算使用的并不是传统的计算器，而是高斯的时钟计算器。

互联网公司会告诉客户，在他们下单之后，应该用多少个钟点的表盘进行时钟计算。这取决于素数 p 和 q 的大小，它们分别有约 60 位数。之后公司将两个数字相乘，得到第三个数字，即 $N=p \times q$。这样一来，表盘上的钟点数会特别大，可达 120 位。每个客户始终用相同的时钟计算器来加密信用卡号码。密码的安全性意味着公司可以一连几个月使用相同的表盘而无须更换。

为网站的时钟计算器选择表盘上的钟点数，这就是公钥选择的第一步。尽管数字 N 是公开的，两个素数 p 和 q 却依然保密。p 和 q 就是破解已经加密的信用卡号码的两个要素。

下一步，每个客户都会收到数字 E，它被称为加密数字。每个人的 E 都一样，而且它和 N 一样是公开的。如果要加密信用卡号码 C 的话，那么就在网站的时钟计算器上将其进行 E 次幂的运算。（把 E 看成魔术师洗牌的次数，洗牌之后就可以隐藏你选择的那张牌了。）借用高斯的表述，可以写作 C^E（以 N 为模）。

为什么这个加密算法如此安全呢？毕竟任何黑客都可以在网络空间里看到加密后的信用卡号码，而且他们还可以查询加密使用的公钥，公钥包含了 N 小时表盘的时钟计算器以及信用卡号码的 E 次幂运算。要破解这个密码的话，黑客要做的就是找到一个数字，该数字在 N 小时表盘的时钟计算器上经过 E 次幂运算，就能得到加密的信用卡号码。但是找到这个数字相当困难。因为幂运算是在时钟计算器而非传统计算器上进行的，所以破解起来格外困难。使用传统计算器的话，计算结果会和信用卡号码相乘的次数等比例增长，但使用时钟计算器就不会这样。这样一来，黑客就很难知道纸牌的初始位置，因为计算结果的数值大小和你从哪里开始没什么关系。于是，经过 E 次洗牌之后，黑客对于牌面几乎一无所知。

如果黑客对时钟计算器发起暴力枚举攻击呢？这也不可能成功。密码学家现在所利用的时钟计算器的 N，也就是表盘上的钟点数，已经有 100 多位了。也就是说，表盘上的钟点数比宇宙中的原子数还多。（相比之下，加密数字 E 通常就小得多了。）但是，如果这个问题不可能解决的话，那么互联网公司究竟是如何找回客户的信用卡号码的呢？

李维斯特知道，费马小定理能保证一个神奇的解码数字 D 的存在。互联网公司对加密的信用卡号码进行 D 次幂运算之后，最初的信用卡号码就会出现。魔术师在纸牌戏法中也使用了相同的技巧。一定次数的洗牌之后，纸牌顺序看似完全被打乱，但是魔术师知道，再洗几次牌就可以恢复原来的顺序。例如完美洗牌，一摞牌对半均分，然后让两侧的每张牌交错重叠，这样洗 8 次牌后，就可恢复原来的纸牌顺序。当然，魔术师的艺术是可以完成连续 8 次的完美洗牌。费马也发现了类似的时钟算法，即让 52 张纸牌恢复原来顺序的完美洗牌次数。而费马的戏法正是李维斯特用来破解 RSA 加密算法的武器。

尽管经过网站多次洗牌之后，客户信用卡号码的那张牌已经难寻踪迹，但互联网公司知道，就像数学魔术师一样，再经过 D 次洗牌，它就会出现在纸牌的顶部。但是只有知道秘密素数 p 和 q 才能知道 D。李维斯特利用了欧拉所推广的费马小定理，其时钟计算器使用两个素数而不是一个。欧拉已经证明，在这样的时钟计算器上，经过 $(p-1)\times(q-1)+1$ 次洗牌后，这摞纸牌就会恢复原先的顺序。因此，想要知道表盘钟点数

为 $N=p×q$ 的时钟计算器的重复周期到底有多长，唯一的办法就是知道 p 和 q。因此，掌握这两个素数就成了破解 RSA 加密算法的关键。令"消失"的信用卡号码重现的洗牌次数只有互联网公司知道，因此 p 和 q 也都是保密的。

尽管 p 和 q 是保密的，但它们的乘积 N 是公开的。因此，李维斯特的 RSA 加密算法的安全性是建立在对 N 进行因数分解的超高难度上的。黑客所面临的挑战和科尔教授在 20 世纪初所面对的问题是一样的：找到 N 的两个素因数。

10.4　挑战 RSA 129

为了使商业界相信因数分解问题有着悠久的历史，MIT 三剑客引用了数学大牛高斯关于因数分解的言论："科学本身的尊严似乎要求我们利用一切可能的方法来解决一个如此优雅和广为人知的问题。"尽管高斯承认因数分解的重要性，但他对如何解决这一问题也是一筹莫展。如果连高斯都无法攻克这个问题，那么 RSA 加密算法显然就可以保证企业的安全。

尽管有高斯对 RSA 加密算法的"认可"，在将其引入新的密码系统之前，因数分解问题一直处于数学研究的边缘。大多数数学家并不愿意过问这种数字解码问题的细节。如果大数的因数分解是要穷尽毕生精力才能实现的，那么它在理论上就没什么意义了。不过，李维斯特、萨莫尔和阿德曼的发现让因数分解问题受到了远比在科尔的时代更多的关注。

所以，将一个数分解为素因数到底有多难呢？当年的科尔可没有什么电子计算机，所以他找到梅森数 $2^{67}-1$ 的素因数 193 707 721 和 761 838 257 287 花了好多个周日下午的时间。现在我们有了计算机，那么是不是就可以一个个地查找素因数了？但问题是，如果待分解的是一个超过 100 位的大数，那么需要查找的次数比可观测宇宙中的粒子数量还要多。

基于这一事实，李维斯特、萨莫尔和阿德曼有足够的自信，并组织了一个挑战赛：一个长达 129 位的数字的因数分解。这一数字，伴随着一条加密消息，出现在马丁·加德纳在《科学美国人》的那篇关于密码的专栏文章中，也正是这篇文章让 RSA 加密算法吸引了来自全世界的目光。鉴于他们还不是百万富翁，所以他们只为挑战成功的人提供了 100 美元的奖励，而待因数分解的那个大数的代号为 "RSA 129"。那篇文章中，他们估计需要 $4×10^{16}$ 年才能破解 RSA 129。然而他们很快就发现，他们在预估破解所需时间的时候不小心犯了一个错误。尽管如此，鉴于当时的技术条件，解决因数分解问题仍可能需要上千年。

RSA 似乎实现了密码设计者的梦想：一套无法破解的密码系统。鉴于有那么多素数要查找，人们对这个系统的信心似乎也站得住脚。不过，德国人也曾经以为恩尼格玛是不可战胜的，因其生成的可能的密码组合数量超过了宇宙中星星的数量，但它还是被布莱切利园的数学家们打了一个响亮的耳光。加密算法不能太相信大数的威力。

RSA 129 的铠甲最后还是被攻破了。来自世界各地的数学家们无惧挑战，开始为破解这一难题而努力工作。文章发表后的第二年，他们就开始设计出更巧妙的方法来找出李维斯特、萨莫尔和阿德曼的两个加密素数。破解问题也并没有用掉 MIT 三剑客所预测的 $4×10^{16}$ 年那么多的时间，他们只用了差不多 17 年就解决了。这对于使用 RSA 129 加密的信用卡来说已经足够安全了。然而，这里还有一个问题：数学家们需要再过多久才能把破解时间从 17 年缩短为 17 分钟。

10.5　新技巧问世

　　密码学和数学的联动，为现代数学带来了一种新气象——更像是实验科学及实践科学。自 19 世纪的德国学派从法国革命时期的数学家那里抢走了指挥棒以来，现代数学就从未体验过这种文化。法国人将这门学科看作一种实用的工具，终究只是一种手段而非目的；威廉·冯·洪堡却认为追求知识就是为了知识本身。那些依然沉浸在德国传统的理论家们很快开始质疑因数分解的研究，用亨德里克·伦斯特拉的话说，就是"玫瑰花园里的猪"。相比于追求滴水不漏的数学证明，素数的相关研究显得无足轻重。但随着 RSA 加密算法商业价值的提升，针对大数的高效因数分解技术也成为了不可忽视的重要实践，从而也就有越来越多的数学家参与到 RSA 129 的破解中。最终的突破也并非来自计算机的快速发展，而是意想不到的理论进展。在密码破解过程中衍生的一些问题也进一步促进了现代数学更深层次的发展。

　　一位名为卡尔·波默朗斯的数学家也被这一新兴学科所吸引。波默朗斯也乐于在学术界和商业界之间奔走，一半时间交给佐治亚大学，另一半时间则交给位于新泽西州默里山的贝尔实验室。作为一名数学家，他从来没有丢弃儿时对摆弄数字和发现它们之间关系的热爱。他的一篇有趣的关于棒球比赛得分的数字命理学的文章引起了匈牙利数学家保罗·埃尔德什的注意。由于对文中提到的一个问题非常感兴趣，埃尔德什专程到佐治亚大学拜访波默朗斯，两人由此开始了一段日后联合发表 20 多篇文章的合作关系。

　　波默朗斯对因数分解的着迷，要追溯到高中数学竞赛时一道因数分解 8051 的题目。答题限时 5 分钟，当时也没有便携计算器。尽管波默朗斯的心算能力很强，他还是希望找到一个快速解答的方式，而不是一个个地去测试。"我用了两分钟来寻找简便算法，但又越来越担心这样做会浪费时间。然后我才开始了枚举测试，不过我**已经**浪费了太多时间，那道题的分数就丢掉了。"

　　因数分解 8051 的失败经历，激励着波默朗斯一生追逐因数分解的快速方法。最终他学到了老师的想法。令人惊讶的是，1977 年之前，因数分解最聪明的办法归于费马小定理的拥有者，而正是费马小定理催生了 RSA 加密算法。费马因数分解法是一种利用简单代数对特别挑选的数字进行因数分解的快速方法。使用费马的方法，波默朗斯只用了几秒就算出了 8051＝83×97。费马很喜欢密码的设想，如果他能得知自己的工作在大约 3 个世纪后成为了加密和解密算法的核心，那么他应该会感到无比开心。

　　当波默朗斯听说了李维斯特、萨莫尔和阿德曼发起的挑战赛之后，他立刻意识到破解 RSA 129 就是一扫早年失败阴影的好机会。在 20 世纪 80 年代早期，他想到了一个可以利用费马因数分解法的点子。利用几种不同的时钟计算器，就可以实现一台强大而神奇的因数分解机器。然而这个想法已经不是一场高中数学竞赛的产物了。这个被称作**二次筛法**的新发现对当时正在兴起的互联网安全领域有着举足轻重的影响。

　　波默朗斯的二次筛法基于费马的因数分解方法，但会持续改变用来拆解数字的时钟计算器。这个方法和埃拉托斯特尼筛法十分相似，这个由亚历山大图书馆的管理员埃拉托斯特尼发明的方法是用来提取素数的，先轮流找出某个数值范围内的素数，然后筛出该素数所有的倍数。这样一来，通过筛出不同素数的倍数，就无须单独考虑非素数了。波默朗斯将素数筛替换为不同的时钟计算器刻度（即钟点数）。每次在单独的时钟计算器上进行的运算，都会给波默朗斯提供可能的素因数的信息。可以使用的时钟计算器越多，波默朗斯离破解这两个素因数就越近。

　　这个思路的最终测试就是挑战 RSA 129。不过在 20 世纪 80 年代，波默朗斯的因数分解法还不足以胜任这一挑战。20 世纪 90 年代初互联网的出现帮了大忙。阿尔杨·伦斯特拉和马克·马纳塞这两位数学家意识到，互联网会是二次筛选法击败 RSA 129 的有力盟友。波默朗斯的因数分解法有一个巧妙之处：其工作任务可以分配给多个计算机来执行。这种工作方式已经应用于寻找梅森素数。伦斯特拉和马纳塞认为，他们也可以通过互联网协作来挑战 RSA 129。可以给每台计算机分配不同的时钟计算器，用来筛选素数。忽然间，原本受到 RSA 加密算法保护的互联网，又被拿来破解 RSA 129 这一难题。

伦斯特拉和马塞纳将二次筛法放在互联网上，并招募志愿者。1994 年 4 月，RSA 129 被宣告破解。这一项目集结了来自 24 个国家的上百台个人计算机，计算耗时长达 8 个月。项目负责人分别是 MIT 的德雷克·阿特金斯，爱荷华州立大学的迈克尔·格拉夫，牛津大学的保罗·莱兰，以及阿尔杨·伦斯特拉。甚至还有两台传真机参与其中——当它们不需要传递信息的时候，就分别用来检查 65 位数和 64 位数的素数。这个项目使用了 524 339 种不同的素数时钟。

到了 20 世纪 90 年代后期，李维斯特、萨莫尔和阿德曼发起了一系列新的挑战。截至 2002 年底，尚未被成功破解的 RSA 数字中，最小的是 RSA 160。[①] 自 1977 年以来，MIT 三剑客的经济状况也有所改善，因此如果现在成功破解了 RSA 数字的话，就可以赢得 10 000 美元的奖金。因为李维斯特会将用来构建 RSA 数字的素数丢弃，所以在破解之前是没人知道答案的。在三剑客所成立的 RSA Security 公司看来，相比于保持行业领先地位，10 000 美元只是一笔小钱。每当有人创造新纪录时，RSA Security 公司只需要建议企业增加素数的位数就可以了。

波默朗斯的二次筛法已经被数域筛法所取代。该算法曾被一群化名

---

① RSA 160 已于 2003 年 4 月 1 日被破解，感兴趣的读者可以查看维基百科网站的 RSA Secret-Key Challenge 和 RSA numbers 条目。——译者注

为"卡巴拉"（Kabalah）的数学家用于破解 RSA 155，并取得了成功。RSA 155 是一个意义重大的心理突破点。在 20 世纪 80 年代中期，安全机构依然无视 RSA 的时候，时钟计算器刻度能达到 155 位的计算机就被视作足够安全了。根据德国联邦信息安全局的安斯加尔·霍伊泽尔的陈述，在埃森市举办的一次密码学会议上，他们承认，如果研究密码的数学家持续前进，那么"我们将陷入一场灾难"。RSA Security 公司现在推荐使用的时钟刻度 N 至少要有 230 位。但是像安全局这样需要长效的密码来保护特工人员的机构，则需要至少 600 位以上的刻度。

10.6　鸵鸟政策

数域筛法在好莱坞电影《通天神偷》中露了一小脸。罗伯特·雷德福听了一位年轻数学家所做的关于大数拆分的演讲："数域筛法是目前最好的方法。也可能存在更优雅的方法……但是也可能，仅仅是可能，会有捷径。"显然，多纳尔·罗格扮演的这个天才数学家发现了这种方法，即"高斯比例的一个突破"，然后据此研制了一个小黑盒（即万能解码器），而这个小黑盒不出所料地落入了本·金斯利扮演的坏人手里。大部分观众可能会觉得这种天马行空的剧情永远不会发生在现实中。然而，该片的片尾字幕中清清楚楚地写着"数学顾问：伦纳德·阿德曼"，也就是 RSA 中的 A。阿德曼承认，我们并不能保证这个场景不会发生。该片的编剧劳伦斯·拉斯克，同时也是《无语问苍天》和《战争游戏》的编剧，请来了阿德曼以确保影片中的数学知识准确无误。阿德曼说："我很喜欢劳伦斯，以及他对作品认真负责的态度，于是我就答应了。他要付给我报酬，不过我对他说，只要能让我妻子洛丽见上罗伯特·雷德福一面，我就答应。"

对于这种学术上的突破，企业做了怎样的准备呢？有些企业还是能未雨绸缪的，但整体来讲，大部分企业还是采取了鸵鸟政策。如果你就此事询问企业和政府安全机构，他们的回答多少还是有些令人担心的。以下是我利用加密电路记录下来的一些评论。

"我们只关心我们是否已经达到了政府制定的标准。"

"如果我们失败了，那么至少还有很多人也会失败。"

"希望在数学取得如此的突破时，我已经退休了，这样就跟我没什么关系了。"

"我们还抱着希望，毕竟现在还没有人料到将来会有什么突飞猛进的进展。"

"既然没有人能保证将来如何，我们也就不去猜想了。"

在给企业讲解互联网安全的时候，我会提出自己版本的 RSA 小挑战：最先找到构成 126 619 的两个素因数的人可以获得一瓶香槟。我曾经在三个不同的国家举办的银行研讨会上做过演讲，参会人员对这个挑战的反应各不相同，这也反映出金融界对互联网安全的态度存在有趣的文化差异。在威尼斯，欧洲的银行家对密码背后的挑战和数学原理一窍不通，我只好在听众里找了个"托儿"给出答案。相比于欧洲的银行家，远东地区的银行家多数接受过人文学科教育，因此具有更加深厚的科学功底。在巴厘岛的一次演讲的最后，一个男人站起来，说出了这两个素数，赢得了香槟。对于密码背后的数学原理及其在电子商务中的应用，他们也比欧洲的银行家流露出更多的赞许和肯定。

不过真正令我大开眼界的是在美洲的演讲。那天演讲结束后，我回到自己的房间，之后不到 15 分钟的时间里，我接到了 3 个给出正确答案的电话。打来电话的其中两个人是美国银行家，他们从网上下载了密码破解程序，算出了 126 619 的素因数。第三个人不愿意透露自己的解题方法，因此有人强烈怀疑他偷听了前两个人的答案。

企业已经选择信任一部分数学知识，但是这部分知识很少有人亲自检验。的确，日常互联网安全的直接威胁更可能来自草率的管理者，他们的疏忽大意使得重要信息未经加密就出现在网站上。像任何加密系统一样，RSA 加密算法也容易受制于人性的弱点。二战时期，德军为了使用恩尼格玛，专门编写了一本教材，但由于操作者在其中犯了一系列错误，反而让同盟国占了便宜。同样，RSA 加密算法也可能因操作者选择了过于容易破解的数字而被攻破。如果想破译密码，买一台二手计算机可能是比读个数学系的博士更划算的投资。放在过时机器上的敏感信息也同样危险。给保管密钥的人一点小小的贿赂，可能比花钱雇用一支数学家团队来破解密码的回报多得多。正如布鲁斯·施奈尔在他的著作《应用密码学》中所写的，"发现人性的弱点比发现加密系统的漏洞要容易太多了"。

这样的安全漏洞虽然对被牵连的公司来说十分严重，但并不会给总体的互联网金融造成实质性的威胁。这也就给《通天神偷》这类电影提供了创作空间。虽然在破解数字密码层面有突破性进展的可能性很小，但威胁依然存在，而且有可能引发全球性的灾难。一旦危机爆发，就可能会变成电子商务的"千年虫"，令电子邮件系统彻底崩溃。我们认为破解数字密码本身是有难度的，但我们无法证明这一点。如果我们能向公司高管们保证，快速执行因数分解的程序是找不到的，那么他们的精神负担或许会减轻不少。但要证明不存在这样的事情显然是非常困难的。

破解数字密码是个相当复杂的任务，这不是因为数学难度大，而是因为这种工作相当于大海捞针。这一点还引申出许多其他的问题。例如，虽然每张地图都可以用 4 种颜色来分区填色，但是有没有只用 3 种颜色就能填满的地图呢？唯一的办法似乎就是费时费力地尝试所有可能的地图，直到你幸运地找到只用 3 种颜色就能填满的地图。

在兰顿·T.克雷的千禧年难题中，有一道 P 与 NP 问题，它针对地图填色提出了一个有趣的问题。如果问题的复杂度就像大数的因数分解以及地图填色那样，搜索过程如同大海捞针，那么是否总存在一种有效的办法，使得我们可以找到这根针？对于 P 与 NP 问题，我们直觉给出的答案是否定的。有些问题本身具有内在的复杂度，即使是高斯再世，恐怕也对其束手无策。不过如果答案是肯定的，那就像李维斯特所说的，"这将成为密码学界的灾难"。包括 RSA 加密算法在内的多数密码系统都是基于大海捞针的搜索难度而设计的。对千禧年问题的肯定回答，就意味着的确存在快速因数分解的方法——只不过我们还没有发现而已。

企业并不太在乎数学家对于构建百分之百安全的密码系统的狂热，这也并不意外。几千年来，大数的因数分解都是十分困难的，因此即使密码系统的安全率为 99.99%，商业界也乐意在此基础上构建网上商城。大部分数学家认为因数分解有天然的计算难度，但是没人能预知这个领域在接下来的十年还会有怎样的进展。毕竟，在 20 世纪 80 年代，RSA 129 看起来还是很安全的。

因数分解如此困难的一个主要原因就是素数分布的随机性。因为黎曼假设尝试解释素数的这种古怪行为，所以对这一假设的证明能带来新思路。1900 年，希尔伯特在对黎曼假设的描述中强调，黎曼假设的证明能够帮助我们解开更多的数学谜题。以黎曼假设作为素数研究的核心，数学家们为寻找证明而不断努力，因为一旦找出这一证明（如果存在的话）就能给因数分解带来新思路。这也是商业界开始关注深奥的素数研究的原因。当然，商业界关注黎曼假设还有另外一个原因。互联网公司必须先找到两个 60 位的素数，才能使用 RSA 加密算法。如果黎曼假设成立的话，互联网公司就可以更快地找到用来构建 RSA 密码的两个素数，从而保障当前电子商务的安全。

10.7　寻找大素数

随着互联网的迅速发展，保障互联网安全所需的素数也越来越大。欧几里得对素数数量无穷的证明忽然间有了意想不到的商业意义。如果素数的分布毫无规律可言，那么企业该如何寻找这些大素数呢？素数的确取之不尽、用之不竭，但是素数的位数越多就越不好找。如果事实的确如此，那么是否存在足够多的大素数，让地球上的每个人都可以用两个不同的 60 位素数生成一个自己的私钥呢？此外，即使答案是肯定的，也可能只是**刚好够用**，这样两个不同的人就很有可能得到一对重复的素数。

好在大自然对电子商务十分友善。根据高斯的素数定理，60 位数的素数大概有 $10^{60}/\log 10^{60}$ 那么多。这意味着即使给地球上的每个原子都分配两个不同的 60 位素数也足够了。不止如此，你买的英国国家彩票中奖的概率比两个不同原子被分配同一对素数的概率还要高。

既然素数够用了，那么我们如何知道一个数是否为素数呢？我们已经知道，将一个非素数分解为两个素因数是很困难的。但如果候选数本身就是素数的话，那么判断起来就加倍困难了。总之，关键要证明没有更小的数字可以整除候选数。

其实判断一个数是否为素数并没有我们所想象的那般困难。有一种快速测试可以检验一个数字是否为素数，即使找不到素因数也无妨。这就是科尔教授早在向外界宣告他的发现之前，就知道他所分解的那个数字（$2^{67}-1$）并非素数的原因。不过该测试对于黎曼假设的核心——预测素数分布——并无帮助。尽管该测试不足以让我们欣赏到黎曼假设的完整乐章，但它能够帮我们判断某个具体的数是否为素数，因此它让我们听到了乐章中独立的音符。

该测试源自费马小定理，这一定理也促成了李维斯特在喝了逾越节晚宴的一瓶酒之后发明了 RSA 加密算法。费马发现，如果他在一个刻度为素数 p 的时钟计算器上取一个数字并进行 p 次幂的运算，那么他总会得到最初的那个数字。欧拉意识到费马小定理可以用来证明某个数字**并非**素数。例如，在一个刻度为 6 小时的时钟计算器上，将 2 连续相乘 6 次，时针就会落在 4 点的位置。如果 6 是素数的话，那么时针应该指向 2 点。因此，费马小定理告诉我们，6 不是一个素数，否则它就是费马小定理的反例。

想要知道一个数 p 是否为素数，就可以使用刻度为 p 的时钟计算器。我们在其上取不同的数字来测试，看看进行 p 次幂的运算后能否回到原点。只要出现不符合费马小定理的情况，就去掉这个数，因为它肯定不是素数。每当找到一个通过费马测试的数之后，就不用再证明 p 是素数了，因为时钟计算器本身就可以证明这一点。

在时钟计算器上的这种测试，相比于尝试用比 p 更小的数来整除 p，究竟有什么好处呢？ 关键在于，如果 p 无法通过费马测试，那么就会是严重的失败——表盘上大部分的时间都无法通过测试。还有很多方法可以证明 p 不是素数，因此这是个极为重要的突破。这与逐个检查某个数是否为 p 的因数的除法检验形成了强烈的对比。如果假设 p 是两个素数的乘积，那么在除法测试中，只有找到那两个素数才能证明 p 不是素数，其他的数字则毫无意义。想让除法测试奏效，就必须精确地找到那两个素数。

在一篇与他人合作的文章中，埃尔德什估计（虽然没有严格证明），如果检验一个小于 10^{150} 的数字是否为素数，只要有一次通过了费马测试，其不是素数的可能性就小于 $1/10^{43}$。*The Book of Prime Number Records* 一书的作者保罗·里本博姆称，利用这个测试，任何互联网安全公司都可以宣称"不满意就退款"，而无须担心赔本。

几个世纪以来，数学家们逐渐完善了费马的测试。20 世纪 80 年代，两位数学家加里·米勒和迈克尔·拉宾提出了一个只需数次检验就能保证找出素数的方案。不过米勒－拉宾测试还有些数学上的小瑕疵：仅当黎曼假设成立时，该测试才有效（更精确地说，它是黎曼假设的一个小推广）。这是我们所能知道的黎曼这座大山背后最重要的东西。如果能证明黎曼假设及其推广，你就能获得百万美元奖金，顺手还保证了米勒－拉宾测试的确是一种寻找素数的快速而有效的方法。

2002 年 8 月，来自印度理工学院坎普尔分院的三位数学家——马宁德拉·阿格拉沃尔、尼拉吉·卡亚勒和尼廷·萨克塞纳——发明了另一种检测素数的方法。这种方法虽然运算速度慢了一点，但是避免了对黎曼假设的依赖。这种方法的出现对于素数研究界也是一个大大的惊喜。在这一成果发表后的 24 小时内，就有 3 万人——包括卡尔·波默朗斯——下载了他们的论文。由于文章的表述直观通透，当天下午波默朗斯就在研讨会上向同事介绍了这篇文章的细节。波默朗斯认为这个方法"相当优雅"。拉马努金精神在印度依然强大，这三位印度数学家无惧挑战已有的素数检验理论。同时，这一故事也给人们带来了希望：也许总有一天，人们可以解答黎曼假设这一终极的素数问题。

令人惊讶的是大自然对密码学家竟然如此友好。她提供了生成素数的便捷方法，让我们得以构建互联网安全密码系统，却又将大数因数分解的便捷方法隐藏了起来。不过，大自然能在密码学家这边站多久呢？

10.8 未来是光明的，未来是椭圆形的

由于素数理论能够在实际应用中解决商业领域的难题，数学这门学科的地位得到了极大的提升。如果有人质疑为何要给数论之类晦涩难懂的研究提供资助，那么素数在 RSA 加密算法中的作用无疑是一个有力的反驳。在克雷数学研究所的千禧年大奖难题的发布会上，菲尔兹奖得

主威廉·蒂莫西·高尔斯爵士在所做的题为"数学的重要性"的演讲中引用了这个例子，借此为数学的实用性正名。

在 RSA 加密算法出现之前，大部分数学家都很难想出这样一个抽象数学理论的应用实例：它是如此引人瞩目，一出现就牢牢抓住了人们的心。RSA 加密算法的出现对数学这门学科而言，可以说是幸运而又及时的突破。从此几乎可以肯定，在数论方向的研究基金申请书上几乎都会出现"可能用于密码学应用"这种话。平心而论，RSA 加密算法背后的数学知识并不高深。大部分数学家也不会将破解数字密码视为解开长期困扰数学界的经典谜题（如黎曼假设）的前奏。

虽然对黎曼假设和 P 与 NP 问题的回答都可能会影响 RSA 加密算法的安全性，但另外一个千禧年难题差点儿引爆了电子商务的千年虫危机。1999 年初，一条流言开始四处传播：伯奇和斯温纳顿－戴尔猜想，也就是有关椭圆曲线的一个问题，可能会暴露互联网安全的阿喀琉斯之踵①。

1999 年 1 月，《泰晤士报》发表了头版文章，标题为《少女破解邮件密码》。这一成就为爱尔兰少女萨拉·弗兰纳里赢得了某科学竞赛的一等奖，不过它所能带来的商业利益更引人瞩目。文中配有一张萨拉·弗兰纳里的照片，照片中的她站在写满数学公式的黑板前面，图片说明这样写道："16 岁的萨拉·弗兰纳里用她的密码学知识征服了评委。她得到的评价是'十分杰出'。"由于互联网安全高度依赖"邮件密码"，这篇报道不出所料地引起了媒体和公众的广泛关注。细读文章后会发

---

① 阿喀琉斯之踵（Achilles' Heel），原指阿喀琉斯的脚跟。阿喀琉斯是荷马史诗中的一位英雄，在刚出生时就被母亲倒提着浸进冥河，被冥河之水浸泡过的皮肤就刀枪不入。但他被母亲捏住的脚后跟露在水外，使得全身留下了唯一一处"死穴"。后来，阿喀琉斯被敌人一箭射中了脚踝而死去。现在这个词一般指致命的弱点、要害、软肋。——译者注

现，标题中的"破解"并不是一种针对 RSA 密码安全的新型攻击，而是一个会影响到 RSA 加密算法实现的实际问题。

利用 RSA 算法给信用卡号码加密或解密的时候，数字在时钟计算器上相乘多次，而时钟的刻度可达上百位。这么大的数字，计算机需要好长的时间来计算。大多数网站会要求你提供除了信用卡号码以外的更多信息，然后它们利用 RSA 加密算法得到私钥，你的计算机和网站都需要私钥来加密你所提供的信息。私钥为信息接收者和发出者所共享，其加密过程比 RSA 公钥加密要快得多。

如果你在家上网购物，家中的计算机内存充足、处理器也很快，那么你甚至可能都注意不到信用卡号码的加密时间。不过随着技术的发展，即使出了家门也可以上网。手机、掌上计算机和其他手持设备都可以为你提供联网服务。所谓的 3G（第三代）通信技术为这些移动设备提供了网络传输的机制。不过，如果你一上午都在用掌上计算机网购，那么等到结账的时候，加密信用卡号码会把该设备的性能推至极限。

手机和掌上计算机不是为大规模计算而设计的。相比于台式机，它们的内存更小，处理器也更慢。此外，移动设备使用的传输带宽也比电话线和缆线要窄 ①，因此有必要压缩数据，使其传输带宽达到最小值。由于用于破解密码的计算机速度越来越快，如果想要始终立于不败之地，那么 RSA 加密算法就需要越来越大的数字，而移动设备的性能有限，难以满足这一需求。

长期以来，密码学家一直在寻找一种新的公钥密码系统，它应该具备 RSA 加密算法的安全和性能，但是更快且更小。1999 年，《泰晤士报》和其他媒体报道了 16 岁的萨拉·弗兰纳里的事迹，并相信她所发现的正是这样一种密码系统。弗兰纳里的加密算法很快，但是在公布后

---

① 现在已经不这样了。——译者注

的短短 6 个月就有人发现了它的安全漏洞。这对商业界来说是一个善意的警告，因为有些公司已经打算投资弗兰纳里的新密码系统了。值得称赞的是，她本人从来没有宣称过这个密码系统是安全的。密码的安全性只能由时间和测试来检验，而媒体对此知之甚少。最终，弗兰纳里的加密算法背后的思想让更多事实浮出水面。

RSA 的竞争对手开始出现——一种应对来自无线移动通信或者移动商务的挑战的新密码系统。新密码系统的背后不是素数，而是某种更奇怪的东西：**椭圆曲线**。这种曲线由特殊类型的方程所定义，在安德鲁·怀尔斯对费马大定理的证明中处于核心地位。椭圆曲线作为一种快速因数分解的新方法的一部分而被引入密码学研究中。这里似乎有个不成文的规则：密码破解者总能回馈给密码构造者一种更好的密码系统。华盛顿大学的数学教授尼尔·科布利茨在研究破解 RSA 加密算法的方法时想到了椭圆曲线，并认为椭圆曲线也可以用来构造加密算法。他在 20 世纪 80 年代提出了椭圆曲线密码系统（ECC，elliptic curve cryptography）的构想。与此同时，普林斯顿国防分析研究所通信研究中心的数学研究人员维克托·S. 米勒也发现了利用椭圆曲线进行加密的方法。虽然这些密码系统都比 RSA 复杂，但基于椭圆曲线的密码不需要超长数位的密钥，这一特点使得它们完美匹配移动商务的需求。

尽管因发明了适用于移动设备的密码系统而卷入了商业界，科布利茨的心思仍放在哈代的纯数论方向上。作为数论界的一位资深数学家，他依然保持着童年时的那种对数学的热情，而让他点燃热情的其实是一系列巧合：

在我 6 岁的时候，我们家在印度的巴罗达度过了一年。那里的学校所教的数学比美国的学校更难。次年我回到美国的时候，我的数学成绩就可以碾压其他同学了。于是老师就误认为我在数学方面有着特别的天赋。就像老师对学生的其他错误看法一样，这种错觉可能会成为一种自我实现的预言。从印度回来之后，我所得到的鼓励最终使我成为了一名数学家。

科布利茨早年在印度的经历不仅让他走上了数学研究的道路，也让他意识到了世界上所存在的社会不公正。成年之后，他去往越南和中美洲教学。在他的众多关于数论和密码学的著作中，有一本的献词是"纪念我曾经的学生：他们在越南、尼加拉瓜和萨尔瓦多的战争中失去了生命"。该书的稿费用于为这三个国家的人们捐赠图书。

在美国国内，科布利茨表达了对美国国家安全局的不满，因其插手自己的研究领域。即使是在最深奥的数学杂志上发表一些数论方面的文章，也需要事先得到国家安全局的许可。由于科布利茨的新构想，椭圆曲线和素数一起被加入了当局审查的"限制名单"当中。

李维斯特、萨莫尔和阿德曼利用高斯的时钟计算器来加密信用卡号码。科布利茨则打算利用一些奇怪的曲线来加密信用卡号码。与表盘上进行的乘法运算不同，科布利茨想要的是一种能在椭圆曲线的点上定义的奇怪的乘法运算。

10.9　迦勒底诗歌的乐趣

起初，RSA 公司感觉这个新密码系统的出现给自己造成了威胁。它挑战了 RSA 公司在互联网加密领域的垄断地位。RSA 公司的焦虑在 1997 年达到顶峰，它们开设了一个叫作 ECC Central 的网站。这个网站上引用了一系列著名数学家和密码学家的言论，内容都是对椭圆曲线密码系统安全性的质疑。有人称因数分解问题历史悠久，可以追溯到高斯的时代，如果连高斯都对此无能为力，那么 RSA 加密算法显然是安全的。还有人说椭圆曲线种类繁多，黑客有可能以此为突破口。因为密码学还属于新兴学科，所以很难判断，我们目前所具备的关于椭圆曲线的知识，是否足以攻破这样一个密钥长度较短的密码系统。毕竟萨拉·弗兰纳里的密码系统只维持了 6 个月。

RSA 公司团队也指出，如果和银行家讨论他们 10 亿美元交易背后的密码保护系统，那么因数分解的问题并不难解释。不过如果要从 $y^2 = x^3 + \cdots$ 开始的话，他们很快就变得目光呆滞了。椭圆曲线密码系统的主要支持者 Certicom 公司反驳了这一观点，称在金融安全培训课程的最后，银行家们对摆弄椭圆曲线上的点乐此不疲。

不过最令椭圆曲线阵营恼怒的人是李维斯特，也就是 RSA 中的 R，导火索是他的如下言论："试图对椭圆曲线加密系统的安全性进行评估，有点像对最近发现的迦勒底诗歌发表评论。"

ECC Central 网站刚上线的时候，科布利茨正在加州大学伯克利分校做关于椭圆曲线的讲座。他还没有听说过迦勒底诗歌，便匆匆跑去图书馆查阅资料。他发现迦勒底人就是古代的闪米特人，于公元前 625 年至公元前 539 年统治巴比伦南部。"他们的诗歌相当伟大。"他说。于是他找了一些 T 恤，印上椭圆曲线的图片，图片上方写着一行大字"我爱迦勒底诗歌"，然后在讲座上将这些 T 恤分发给听众。

迄今为止，椭圆曲线密码系统经受住了时间的考验，并已经被采纳为政府标准。手机、掌上计算机和智能卡正在应用这一新型加密系统。你的信用卡号码正在这些椭圆曲线周围加速运转，运转的同时就覆盖了之前的轨迹。尽管最初是为小型的移动设备而设计的，椭圆曲线密码系统也逐渐为大型设备所青睐。德国联邦信息安全局就公开承认，是椭圆曲线密码系统在保证他们特工的安全。甚至我们每次搭乘航班时，我们自己的安全也要依靠这些曲线。椭圆曲线被用来保障全世界的空中交通管制系统的安全运行。RSA 公司随后关闭了自己的 ECC Central 网站，专注于研究与 RSA 系统并行的椭圆曲线密码系统。

　　然而在 1998 年的夏天，一种担忧开始困扰那些曾看好椭圆曲线密码系统的安全性的投资者——椭圆曲线密码系统的安全性可能会毁于其额外的结构。几个月之后，科布利茨宣称，伯奇和斯温纳顿 – 戴尔猜想，这个关于椭圆曲线的最伟大问题之一，不会对椭圆曲线在密码学中的应用有丝毫影响。不过，就像哈代认为数论永远没有使用价值一样，科布利茨的预测最终也失败了。的确，或许正是科布利茨充满挑衅的声明，促使布朗大学的数学教授约瑟夫·西尔弗曼提出了一种基于伯奇和斯温纳顿 – 戴尔猜想的破解方法。

　　伯奇和斯温纳顿 – 戴尔猜想是千禧年七大难题之一。它提出了一种判断椭圆曲线方程是否有无穷多个解的方式。1960 年，两位英国数学家，布莱恩·伯奇和彼得·斯温纳顿 – 戴尔爵士，猜测答案或许藏在某个虚数图景中，就像黎曼假设一样。对数学家而言，这个猜想让这两人的名字就像劳雷尔与哈迪①一样密不可分，尽管很多人误以为这个猜想由三个人提出——伯奇、斯温纳顿和戴尔。从个性来看，大大咧咧的伯奇更像劳雷尔，不苟言笑的斯温纳顿则更像哈迪。

　　黎曼发现了带你从素数飞往 ζ 函数图景的虫洞。另一位哥廷根大学的数学家赫尔穆特·哈塞提出，每个椭圆曲线都有自己独立的虚数图景。在德国数学史上，哈塞是一个有争议色彩的角色。当哥廷根大学数学系在二战中遭到破坏时，哈塞被任命接管数学系。他同时成为了当权者和希望保持哥廷根传统的数学家眼中的合适人选。

　　数学界对哈塞的感情也相当复杂。为了讨好当权者，他甚至在 1937 年给当局写信，要求将自己的一位犹太人祖先从记录中删除。卡尔·路德维希·西格尔回忆起 1938 年一次旅行归来时看到他的感受："这样一

---

①　劳雷尔和哈迪，又译为劳莱与哈台，是由瘦小的英国演员斯坦·劳雷尔与高大的美国演员奥利弗·哈迪组成的喜剧双人组合，在 20 世纪 20 ～ 40 年代非常走红。他们演出的喜剧电影在美国电影的古典好莱坞时期占有重要地位。——译者注

个智慧而充满理性的人怎么会做出这种事情，实在是难以理解。"尽管社会活动中的名声不太光彩，哈塞的数学能力还是可圈可点的。他的名字因哈塞 ζ 函数而不朽，这一函数用于构建包含椭圆曲线方程解的秘密的图景。

黎曼已经能够构建包含虚数地图的完整图景，哈塞在椭圆曲线的图景上却做不到同样的事情。对于每个椭圆曲线，他可以构建部分相关的图景，但是超过某个点之后，他就发现自己被横贯南北的山脉所阻拦，令他无法跨越。最后是安德鲁·怀尔斯对费马大定理的证明解决了跨越边界以及绘制完整图景的问题。

然而在若干年前，我们尚不知道山的那边是否有图景时，伯奇和斯温纳顿－戴尔就已经对这个假设的图景所包含的信息做出了设想。他们预测每个图景都有一个点来决定构建图景的特定椭圆曲线是否有无穷解。其中的技巧就是测量图景在数字 1 上方那个点的高度。如果此处图景高度为 0 的话，那么椭圆曲线就有无穷多的分数解。反之，如果此处图景高度不为 0 的话，那么椭圆曲线就有有穷多的分数解。如果伯奇和斯温纳顿－戴尔猜想正确，也就是说这些点中包含了发现椭圆曲线解的秘密，那么这就是虚数图景强大威力的又一个例子了。

尽管伯奇和斯温纳顿－戴尔是从理论观点出发的，但他们的猜想很大程度上是特殊的椭圆曲线的实验结果。伯奇回忆起那个灵光乍现的时刻，当时他正在研究那些他计算出的数字："那时我正待在德国黑森林[①]的一家可爱的旅馆里面。我将计算出的点绘制成图，然后你猜怎么着，十多个点排成了四条平行线……太棒了！"出现平行线图案意味着这些点背后有一种很强的关联。"从那时起我就确信这里面有值得研究的东西。我回去对彼得说：'嘿，过来看看这个！'"但就像伯奇又搞砸了什么事情

[①] 黑森林（德语 Schwarzwald，英语 Black Forest）是德国最大的森林山脉，位于巴登－符腾堡州。——译者注

一样，斯温纳顿－戴尔回答道："我早就告诉过你了。"他向来如此。

伯奇和斯温纳顿－戴尔猜想自 20 世纪 60 年代被提出以来，已经取得了重大进展。怀尔斯和察吉尔做出了重要的贡献，但是依然有很长的路要走。这一猜想能入选千禧年难题，其重要性不言而喻。它也是千禧年难题中唯一不断取得进展的问题。不过伯奇认为要等到获奖者的出现依然需要一些时日。无论如何，伯奇和斯温纳顿－戴尔猜想已成为一张通往百万美元的通行证——不是克莱大奖，而是保障互联网密码安全的百万美元。

基于椭圆曲线的密码系统，其安全性依赖于给特定算数问题寻找解的困难程度。约瑟夫·西尔弗曼受到伯奇和斯温纳顿－戴尔猜想的启发，认为这一猜想可能会给密码问题在何处寻找解答提供新的思路和提示。这的确是个漫长的过程，他也承认自己怀疑过这种破解方法究竟有没有效率。但是没有一个专家可以轻易否定的是，它可能成为黑客所追求的快速破解程序之一。

西尔弗曼本可以将他的破解计划公之于众。如果这样，那么媒体会为之疯狂；RSA 公司会对此幸灾乐祸；Certicom 公司的股票会崩盘；即使危机被化解，椭圆曲线也难以恢复声誉。但是西尔弗曼选择了更为学术的方式。他将在某会议上就此问题做报告，在会议开始前三周，他通过电子邮件把研究计划发给了科布利茨。

科布利茨正打算周末动身前往加拿大的滑铁卢，也就是 Certicom 公司的总部。Certicom 公司的经理很快发来传真，希望他可以尽快修补漏洞，或者解释一下西尔弗曼的破解为什么是无效的。科布利茨说："起初，我看不出西尔弗曼的研究计划有任何问题。"科布利茨喜欢在坐飞机的那天早起，他也明白自己需要做点什么来安抚滑铁卢那边的朋友。当他登机的时候，他已经确信，如果西尔弗曼的破解计划成功，那么RSA 也会败在他手上。因此，如果椭圆曲线密码系统倒下，那么就轮到

RSA 加密算法遭殃了。

"那时感觉很糟糕，"科布利茨回忆道，"我给西尔弗曼发电子邮件说，人生中碰到这样的时刻，会让你庆幸自己是数学家而不是商人。你开始意识到生活比电影还要精彩。"西尔弗曼或许对 RSA 的失败并不关心。他是名为 NTRU 的新密码系统开发团队的一员。至于 NTRU 这四个字母究竟代表什么，他们有些闪烁其词，不过人们通常认为 NTRU 代表"我们是数论学家"（Number Theorists "R" Us）。不同于其他密码系统，这种攻击对他们无效。这是 NTRU 股票翻身的良机。

用了差不多两周的时间，科布利茨确定了椭圆曲线的特殊结构，从而判定西尔弗曼的研究计划在计算上是不可行的。拯救椭圆曲线密码体系的功臣用术语叫作"高度函数"，科布利茨称之为"金盾"。它不仅能保护密码系统免遭西尔弗曼方法的攻击，还能抵御其他种类的攻击。虽然这一事件起初带来了些许恐慌的情绪，但是科布利茨在接下来的会议报告中让一切回归了一种学术的安宁。他也很享受向听众讲述这段历史，报告题为"纯数学差一点击垮了电子商务"。这个故事的重点在于，来自数学世界中晦涩而抽象的角落的前沿研究，如今却可能令商业界俯首称臣。

正是诸如此类的原因，使得 AT&T 公司和国家安全局密切关注着哈代眼中"纯粹而温柔"的数论世界。20 世纪八九十年代，AT&T 公司的领导者安德鲁·奥德里兹科开始将公司的超级计算机用于探索黎曼图景中从未被涉足的领域。你或许会问，搞这些计算的目的是什么？如果对能否发现黎曼假设的反例毫无兴趣的话，那么 AT&T 公司为何要花费如此多的人力和物力来计算这些零点？在听了美国数学家休·洛厄尔·蒙哥马利关于离黎曼临界线非常远的零点的报告之后，奥德里兹科对他所做的一些古怪的理论预测产生了极大的兴趣。奥德里兹科认为，如果这些预测准确的话，那么素数的故事将迎来最奇特也最出乎意料的转折点之一。

第 11 章
从有序零点到量子混沌

真正的探索之旅不在于发现新的风景，而在于拥有新的视角。

——马塞尔·普鲁斯特，《追忆似水年华》

在 ζ 函数图景中，位于海平面上的点是如何分布在那条神奇的黎曼临界线上的呢？这听起来像是一个疯狂的问题，休·洛厄尔·蒙哥马利原本无意探究。多数人认为，既然还没有证明那些点确实在临界线上，那么提出这样的问题实属鲁莽。然而，蒙哥马利在提出该问题之后惊喜地发现了一些规律，并为证明黎曼假设指明了迄今为止最有希望的方向。起初，蒙哥马利思考这个问题，是为了理解另一个完全不相干的问题，那还是他在攻读博士学位时就开始关注的一个问题。一直在数学孤岛上徘徊的蒙哥马利，就像《爱丽丝梦游仙境》中的主人公一样，毫不怀疑地穿过一个秘密通道，并发现自己已经身处另一番景象——那正是黎曼的 ζ 函数图景。

相比那些穿着 T 恤衫、牛仔裤和凉鞋的数学家，总是西装革履的蒙哥马利更注意仪表。这说明，他将数学家保守而克制的性格带入了生活。虽然家在美国，但是他选择去英国剑桥大学攻读博士学位，并热切地融入了大学生活。得益于美国在 20 世纪 60 年代开展的数学教育实验，蒙哥马利迅速成长为年轻有为的数学家。教育实验的目的不是灌输知识，而是帮助学生真正领会实践精神。老师先讲解一些基本公理，然后鼓励蒙哥马利和他的同伴自己去推理。他们凭着仅有的推理规则自己构建数学大厦，而不是像游客一样走马观花。这就是蒙哥马利的数学启蒙教育。他是这样描述数学教育实验的：

> 我很幸运，因为它将我带入了数学世界。我在上高中时就知道成为数学家意味着什么。当时的问题在于，为了确保教学质量，所有的数学教师都必须重新培训。我很幸运，由该系统的一位创始人指导学习。尽管实验对象相对较少，但是相当多的数学家因此诞生。

学生时代的蒙哥马利喜欢探索数字的奥秘，尤其是素数。同时，他意识到人们对素数所知甚少。像 17 和 19 以及 1 000 037 和 1 000 039 这样的孪生素数，是否有无穷多对？哥德巴赫说每个不小于 4 的偶数都可以写成两个素数之和，这是否正确？直到去剑桥大学读博以后，蒙哥马利才听说了最伟大的素数问题：黎曼假设。然而，在剑桥伟大的数学传统下，首先吸引他的却是另一个问题。

20 世纪 60 年代末，蒙哥马利在一片欢乐的气氛中来到剑桥大学。当时，剑桥大学三一学院的教授艾伦·贝克在虚数因数分解这个难题上取得了重要突破，这正是高斯在《算术研究》中广泛讨论过的问题。整个数学系都为之振奋。对于一个普通的数字，若要将其分解为素数，只有一种分法，例如 140 只能分解为 2、2、5 和 7。不过，虚数的分解没有那么严格，有时能找到多种分法。这个发现令高斯相当震惊。

蒙哥马利也希望像贝克那样体会到解决难题的兴奋之情。他认为自己可以将贝克的想法推广到高斯提出的其他问题上。贝克的理论已经很难再扩展，但是蒙哥马利毫不畏惧。他开始大量阅读，尽可能地吸收数论知识。剑桥大学为他提供了梦寐以求的学习环境，由哈代和李特尔伍德所巩固的悠久传统，使剑桥大学成为孕育新思想的绝佳之处。蒙哥马利了解到，哈代和李特尔伍德对孪生素数的出现频率有一些令人着迷的猜想，他对此很是痴迷。

　　同时，蒙哥马利也了解到哥德尔的一些令他不安的定理。高中时期，蒙哥马利学习了如何通过一套公理按照一定的规则构建数学大厦。然而，按照哥德尔的说法，这种技巧对于某些问题并不奏效。显然，总有一些关于素数的猜想难以通过蒙哥马利在学校里学到的公理证明。万一他打算研究的一个素数问题恰好无法证明，该怎么办？或许他会穷其一生捕风捉影。

　　为了拓宽视野，蒙哥马利决定去普林斯顿高等研究院访学一年。在那里，他找到机会表达了自己关于不能证明的焦虑。按照惯例，每位访问学者都有机会和院长共进午餐，且不分年龄。当被问及正在研究的项目时，蒙哥马利告诉院长，自己对孪生素数猜想颇感兴趣，但也不得不承认自己正受哥德尔定理的困扰。院长说道："我们为什么不问问哥德尔的意见呢？"于是，哥德尔就这样加入了讨论。令蒙哥马利失望的是，哥德尔也无法保证，利用现有的数论公理可以证明孪生素数猜想。

　　哥德尔自己对黎曼假设有着类似的疑惑：或许用来为数学大厦奠定基石的公理依然不足以进行所需的证明。也就是说，这大厦无论继续向上构建多高，都与黎曼假设毫无联系。不过，哥德尔确实给了蒙哥马利一丝安慰。他相信，任何源于兴趣的猜想都不会永远遥不可及，问题只是如何为数学大厦找到新的基石而已。只有回归基础，找到新的基石，才能构建出缺失的证明。哥德尔认为，如果真的重视某个猜想，或者说如果猜想的结果是已证实结论的自然拓展，那么总是可以找到恰到好处的基石，并通过它证明猜想。哥德尔已经证明，这种构建数学大厦的方法总会遗漏其他猜想，不过基础数学公理的持续演变将有助于捕获越来越多尚未解决的问题。

　　蒙哥马利知道，自己想要洞悉数字奥秘的梦想并非遥不可及。他怀着希望回到剑桥大学，并继续钻研高斯的虚数分解问题。从书中，他了解到黎曼图景的性质和高斯提出的问题不无关系，尤其是在 20 世纪初，黎曼假设在证明高斯关于虚数分解的猜想中起到了相当矛盾的作用。这就是所谓的高斯类数猜想。

1916 年，德国数学家埃里希·赫克成功证明，如果黎曼假设是正确的，那么高斯类数猜想也是正确的。整个 20 世纪，有许多类似的猜想浮出水面。要想开启这些宝藏，必须先登上黎曼假设之峰。如果黎曼假设得不到证明，那么这些猜想只能算是空想。几年之后，出现了一个令人矛盾的转机。数学家马克斯·多伊林、路易斯·莫德尔和汉斯·海尔布伦成功证明，如果黎曼假设是错误的，那么高斯关于虚数因数分解的猜想就是正确的。这是一个"没有输家"的情况：无论黎曼假设正确与否，高斯关于因数分解的想法都是正确的。高斯类数猜想的证明，结合了赫克以及其他三位数学家的工作成果，是黎曼假设最奇特的应用之一。

至此，蒙哥马利意识到，黎曼零点在解决高斯的虚数因数分解问题上有多么重要的意义。他确信，如果可以证明零点倾向于汇集在黎曼临界线上，那么他就能进一步推广贝克的研究成果。蒙哥马利长期痴迷的孪生素数猜想给了他灵感，使他相信零点会接连出现。是否能证明零点就像孪生素数那样彼此相距不远呢？汇集在海平面上的点对于虚数因数分解具有极为重要的意义。学术战场上的竞争激烈且残酷，每一位准博士生都想通过捕获战利品站稳脚跟。这是否能成为蒙哥马利的第一个战利品呢？

蒙哥马利当时坚信，零点在黎曼临界线上随机分布，这在一定程度上与素数的随机分布相呼应。毕竟，如果素数看起来像是抛硬币决定的，那么零点在 ζ 函数图景中的随机分布就是正常的。随机性总会产生聚集现象，这就是为什么三辆公交车会一同到站，也是为什么彩票中奖号码的数字常常靠得很近。蒙哥马利希望利用这种随机性发现聚集的零点。沿着黎曼临界线向北，他期待接连看到零点簇，如此一来，就可以证明虚数分解的相关问题。

　　然而，能找到的证据实在太少了。计算出的零点根本就不足以看出是否成簇，所以蒙哥马利选择"曲线救国"。在缺乏实验证据的情况下，他决定尝试进行理论证明，对零点进行有趣的逆转。黎曼利用 ζ 函数图景发现的显式公式描述了零点和素数的关系，其目的是通过零点来研究素数。蒙哥马利所做的就是调转公式，利用素数来推导零点在黎曼临界线上的行为。蒙哥马利记得哈代和李特尔伍德关于素数出现频率的猜想，或许这可以用来推测零点的行为。但是，当把哈代和李特尔伍德的猜想代入黎曼的显式公式时，他惊讶而沮丧地发现：预测结果显示，零点根本就不会聚集。

　　蒙哥马利开始探索更多细节。预测结果似乎表示，沿着黎曼临界线向北，零点并不会如素数那样聚集，而是会相互排斥。他很快意识到，零点不会相互靠近，也就是说，一个零点后面可能不会紧跟着多个零点。他预测，零点或许沿着黎曼临界线规律分布，而不是像他所期待的那样随机分布。

　　蒙哥马利试图描述黎曼零点的间隔规律。通过绘制对关联图，他发现得到的曲线非常特别，它看上去完全不像描述随机变量分布规律的曲线。举例来说，如果随机选一些人并统计他们的身高差，那么得到的将是高斯钟形曲线，而不是对关联图中的曲线（见下图）。

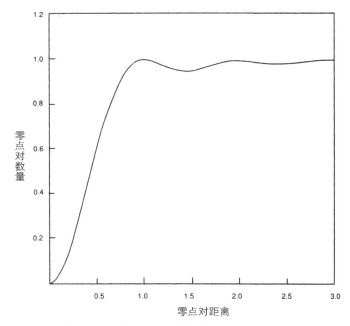

**蒙哥马利的对关联图，横轴表示零点对的距离，
纵轴表示给定距离所对应的零点对数量**

对关联图记录了每个可能的距离对应多少满足条件的零点对。曲线的前面部分表明，零点不会相互靠近。蒙哥马利相信，曲线在后面应该会出现起伏，这将预示特殊的统计学规律。然而，没有足够多的零点来验证蒙哥马利的预测，这条奇怪的曲线完全基于哈代和李特尔伍德关于孪生素数的猜想。不过，该曲线并不像蒙哥马利原以为的那么新奇。

因为目标是发现聚集的零点，所以蒙哥马利认为自己的尝试是失败的。他本想通过临界线上的零点簇解开虚数分解的未解之谜，结果恰恰相反：如果蒙哥马利关于零点相互排斥的新猜想是正确的，那么他原来的设想就没什么用处了。不过，在开始做一件事情的时候，不一定知道结果会如何。在剑桥大学时，李特尔伍德曾这样教导蒙哥马利："别害怕从事困难的工作，因为你在这个过程中可能会解决一些有趣的问题。"

对此，李特尔伍德有切身体会，因为他的导师曾经在不经意间让他挑战黎曼假设。

蒙哥马利在 1971 年的秋天偶然发现了黎曼零点的间隔规律。1972 年 3 月，他完成了博士论文答辩，并接受了美国密歇根大学的教职邀请（他现在是密歇根大学的教授）。蒙哥马利相信自己的观点新颖有趣，但仍对此有一丝怀疑。他知道，那时候的塞尔伯格就是高斯一般的人物：“塞尔伯格有好多未发表的研究成果。当你发表某个新观点时，很可能会听到他说：‘是的，我几年前就知道了。’”就像勒让德的新发现被证明比高斯未公布的手稿中记录的晚好几年，当代的数学家常常发现塞尔伯格比他们早了一步。由于和埃尔德什在讨论素数定理的初等证明时起了争执，塞尔伯格很多时候都在独自研究数论，许多研究成果并未公开。

因此，当他在 1972 年的春天参加一次数论会议时，蒙哥马利顺道去普林斯顿高等研究院拜访了塞尔伯格，并向他展示了自己的发现。当时，蒙哥马利正被另一件事困扰。他说：“我有些迷惑，因为直觉告诉我，自己的工作蕴含着某种玄机，但是我并不知道是什么。”然而，最终帮他解惑的并不是塞尔伯格，而是在普林斯顿的另外一个人。

11.1　戴森：物理学青蛙王子

第二次世界大战结束后不久，英国物理学家弗里曼·戴森因支持特立独行的物理学家理查德·费曼而出名。从剑桥大学毕业之后，戴森前往康奈尔大学继续深造，研究方向是物理学。正是在那里，他遇到了费曼，一位对量子力学有着独到见解的年轻人。起初，人们对费曼的想法十分排斥，因为他用的那套语言过于个性化，别人根本无法理解。戴森十分欣赏费曼的观点，并帮助他更清楚地表达了他的革命性思想。现在，费曼的工具已经成为粒子物理学计算的核心。如果不是戴森帮助阐释，这些工具可能就绝迹了。

最初吸引戴森的并非物理学。他来自一个有着浓厚音乐氛围的传统家庭，家人对科学并不重视。不过，年轻的戴森在学校里为数学的旋律所倾倒。在得到哈代的一本数论书之后，他被拉马努金的划分理论深深吸引。戴森后来说道："在那个愉快的日子之后的 40 年中，我时常回到拉马努金的花园，每次都能看到鲜花绽放。拉马努金最伟大的一点就是，他的发现如此丰富，但在他留下的花园里，仍有如此多的鲜花供后人去发现。"

戴森说，尽管科学家都在探索同一片天地，但是仍有鸟派和蛙派之分。鸟派在天空中翱翔，能够俯瞰整个景观的枢纽；蛙派则喜欢在自己熟悉的池塘里畅游。数学是鸟派的天下，但是戴森觉得自己是蛙派。因此，他转而研究实际的物理问题。

由于成功推广了费曼的量子力学思想，戴森引起了普林斯顿高等研究院院长尤利乌斯·罗伯特·奥本海默的注意。二战期间，奥本海默曾领导美国的核武器研究计划。1953 年，戴森接受奥本海默的邀请，成为普林斯顿高等研究院的终身教授。尽管他柔声细语、为人谦和，但直率的性格为他在学术圈内外都赢得了极好的声誉。对于外星文明的猜测令他进入了公众视野。20 世纪五六十年代，负责"猎户座"计划的他受到公众的疯狂追捧，该计划致力于建造能将人类带去火星和土星的航天器。

尽管蒙哥马利曾在普林斯顿高等研究院访学一年（1970～1971 学年，在此期间他第一次遇到哥德尔），但他当时很少和物理学家接触，仅是与普林斯顿的数论学家交流就已经让他忙得不可开交。不过，蒙哥马利回忆说："我见过戴森。尽管我不确定他是否认识我，但他依然冲我微笑。我之所以知道他是谁，是因为二战期间他在伦敦研究数论。"

借参加数论会议的机会拜访塞尔伯格时，蒙哥马利花了一天的时间向塞尔伯格以及到访的其他数论学家解释自己的想法。到了下午茶时间，大家不约而同地起身休息。在普林斯顿，下午茶聚会一直很重要，因为来自不同院系的学者都在这里交流想法。当时，蒙哥马利正与一位印度数论学家攀谈。萨拉瓦达姆·周拉是李特尔伍德的学生，活泼幽默的他深受终身教授们的喜爱。和蒙哥马利聊得正酣时，周拉远远看到了在房间另一头的戴森。

蒙哥马利回忆道："周拉问：'你见过戴森吗？'我说没有。他说：'我给你介绍一下。'我说不要。"不过，周拉并没有放弃——他可是唯一说服塞尔伯格合著论文的人。蒙哥马利继续回忆："周拉非常坚持，他把我拽过去引荐给了戴森。我十分尴尬，但是戴森非常热情地问我在研究什么。"于是，蒙哥马利开始描述自己对零点间隔规律的看法，当他提到间隔的分布图时，戴森的眼睛亮了。戴森说道："这行为就和两个埃尔米特矩阵本征值之差一样啊！"

戴森很快向蒙哥马利解释说，这个听起来很奇怪的数学方法已经被量子物理学家用来预测重原子在被低能中子轰击时的原子核能级。戴森当时正处在该领域的研究前沿，他请蒙哥马利去看看能级实验的结果。当看到元素周期表第 68 号元素铒的原子核能级差实验结果时，蒙哥马利果然发现了惊人的相似性。和黎曼零点一样，能级的间隔也很有规律。

蒙哥马利简直不敢相信。他所预测的黎曼零点的分布规律居然和量子物理学家在重原子核能级中发现的规律不谋而合。二者的相似性如此之高，以至于不可能是巧合。这正是蒙哥马利一直想破解的玄机：或许重核量子能级背后的数学就是决定黎曼零点位置的数学。

数学家对能级分布的解释要追溯到量子力学初生之时。电子和光子等基本粒子似乎具有两种相互矛盾的特性。一方面，它们就像小小的台球；另一方面，实验结果表明，这些基本的"粒子"具有波的特性。量子力学的诞生，就是为了解释亚原子粒子的这种波粒二象性。

11.2　量子鼓

20 世纪初，人们认为原子的内部结构如同缩小版的太阳系——除了位于中央的原子核，还有一些看不见的粒子。物理学家之后发现，原子核其实是由质子和中子构成的。像行星绕着太阳公转一样，电子绕着原子核运动。不过，实验和理论层面的发展，迫使物理学家重新审视这个原子模型。他们慢慢意识到，原子不太像太阳系，反倒更像一面鼓。击鼓产生的声波由某些基本的波形叠加而成，每一个波形都有相应的频率（理论上有无穷多个频率）。和小提琴之类的弦乐器不同，鼓的声波叠加更复杂，具体取决于鼓的形状、鼓面的张力、外部气压以及其他影响因素。这种复杂性可以解释为什么许多打击乐器经常无法奏出特定的音符。

有一种办法能帮助我们看到鼓声的复杂性。18 世纪的科学家恩斯特·克拉德尼设计了一个实验，并在欧洲进行了表演。（拿破仑对他的表演十分着迷，还赏了他 6000 法郎。）克拉德尼用一块方形的金属板代表鼓面。敲击金属时，会产生刺耳的叮当声。但是，巧妙地用琴弓振动金属板，就可以找到不同的声波频率。克拉德尼在金属板上撒了一层细沙，并通过上述方法向观众展示了不同的振动类型。沙子会聚集在金属板振动平缓的地方，从而形成奇异的图案。每次用琴弓发出新的声音，金属板上的沙子都会显现出新的图案，对应新的声波频率。

20 世纪 20 年代，物理学家注意到，可以用描述鼓声频率的数学理论来预测电子振动的能级表征。原子的范围就像是鼓的边界：原子内部的力控制着亚原子粒子的振动，就好比鼓面的张力或者周围的气压决定了鼓声。每个原子都如同克拉德尼的金属板；原子中的电子只能以特定的频率振动，就好像克拉德尼展示的图案一样。激发电子可以使其以新的频率振动，就像克拉德尼利用琴弓使沙子呈现出新的图案。元素周期表中的每种原子都有自己固有的一套频率，其中的电子倾向于以这些频率振动。这些频率就是原子的个性特征，光谱学家用它们来分辨研究对象包含的原子种类。

科学家已经发展出一套数学理论来描述波形。这个理论要追溯到欧拉的**波方程**。该方程中代入鼓的物理特征——鼓的形状、鼓面的张力、外部气压等——就可以得到可能的波形结果。和鼓不同的是，原子的计算涉及虚数。要解出描述原子行为的方程，物理学家发现他们不得不进入难以捉摸的虚数世界。并且，正是虚数赋予了量子力学奇特的概率性质。

在我们所熟悉的宏观世界里，测量不会对观测对象产生影响。比如，用秒表给运动员计时，并不会令他的速度变慢；测量标枪落地的位置，并不会改变投掷距离。观测者是独立于被观测系统的。但是，微观世界则是另一番景象，对电子进行观测将不可避免地影响它的行为。

人们试图利用量子力学解释粒子在观测者介入之前的状态。只要我们不去观测粒子，它们就将永远活在虚数世界里。只有虚数才能解释从宏观角度明显无法解释的观测结果。例如，一个电子在被观测前似乎拥有分身术，即同一时刻出现在两个地方，或者同时以不同的频率振动。观测量子世界中的事件，就好像在观测事件投射到普通世界中的影子，而不是事件本身。观测行为导致二维世界坍缩成一维世界。在被观测之前，电子会像鼓面一样以叠加的频率振动。一旦进行观测，我们就无法像听到鼓声一样同时感受到不同的频率——电子将只以单一的频率振动。

绘制量子世界地图的是哥廷根大学的两位物理学家，维尔纳·海森堡和马克斯·玻恩。从他的办公室向外望去，希尔伯特经常看到海森堡和玻恩在数学系外的草坪上讨论，尝试绘制出 20 世纪的原子模型。希尔伯特开始思考，黎曼零点的位置是否可以通过他们发展的描述原子能级的方法来表示。但是，当时无法进一步研究。蒙哥马利的发现给了希尔伯特崭新的视角，或许海森堡和玻恩的方法为理解黎曼零点提供了绝佳机会。虚数和波的混合产生了鼓声特有的一系列频率，这旋律不是来自于古典管弦乐队，而是源于量子世界。不过，正如蒙哥马利从戴森那里了解到的，与黎曼零点的位置最合拍的特征频率来自于量子管弦乐队中最复杂的一些原子。

11.3　迷人的节奏

量子物理学家最先分析的是氢原子。它是非常简易的量子鼓，其中只有一个电子围绕着一个质子转动。对于氢原子，物理学家可以精确地用方程描述其质子和电子的振动频率或能级。电子的振动频率与小提琴弦产生的和弦十分相似。不过，尽管对氢原子的理解十分透彻，但当量子物理学家尝试探索元素周期表中的其他元素时，发现根本无法用数学语言精确描述。随着原子核外的电子以及原子核内的质子和中子越来越多，计算难度也越来越大。在遇到有 92 个质子和 146 个中子的铀 238 时，物理学家就彻底迷失了方向。最困难的问题是为原子核确定可能的能级，就是那个被视为原子太阳系核心的原子核。核内的能级由量子鼓的形状决定，但揭示形状的过程过于复杂。即使物理学家可以确定量子鼓的形状，也会因为高度的复杂性而无法确定频率。

直到 20 世纪 50 年代，才有了可行的分析方法。尤金·维格纳和列夫·朗道决定观察能级的统计结果，而不是试图找到不同能级的精确值。他们的分析视角与高斯对素数所采用的一样。当年，高斯将焦点从精确预测素数的出现转向了预估素数的平均个数。类似地，维格纳和朗道提出了一种更容易的方法来理解原子核能级。针对具体的元素，统计数据将揭示其原子核能级位于某个较窄的频率区间的概率。

铀原子核十分复杂，因此存在许多可用于判断能级的方程，具体取决于铀原子核所处的状态。如果统计结果会因原子核状态不同而发生显著变化，那么预估能级的希望就十分渺茫。因为能级可以通过分析量子鼓来判断，所以维格纳和朗道打算研究，改变量子鼓的形状是否会对频率的统计结果产生较大的影响。幸运的是，对于大多数量子鼓来说，影响并不大。维格纳和朗道发现，当随机选取量子鼓时，精确值会发生变化，但是统计值并不会，大多数量子鼓的统计结果相同。不过，重原子核是否表现得与普通的量子鼓一样呢？维格纳和朗道认为，与普通的量子鼓相比，铀原子核并无特别之处。

维格纳和朗道的直觉是对的。通过对比量子鼓能级的随机统计结果和能级实验的观测结果，他们发现二者拟合得相当好。在观测铀原子核的能级间隔时，他们还发现能级似乎相互排斥。这正是戴森在普林斯顿遇到蒙哥马利时非常兴奋的原因——蒙哥马利向他展示的分布图有着明显的能级统计印记。但是，蒙哥马利在一个看似毫不相干的领域里发现了这种奇怪的规律。

接下来的问题是，能级和黎曼零点到底有何联系。和考古学家在地球两端发现相同的旧石器时代岩画一样，蒙哥马利当时一定十分惊讶。能级和黎曼零点必定有所联系。蒙哥马利认为，他和戴森的那次谈话是科学史上最偶然的一个巧合："我出现在那里真的是机缘巧合。"自伽利略和牛顿的时代以来，数学和物理学经常出现交集，但是没人想到黎曼的数论和量子力学竟有如此密切的联系。蒙哥马利想要理解虚数分解的梦想落空了，但是他偶然发现了更有趣的新大陆。他在回忆时笑道："比起失败的研究项目，这个结果已经很好了。"

普林斯顿下午茶聚会上的发现到底对黎曼假设意味着什么？如果

黎曼零点可以通过能级背后的数学来解释，那么就有希望证明这些点都位于一条直线上。如果存在位于这条线外的零点，那么其对应的能级是量子力学方程所不允许出现的。这就为证明黎曼假设提供了最有希望的方向。

尽管实验已经证实了维格纳和朗道的能级模型，但是蒙哥马利仍然没有找到任何实验结果来支撑他对黎曼零点的预测——还没有人尝试通过实验证实零点确实如他所说的那样相互排斥。蒙哥马利的困难在于，他的计算能力远不能触及黎曼图景中有可能产生统计结果的区域。

在剑桥大学时，蒙哥马利从李特尔伍德那里了解到需要多久才能看到素数的真面目。尽管李特尔伍德在理论层面证明高斯低估了素数的个数，但是没人可以成功地用实验来证明这一点。蒙哥马利已经准备好接受同样的命运。实验物理学家花了一定的时间才建造出能量大到足以验证能级模型的粒子加速器。蒙哥马利担心，数学家的计算能力可能永远无法触及能验证其理论的零点。

不过，蒙哥马利忽略了奥德里兹科和他那拥有强大计算力的超级计算机克雷。奥德里兹科听说了蒙哥马利对零点间隔的预测以及零点与重原子核能级的相似性，他觉得这正是自己寻找的挑战。于是，他开始沿着黎曼临界线向北计算 10^{12} 个单位长度远的零点，这是计算史上的一大壮举。假设黎曼图景的中心位于美国新泽西州，并且黎曼临界线上的一个单位长度是一厘米，那么奥德里兹科计算的距离是地月距离的 25 倍。当超级计算机克雷计算出约 10 万个零点之后，奥德里兹科开始寻找零点间隔的统计学规律。20 世纪 80 年代中期，他已经准备好发表自己的计算结果了。奥德里兹科发现，黎曼零点的间隔的确和重原子的能级间隔有些相似，但是相似度并不算高。根据这样的结果，没有统计学家会认为二者完全拟合。是蒙哥马利错了，还是奥德里兹科的探索距离不够远呢？

　　面对艰巨的任务，奥德里兹科毫不畏惧。他继续沿着黎曼临界线向北，剑指 10^{20} 个单位长度。这意味着，奥德里兹科要在以新泽西州为中心的黎曼图景中跨越 100 光年，比卡尔·萨根的科幻小说《接触》中发出素数消息的织女星 ① 还要远。1989 年，奥德里兹科绘制出零点间隔的分布图，并与蒙哥马利的预测进行了比较。这一次，二者的拟合度非常高。远在 10^{20} 个单位长度外的零点发来确认消息，它们正是由复杂的数学鼓产生的。

11.4　数学魔术

　　奥德里兹科从统计学角度发现的拟合到底有多大意义呢？利用完全不相干的数学公式，或许也能得到完全相同的统计结果。蒙哥马利和奥德里兹科究竟是给我们指出了正确的方向，还是要让我们踏上徒劳的追逐之路？

　　统计学家佩尔西·戴康尼斯给出了最佳答案。他是斯坦福大学的教授，在揭穿灵异现象方面很有一套。他曾揭穿号称发现了隐藏在古希伯来文中"圣经密码"的骗局。看了黎曼零点的相关数据之后，戴康尼斯承认，再也找不到比这拟合度更高的统计数据了。他说："当了这么多年的统计学家，我从来没有见过拟合得如此完美的数据。"戴康尼斯比多数人清楚，从一个角度看起来很好的事物，需要从其他角度来审视，以确保没有遗漏半点缺陷。戴康尼斯深谙此道——最初吸引他的不是数学，而是魔术。

　　童年时的戴康尼斯住在纽约，他常常逃学，整日泡在魔术店里。后来，戴康尼斯的魔术手法引起了戴·弗农的注意。弗农是全美洲最伟大

① 织女星又称织女一，是天琴座最明亮的恒星。它在夜空中的亮度排名第五，是北天球第二明亮的恒星，仅次于大角星。织女星距地球约 25 光年。——译者注

的魔术师之一。戴康尼斯回忆说，68 岁的弗农给了他一个做助手的机会。弗农问他："明天我就要去特拉华了①，你想和我一块儿去吗？"14 岁的戴康尼斯背上包就跟着弗农走了，甚至没有和父母打个招呼。此后的两年里，他们踏遍了全美国。戴康尼斯描述道：

> 我俩就像奥利弗和费金②。魔术圈是十分团结的大社区。魔术不是肮脏的狂欢，而是上流社会的业余爱好。魔术师对赌徒很有兴趣。弗农和我常常会去找一些耍老千的赌徒，如果听说有个因纽特人可以用雪鞋发二张③，我们就会立即动身去阿拉斯加——就是这么冒险。我们像这样度过了两年，如风一般自由。和赌徒混在一起时，我们常常会谈起概率的问题，我也希望对此有更多的了解。

旅途中，戴康尼斯开始阅读有关概率论的书。又是因为一本书，当代最具魅力的一位数学家登上了自己的职业巅峰。戴康尼斯得到一本由威廉·费勒撰写的《概率论及其应用》④，这是大学教授概率论必用的教材。不过，因为不懂微积分，所以他基本看不懂这本书。戴康尼斯下定决心，只有继续读书才能在这条路上走得更远。于是，他报名参加了纽约城市学院的夜校。问题很快得到了解决，戴康尼斯在两年半之内就完成了学习，并且希望继续深造。这时，哈佛大学向这个从不放弃的非凡学生伸出了橄榄枝。

戴康尼斯不忘初心。他承认，数学与魔术有着许多相似之处：

> 我对待数学和魔术的方式很像。二者都是尝试在一定的限制条件下

---

① 这里指美国特拉华州。——编者注
② 小说《雾都孤儿》中的两个人物，奥利弗是一个孤儿，后来加入了费金的盗窃团伙。——译者注
③ 发二张是一种极具欺骗性的手法。——编者注
④ 本书中文版（卷 1，第 3 版）已由人民邮电出版社出版，参见 http://www.ituring.com.cn/book/1162。——编者注

解决问题。数学的限制条件在于运用工具给出合理的解释；魔术的限制条件在于使用戏法和工具瞒过观众的眼睛。这两个领域的问题解决过程极为相似，唯一的不同就是竞争。数学领域的竞争比魔术圈激烈得多。

作为统计学家，戴康尼斯关注事件的随机性。他曾因分析洗牌问题登上过《纽约时报》的头版。戴康尼斯说，平均洗七次牌可以将牌全部打乱。不过，那是针对普通的洗牌者而言的。对于像戴康尼斯这样的魔术师来说，洗出来的牌完全不一样。许多魔术技巧都依赖于完美的切牌手法。戴康尼斯知道如何通过洗八次牌还原牌的顺序，而观众却以为牌面全被打乱了。他十分关注洗过的牌是否"有鬼"，并且极善于从别人以为混乱的牌当中发现规律。正因为如此，他被请到拉斯维加斯去检测自动洗牌机是否为眼尖的赌徒"放水"。

当数论学家开始广泛讨论蒙哥马利和奥德里兹科发现的黎曼零点和振动频率的关系时，戴康尼斯对此也很感兴趣。如果说有人能看出其中的端倪，那个人一定就是他。戴康尼斯回忆说："我向奥德里兹科要了一些零点的数据。他给了我约 5 万个零点，它们是从 10^{20} 开始的。"之后，他尝试了一种在 AT&T 公司进行通信加密时发现的检验方法："我彻底检验了一番，结果与预测的完美匹配。"这再次证明，产生零点的数学鼓有着与能级背后的量子鼓一致的振动频率。对于戴康尼斯来说，素数和能级的联系并非大自然充满恶意的欺骗，而是真正的魔术。

这个统计学规律一被发现，似乎各处都有它的身影：重原子核、黎曼零点、DNA 序列，以及玻璃的性质。其中最有意思的是，戴康尼斯发现它可能有助于解开另外一个未解之谜：你在纸牌接龙游戏中的胜算有多大？

在常见的一种接龙游戏中，有 7 叠纸牌，第 1 叠 1 张，第 2 叠 2 张，依此类推。每叠最上面的一张已经翻开，剩下的则 3 张一组翻开。

如果一张牌的牌面点数恰好比另一张牌的小 1，并且两张牌的颜色不同，就可以将这张牌放在另一张的上面。例如，红桃 7 可以放在黑桃 8 的上面，黑桃 J 可以放在红桃 Q 的上面。当出现 A 时，把它们放在一边。通过这种规则放置每一张牌，直到翻开所有的牌。

这个游戏有很多名字，包括克朗代克（Klondike）和"白痴的喜悦"（Idiot's Delight）。基于它的类似玩法也有很多。在拉斯维加斯，花 52 美元就可以开一局纸牌游戏，每张牌只能看一次，不能循环地看每 3 张一组的纸牌。每放对一张牌，都可以从赌场获得 5 美元。

虽然早在 1780 年前后就有人玩纸牌接龙游戏，并且几乎每一个用过桌面计算机的人都对它非常熟悉，但是人们依然不知道这个游戏的平均胜率。考虑到每放对一张牌就可以赢得 5 美元，有必要了解一下该游戏的胜率。然而，即使是这种看似简单的游戏，其复杂度也足以让戴康尼斯在计算平均胜率时栽跟头。从多年收集的数据来看，通关的概率约为 15%，不过戴康尼斯希望找到证据。

解决数学问题的一个常规策略是先从更简单的问题着手。戴康尼斯分析了一个更简单的纸牌接龙游戏，叫作排序接龙。他激动地发现，简单版接龙游戏的获胜频率与数学鼓的振动频率有着紧密的联系。尽管取得了一些进展，但是戴康尼斯认为离完全理解纸牌接龙游戏还有很长的距离。他向学生保证，如果他们取得突破，就一定会登上《纽约时报》的头版。不过，虽然纸牌接龙游戏与数学鼓之间的联系令人着迷，但是人们对解开其中的奥秘依然无能为力。

11.5　量子台球

数论学家尝试理解蒙哥马利和戴森用一杯茶的工夫给这一学科带来的奇怪转变。虽然蒙哥马利的分析指出，黎曼零点的根源是量子力学，但是当时的人们几乎不了解这个新领域。神奇的黎曼零点之鼓究竟藏身何处？从当时获得的统计数据来看，黎曼零点之鼓的表现和普通的鼓极为相似。这一点对找到黎曼零点之鼓没有太大帮助。随着进一步研究，人们发现黎曼零点与量子力学的联系并非这个故事唯一的转折点。在寻找黎曼零点之鼓的路上，数学家有了新的发现。

戴康尼斯和其他统计学家已经发明了一系列可以检验任一命题的利器。之所以"圣经密码"看起来具有统计学意义，是因为它的支持者总是让你从单一角度来看待问题。正是从其他角度检验"圣经密码"才使得骗局被揭穿。尽管戴康尼斯没能推翻蒙哥马利的理论，在新泽西州忙于计算的奥德里兹科却开始对自己新得到的结果感到忧虑。在用不同的统计方法检验黎曼零点和量子力学的关联时，他也在数据中注意到一些令他不安的矛盾之处。

使奥德里兹科感到不安的是数方差统计图。他绘制了黎曼零点的数方差统计图，并将它和随机选取的量子鼓进行对比。结果表明，尽管二者在一开始拟合得相当不错，但是黎曼零点的曲线在某处突然偏离了量子鼓所预测的趋势线。曲线的前段检验的依然是相邻零点之间的统计距离，但当奥德里兹科分析曲线的走势时，他发现矛盾悄然出现。随着曲线往后延伸，它检验的不再是相邻零点之间的统计距离，而更像是第 N 个和第 $N+1000$ 个零点之间的统计距离。一开始，奥德里兹科以为这种偏差是由计算错误导致的。事实证明，他第一个目睹了 20 世纪另一个重大科学发现对黎曼图景的影响。这个发现正是**混沌理论**。

和量子力学一样，混沌理论也成为了主流文化的一部分。在 20 世纪 90 年代，年轻人的舞会少不了将分形图投影在墙上。虽然看似复杂，但是生成分形图的规则十分简单。其背后的数学就是混沌理论，它解释了为什么自然界的规则如此简单，现实世界却如此复杂。"混沌"一词说明，动态系统对初始条件非常敏感。以实验为例，即使实验条件只是略有不同，结果也会有显著差异，这就是混沌系统的特征。

体现混沌现象的一个例子就是台球游戏。被击中的台球在球台上的运动轨迹由后续撞击桌边的角度决定。请思考一个有趣的问题：如果最初的击球角度稍微偏离一点，球的轨迹是否就会有较大的偏差呢？答案取决于球台的形状。在传统的矩形球台上，台球的轨迹并不会像大多数台球爱好者以为的那样出现混沌特征。轨迹很容易预测，初始击球角度并不会给轨迹带来较大的影响。然而，在形如操场（即类似胶囊形状）的球台上，台球的轨迹就不同了。如果以细微的角度偏差击中两颗台球，会发现它们的运动轨迹截然不同，并且看似毫不相干。台球在形如操场的球台上的运动轨迹将出现混沌特征，而并非像在矩形球台上的那样容易预测。

20 世纪 70 年代，混沌理论逐渐成型。许多量子物理学家开始思考，这一新理论对量子力学领域有何意义。他们尤其想知道，如果在原子尺度上"打台球"，会出现怎样的结果。毕竟，电子的表现在一定程度上像极了台球。

利用半导体材料（即制造计算机芯片所用的材料），在针尖大小的面积内可以刻出数百个量子球台。物理学家开始探索电子在量子球台上的运动。电子不再受原子的限制，而是可以在半导体中自由运动。正是这种自由运动令其可以用作计算机芯片上的数据传递载具。不过，电子的运动轨迹并非完全不受限制。尽管不再绕着原子核运动，电子仍被限制在量子球台的范围内。物理学家想知道，量子球台的形状对电子的波粒双重行为有何影响。就像被原子限制的电子以特定的一套频率振动，量子球台上的电子也一样。

物理学家在分析能级统计数据时发现，能级分布随着量子球台是否产生混沌现象而发生变化。如果电子被限制在矩形区域内做非混沌运动，那么它们的能级是随机分布的，尤其是会出现聚集现象。然而，如果电子被限制在形如操场的区域内做混沌运动，它们的能级便不再随机分布，而是会规律性地出现，并且没有两个能级彼此靠近。

这是能级相互排斥的又一个体现。做混沌运动的量子台球有着与重原子核能级和黎曼零点一样的分布规律。不同的能级和随机量子鼓的统计数据拟合得很好。不过，并非所有统计指标的拟合度都完美。物理学家意识到，第 N 能级和第 $N+1000$ 能级的统计距离取决于观测对象是量子台球还是随机选取的量子鼓。

布里斯托大学的迈克尔·贝里爵士是同时研究混沌理论和量子力学的专家。贝里第一个意识到，奥德里兹科发现的黎曼零点数方差统计图和随机量子鼓的偏差预示，或许混沌的量子系统是描述素数行为的绝佳物理模型。贝里是很有魅力的科学家，他有着某些科学家缺乏的世故。他多才多艺，喜欢通过引经据典和利用科学说服他人理解自己的世界观。在利用图形理解复杂的数学公式这一方面，他也是高手。数学家为在攀登黎曼假设之峰的路上有这样一位爵士相助而感到幸运。

贝里对素数的兴趣始于他在 20 世纪 80 年代读到的一篇文章。这篇刊登在 *Mathematical Intelligencer* 上的文章题为《前 5000 万个素数》，作者是察吉尔，就是当年和邦别里就黎曼假设论战的数学火枪手。察吉尔并没有机械地列出几千万个素数，而是描述了如何利用黎曼零点来造波，用以神奇地再现随着统计量增加到底能发现多少素数。贝里回忆道："这是一篇美妙的文章。它让我知道，黎曼零点很神奇。"深深迷住贝里的是对这一发现的物理解释——素数有着美妙的乐章。

作为物理学家，贝里对素数有着大部分数学家缺乏的物理直觉。数学家可以花费很长的时间构建心智结构，而忘记了抽象的数学世界和周遭的物理世界有何联系。黎曼将素数转化成波函数；对于像贝里这样的物理学家来说，这些波不仅仅是抽象的音乐，还可以转化成我们听得到的声音。在做关于黎曼假设的演示时，他喜欢用一段素数音乐来活跃气氛——那是一种低沉、隆隆作响的白噪声。贝里这样形容："它更像是一种后现代音乐。感谢黎曼的工作，我们可以借用萧伯纳对瓦格纳说的一句话：'这音乐比它听起来的更美妙。'"

随着对量子台球和随机量子鼓的能级分布差异的理解，贝里对素数的兴趣越来越浓。他说："我认为，重新审视黎曼零点和戴森的思想，并将其和量子混沌联系起来，会是一件有趣的事情。"黎曼零点的统计结果是否能反映贝里发现的量子台球的能级统计规律呢？贝里继续说道："我觉得如果能验证零点确实有这种行为，那是极好的。于是，我粗略地做了一些计算。"但是，他并没有获得足够的数据。"之后，我听说了奥德里兹科的工作，他完成了史诗级的计算。我和他写信讨论，他真的对我帮助很大。他向我解释了自己的忧虑，因为他的计算结果在某点之后出现了一些偏差。他以为自己一定是算错了。"

但是，奥德里兹科没有物理学家的视角。当贝里比较零点和量子台球的能级时，他发现二者完美拟合。奥德里兹科观测到的偏差成为随机量子鼓频率不同于量子台球能级的首个证据。奥德里兹科并不了解混沌的量子系统，但是贝里很快就意识到了，他说道：

这是一个重要的时刻，因为结论很明显是正确的。在我看来，这就是令人信服的间接证据。如果你认为黎曼假设是正确的，那么黎曼零点不仅是一个量子系统，还是一个比较简单的混沌量子系统。也就是说，量子力学为黎曼零点理论提供了支持。

有意思的是，如果素数的秘密真的藏在量子台球游戏里，那么素数就可以通过非常特别的一些运动轨迹来表示。沿着这些轨迹运动的量子台球在来回弹几次之后回到原点，如此周而复始。这些轨迹似乎就是素数的表征：每条轨迹对应一个素数，回到原点的路径越长，对应的素数就越大。

贝里的新理论将三大科学主题联系了起来：量子力学（描述微观世界的物理学）、混沌理论（描述不可预测性的数学）和素数（算术世界的原子）。也许，黎曼希望在素数中发现的规律恰好是由量子混沌来描述的。素数又一次展示了自己的神秘个性。零点和能级之间的明显关系吸引了众多物理学家加入寻找黎曼假设证据的队伍。零点或许源于数学鼓的振动频率，若果真如此，那么量子物理学家比其他任何人都更容易找到这面数学鼓，这是因为量子鼓的声音就在他们的生活中回荡。

所有证据都表明，黎曼零点对应某种振动，但我们不知道是什么引起的振动。零点的来源或许是纯粹的数学，而没有物理模型。零点背后的数学或许和量子混沌的数学一样，但这并不意味着必然存在对应的物理模型。不过，贝里不这么认为。他相信，一旦能用数学描述，就能找到对应的物理模型，其能级将反映黎曼零点的特征。贝里说："我坚信，如果有人能发现零点的来源，就一定会有人能做到。"答案是否已经存在，正等着我们去发现？在卡尔·萨根的小说《接触》中，埃莉发现的也许并不是外星文明，而只是某一颗振动的中子星。贝里这样解释："有一个著名的原则，那就是任何没有违反物理学的事物，都能在自然界中找到。虽然我怀疑这个原则在此适用，但是也许可以通过某种方式来完成。"

正如奥德里兹科有 AT&T 公司的支持，贝里和他的课题组几年来也受到商业机构的资助。惠普公司在英国布里斯托有一个大实验室。在贝里及其课题组成员的帮助下，惠普公司开始利用量子力学的神奇力量。惠普公司明白，关于黎曼假设的任何进展都有利于提升人们对量子台球游戏的认识。因为量子台球的游戏规则决定了计算机电路的行为（这是因为电子沿着芯片的凹槽横冲直撞），所以他们知道，与近在咫尺的量子台球专业选手保持同步是何等重要。

11.6 42：终极问题的答案

尽管 AT&T 公司和惠普公司因为经济不景气而被迫缩减了在素数领域的投资，但是依然有一家公司乐于继续推进量子台球游戏的研究。弗赖伊电子公司是一家售卖计算机配件和电子设备的大型连锁店，它的 20多个门店遍布美国西部。在资助金额方面，弗赖伊电子公司比不过AT&T 公司和惠普公司。不过，如果参观该公司位于加利福尼亚州帕罗奥图的总店，你就会在入口附近发现一扇脏兮兮的金属门，上面写着"American Institute of Mathematics"（美国数学研究所）。

这个研究所是弗赖伊电子公司高层约翰·弗赖伊的杰作。他和布赖恩·康瑞曾经都是圣塔克拉拉大学数学系的学生。康瑞在数学界已经功成名就（他破纪录地证明了 40% 的零点位于黎曼临界线上），弗赖伊则下海经商，但是他从来没有放弃对数学的热爱。随着电子产业蓬勃发展，弗赖伊希望能有机会为数学做些贡献。当时，他已经赞助了一支五人足球队，并且想以同样的方式为某个数学研究团队提供支持。

弗赖伊联系了康瑞，并与他共同筹划了一个试图证明黎曼假设的项目。为了启动项目，他们赞助了 1996 年在西雅图举办的素数定理证明百年纪念研讨会。这不仅仅是出钱这么简单——他们还希望培育新的合作精神。黎曼假设的桂冠如此令人垂涎，以至于很多人不乐意分享自己的成果，生怕为他人做嫁衣。康瑞和弗赖伊希望打破这种恶性循环，因为它根本行不通。研讨会的重点在于分享未必成熟的想法。他们甚至让数学家参加圆桌会议，就好像在制订商业计划一样。

西雅图研讨会为证明黎曼假设和量子混沌的关系提供了最好的证据。出席研讨会的一些数学家有这样的疑问：单纯从统计图的相似性能否得出二者相关的结论？其中，彼得·萨那克提出了中肯的意见。虽然对量子混沌和黎曼零点的类比印象深刻，但是他仍然怀疑二者是否真的有联系。

　　萨那克是普林斯顿的领军人物之一，也是安德鲁·怀尔斯的挚友。萨那克对黎曼假设的兴趣始于 20 世纪 70 年代中期。那时，他刚从南非到美国，在斯坦福大学师从保罗·科恩。萨那克之所以选择科恩作为导师，是因为自己对数理逻辑很感兴趣。早在 1963 年，科恩就有震惊世界的壮举——他通过巧妙的逻辑论证解决了希尔伯特 23 问中的第一个难题。和希尔伯特所期待的非此即彼的答案不同，科恩证明了可以**选择**想要的答案。

　　初到斯坦福大学时，萨那克本以为自己也会被安排去挑战类似难度的逻辑难题。但是，科恩将视线放在了另一个希尔伯特难题上，即第八个难题。解决第一个难题已经令其他人难以企及了，但是他觉得还不过瘾，并且认为只有黎曼假设才能给他更多的挑战。科恩和萨那克分享了自己的想法，这激励着萨那克一生为数论痴迷。

　　萨那克对数学的热情极具感染力。谈到数学时，他总是充满激情。塞尔伯格承认自己年龄太大并且听力不好，但是他说萨那克是自己在普林斯顿可以听清楚讲话的少数数学家之一。当该领域出现新的研究成果时，萨那克的南非口音响彻整个数学系。量子力学已经踏入数论神殿，这令人兴奋不已，但是萨那克并不满足：将能级和黎曼零点联系在一起，是否对证明黎曼假设有实际的帮助呢？

　　量子力学可能为证明黎曼假设提供了一个方向，不过这种学科交叉并没有告诉我们新的知识。能级和黎曼零点的联系似乎是建立在高度拟合的统计图上的。在数论学家看来，两张非常相似的图算不上令人信服的证据。毕竟，尽管黎曼将几何带入了主流，但是数学家仍然怀疑能否用图来揭示事物的真相。

　　萨那克在西雅图研讨会上表示，他认为除了深奥的数学，没有什么能对揭示黎曼图景的奥秘有帮助。听完黎曼零点和量子台球能级的类比之后，萨那克又听了贝里播放的素数音乐，但是他再也听不下去了。两个领域出现如此相似的图确实令人兴奋，但是谁能指出这种联系对素数理论有何实际贡献呢？萨那克向量子物理学家发出挑战：利用素数和量子混沌的类比具体说明大家对黎曼图景不曾知道的事情。他将用一瓶上好的酒作为挑战成功的奖品。

赢得这瓶好酒的是贝里原来的一个学生，名叫乔纳森·基廷。助他一臂之力的正是 42 这个重要数字。如果你熟悉流行的科幻小说，就会知道 42 这个数字有其特殊的意义。在道格拉斯·亚当斯的小说《银河系漫游指南》中，赞福德·毕博布鲁克斯发现 42 正是生命和宇宙万物终极问题的答案（尽管不清楚终极问题是什么）。对于《爱丽丝梦游仙境》的作者刘易斯·卡罗尔来说，42 这个数字也十分亲切。19 世纪下半叶，卡罗尔住在英国牛津，他本人也是数学家。在对红心武士的审判中，国王宣布："第 42 条：所有身高超过一英里的人必须退庭。"在他的作品当中，卡罗尔不断地使用这个数字。例如，在《蛇鲨之猎》中，海狸带来了 "42 个精心包装的箱子／每一个箱子上都清清楚楚地写着名字"。回到黎曼假设的故事中，正是 42 这个奇特的数字让数论学家相信，量子混沌和素数就是同一枚硬币的两面。

听说萨那克提供了一瓶好酒，康瑞也向物理学家发起了挑战，希望他们以此练练手。康瑞提出的问题可谓他的心结——他已经研究了很多年，但是收效甚微。黎曼 ζ 函数有一个叫作矩的属性，通过它应该能生成一个数列。问题是，数学家几乎不知道如何计算出这个数列。哈代和李特尔伍德已经证明，该数列的第 1 个数字是 1。李特尔伍德的学生艾伯特·英厄姆在 20 世纪 20 年代证明，第 2 个数字是 2。可是，这并不足以说明任何规律。

在参加西雅图研讨会之前，康瑞已经和同事阿密特·戈什就计算第 3 个数字做了大量工作，他们猜测第 3 个数字会有一个较大的跳跃，也就是 42。对于康瑞来说，这个结论"是令人惊讶的事情。它说明该数列存在一定的复杂性"。不过，对于 42 之后的数字，他们无法猜测。康瑞邀请物理学家用量子力学解释 42 出现的原因，正如他所说："42 是个数字。你们要么能解释，要么不能。这并不只是关乎曲线的拟合程度。"

离开西雅图之后，乔纳森·基廷立即开始努力工作。西雅图研讨会如此成功，以至于弗赖伊和康瑞决定筹办第二届。两年后，第二届研讨会在位于奥地利维也纳的薛定谔数学与物理研究所召开。考虑到数论和量子力学的新关系，选择薛定谔数学与物理研究所再合适不过了。

与此同时，另一位数学家加入了康瑞的团队，他便是史蒂夫·戈内克。在付出大量心血之后，他们终于对数列中的第 4 个数字有了可靠的判断——他们猜测第 4 个数字是 24 024："这样一来，我们就得到了一个数列：1, 2, 42, 24 024, …。我们绞尽脑汁地猜测这之后的数字。不过，因为在计算时得到了负数，所以我们知道之前的方法不再可行了。"的确，这个数列应该只包含正数。康瑞准备在维也纳研讨会上解释他认为数列的第 4 个数字为 24 024 的原因。

康瑞回忆道："基廷来得有点晚。在他即将做报告的那天下午，我见到了他。我当时已经看过他的报告题目，并且好奇他是否有了结果。于是，当他一出现，我就上前问道：'你是不是算出来了？'他说是的，他的结果是 42。"实际上，在其学生尼娜·斯奈思的帮助下，基廷已经构建出该数列的通项公式。康瑞继续回忆："于是，我给他讲了 24 024 的事。"真正的考验来了。利用基廷和斯奈思构建的通项公式，能否得到 24 024 这个结果呢？毕竟，基廷原本就想得到 42 这个数字，或许他在构建公式时融入了主观意愿。对于基廷来说，24 024 是一个全新的数字，他无论如何是无法捏造的。

康瑞继续回忆道："就在基廷即将上台做报告时，我们一起走到一块黑板前，开始用他的公式计算数列的第 4 个数字。"他们不停地犯错误——常年的抽象思维让数学家的心算能力并不理想，有些甚至不如孩子。不过，他们最终算出了结果。康瑞回忆道："当 24 024 出现时，我们感觉棒极了。"随后，基廷兴奋地首次公开了他和斯奈思构建的公式。他说在黑板上计算的那次经历是自己的科学家生涯中最令他兴奋的时刻。

一开始，基廷有些紧张——毕竟，他要讲的是数论学家研究多年无果的问题，作为物理学家的他不愿意班门弄斧。但是，24 024 给了他很大的信心。观众席上坐着塞尔伯格，此时的他已经是这个研究领域的权威。报告的最后是提问时间。在这样的场合下，塞尔伯格一般不会提问，但经常会语出惊人，比如"我在 20 世纪 50 年代就得到了这个结果"或者"我在 30 年前就尝试过这种方法，并且发现它行不通"。基廷做好了应对这些言语的准备。不过这次，塞尔伯格竟然开始提出各种问题，他明显被基廷的新想法吸引了。直到基廷勇敢地回答完他的所有问题，塞尔伯格才给出评价："这肯定是对的。"就这样，基廷赢得了萨那克的挑战——他告诉了数学家们所不曾知道的一些事情。按照约定，萨那克爽快地送给他一瓶好酒。

黎曼零点和量子力学的类比有两个方面的意义。第一个方面，它指明了应该从什么角度去证明黎曼假设；第二个方面，就像基廷证明的那样，它也可以预测黎曼图景的其他属性。贝里曾说："这种类比并没有牢固的数学基础。只有根据它对数学证明所做的贡献，才能判断它到底有多大用处。我是物理学家，对此问心无愧。我爱极了费曼的名言：'人们知道的远比已经证明的多。'"即使物理学家无法给出生成零点的物理模型，数学家也承认，最终很可能将由物理学家来证明黎曼假设。这也是邦别里的那个愚人节玩笑如此令人信服的原因。

11.7　最后的转折

　　物理学家相信，黎曼零点之所以分布于一条直线上，是因为它们对应数学鼓的振动频率。线外的零点对应虚数频率，这在理论上是不可能的。用这种方法来回答问题并不是第一次。基廷、贝里和其他物理学家在学生时代都学过流体力学，其中一个经典的问题就依赖于类似的推理。该问题和旋转的流体球有关，其粒子的相互作用力使它成为球体。举例来说，恒星是一团旋转的气体，因为自身的引力而形成了球体。问题是：如果轻轻踢一下旋转的流体球，会发生什么？流体球是会在短暂的颤动后保持原样，还是会被完全摧毁？答案取决于是否有某些虚数位于一条直线上。如果有，则说明旋转的流体球会保持原样。虚数位于直线上的原因和量子物理学家试图证明黎曼假设的思路非常接近。是谁最先想到了这个方法？是谁用振动背后的数学令虚数排成直线？他不是别人，正是黎曼。

　　在薛定谔数学与物理研究所成功演讲后不久，基廷就动身前往哥廷根大学，准备在那里做一场关于利用量子力学阐释黎曼假设的报告。多数到哥廷根大学的数学家会抽空去图书馆研究黎曼未发布的遗稿。这不只是因为可以近距离感受这位数学大师的魅力，还因为黎曼在遗稿中潦草地记录了许多未解之谜。它就是数学界的罗塞塔石碑。

　　在基廷去哥廷根之前，他在数学系的同事菲利普·德雷齐建议他去看看黎曼遗稿中关于流体力学经典问题的部分。尽管管家烧毁了黎曼的大量手稿，但是许多有价值的内容仍然保留了下来，并按照类型和时期分类。

　　在哥廷根大学的图书馆里，基廷索要了两卷需要查询的手稿：一卷是黎曼关于零点的想法，另一卷就是他在流体力学方面所做的工作。看到图书管理员从库房里取出一摞纸的时候，基廷赶紧提醒说自己需要的是两部分。图书管理员告诉他，这两"部分"恰好就在同一摞纸上。基廷在浏览手稿时惊讶地发现，黎曼在思考如何解决流体球问题的同时，也在思考零点的问题。原来，黎曼当年自己就尝试用现代物理学家提出的方法去解决流体力学问题。在基廷面前的这一摞纸上的正是黎曼对两个问题的想法。

黎曼的遗稿再一次展现了他的超前思想。他不可能没有意识到自己在解决流体力学问题时所用的方法何等重要。他的方法解释了出现在流体球分析中的某些虚数位于同一条直线上的原因。在同一摞纸上，他也在尝试证明 ζ 函数图景中的所有零点都位于临界线上。在对素数和流体力学有了发现的第二年，黎曼在一个黑色笔记本上记录了自己的新想法。令人遗憾的是，那个笔记本不见了。同时消失的还有黎曼关于结合数论与物理学的思想。

在黎曼去世后的几十年里，数学家和物理学家开始分道扬镳。尽管黎曼乐于看到二者的结合，在他之后的科学家却对此越来越缺乏兴趣。直到 20 世纪，数学家和物理学家才又一次聚在了一起，正是这次重聚给黎曼曾经的梦想带来了希望。

尽管和物理学的联系令人兴奋，但是许多数学家依然坚信自己的学科拥有解开素数之谜的力量。与萨那克一样，很多人认为解开黎曼假设之谜的钥匙深藏在数学之中。这种单凭数学就能证明黎曼假设的想法，可以追溯到 1940 年，其源头是一个有些特殊的法国囚犯。

第 12 章
缺失的拼图块

有人说，数学的发展历程应当和交响曲的赏析过程一样。一首交响曲有多个主题。当某个主题首次出现时，你或多或少会有所感知；之后，各个主题被揉在一起。作曲家的水平就体现在能够同时掌控多个主题。有时候，小提琴演奏一个主题，长笛则演奏另一个；然后，两种乐器交换主题，如此反复。数学史也是一样。

——安德烈·韦伊，《数论今昔两讲》

意识到量子台球游戏有潜力证明黎曼假设，人们感到十分兴奋。尽管如此，许多数学家仍然对闯入数论世界的物理学家表示怀疑。其中大部分人依然相信自己的学科有能力解释素数的行为。量子现象和素数问题的背后或许有着相同的数学，但是很多数学家认为不太可能借助物理学来证明黎曼假设。当听说纯数学理论最成功的架构师已经将注意力转向黎曼假设时，其他数学家的自信心似乎坚定了许多。20 世纪 90 年代中期，阿兰·孔涅开始针对黎曼假设的证明思路进行演讲。许多人认为，破解黎曼假设之谜的时刻终于到来了。

孔涅挑战黎曼假设这件事情本身就有重要的意义。塞尔伯格曾经承认，自己从未真正尝试证明黎曼假设。他认为，没有金刚钻，就别揽瓷器活。但是，孔涅义无反顾地直面挑战，他写道："我的启蒙老师古斯塔夫·肖凯说过，公开挑战一个著名的未解之谜的确容易让人们只记住自己的失败。到了一定的年龄之后，我才意识到，'安全'地等待生命结束会带来同样的自我挫败感。"

孔涅似乎拥有一股强大的技术力量，这使得他能够直面各个神秘的数学难题。他创立了一门叫作非交换几何的学科，这被视作黎曼几何的现代版。黎曼几何对数学在 19 世纪的发展历程有着极为重要的意义。正如黎曼的研究成果为爱因斯坦提出相对论铺平了道路，孔涅的非交换几何也被证明是理解量子力学的强大工具。

孔涅创立的新学科被视作数学在 20 世纪的里程碑，他也在 1982 年为自己赢得了菲尔兹奖。然而，非交换几何的出现并非偶然：它是第二次世界大战期间法国数学复兴的一部分。当时，大批学者从欧洲涌入美国（普林斯顿高等研究院因此蓬勃发展），孔涅则留在法国的某个研究所里担任教授一职。正是这个研究所帮助巴黎重新成为数学之都（在拿破仑时期，巴黎的数学地位被哥廷根取代）。

一场运动将数学朝着抽象化的方向推进，孔涅正是这场数学运动中的一员。在过去的 50 多年里，描述数学的语言发生了巨变，并且仍在继续演进。很多人认为，在这个演进过程完成之前，不会找到足够高级的语言来清楚地证明黎曼假设。这场新数学革命的源头是二战时期的一座法国监狱，从中诞生的新数学语言很快便在黎曼为理解素数所构建的图景中崭露头角。

12.1　语言奇才

1940 年，时任《法国科学院报》编辑的埃利·嘉当收到一封信。自从柯西于 19 世纪初在该期刊上发表了关于虚数的经典文章以来，《法国科学院报》就成为科学家公布新发现的首选期刊。令嘉当好奇的是，这封信寄自位于鲁昂的某个军事监狱。如果不是认出了信封上的笔迹，他可能就会把来信者当作又一个自称证明了费马大定理的人而不予理会。这封信来自安德烈·韦伊，一位年轻有为的法国数学家。嘉当知道，韦伊写的任何文章都值得一读。

当拆开信封之后，嘉当立即被里面的内容吸引了。韦伊发现了一种新的方法，可以用来解释海平面上的点在某些图景中倾向于排成直线的原因。尽管这个方法不适用于黎曼图景，但是它对某些图景有效这一事实足以令嘉当相信，其中一定蕴含着某种重要的意义。后来，韦伊的定理成为了数学家在攀登黎曼假设之峰时的指明灯。孔涅自己的方法也在很大程度上归功于韦伊在鲁昂某监狱中提出的想法。

韦伊驾驭数学图景的非凡能力要归功于他从小对古典语言的热爱，尤其是梵语。他相信，新的数学观点与语言的复杂形式共同发展。在印度，语法早于十进制和负数出现；阿拉伯语在中世纪的发展孕育了阿拉伯人在代数研究方面的成就。对这些，韦伊毫不惊讶。

强大的语言能力使韦伊创造出新的数学语言，令他可以表达难以形容的微妙之处。然而，正是对语言的痴迷（尤其是古典梵文史诗《摩诃婆罗多》），令这位才华横溢的年轻数学家在 1940 年初被捕入狱。

韦伊很早就表现出非凡的数学才华。数学启蒙老师这样评价她的 6 岁学生："不论我教他什么，他似乎都早已知道。"韦伊的母亲认为，如果他一直在班里领先，就不能充分发展他的智力。于是，她找到校长，要求让小韦伊跳几级。惊讶的校长回答说："女士，这是第一次有家长跟我抱怨孩子在班里的名次太高。"多亏了望子成龙的母亲，小韦伊才有幸进入孟贝先生的班级。

孟贝先生的教学方法不拘泥于传统，韦伊曾表示这套方法帮助自己成为了数学家。举例来说，孟贝先生精心开发了一套代数记数法来帮助学生发现规律，而不是死记硬背。后来，当韦伊接触到语言学大师诺姆・乔姆斯基的开创性思想时，他感到毫不陌生。韦伊说："早期使用非平凡系统符号一定具有极大的教育意义，对于未来的数学家而言尤其如此。"

就这样，韦伊爱上了数学。他回忆说："当我摔倒并且非常痛苦的时候，我的妹妹西蒙娜直接跑去拿了我的代数书来安慰我。"他的天赋得到了雅克・阿达马的赏识。阿达马是法国数学界的传奇人物，他因在 19 世纪末证明高斯的素数定理而成名。阿达马鼓励韦伊追求数学事业，因此，韦伊在 16 岁那年进入了巴黎高等师范学院，并开始接受专业的数学训练。巴黎高等师范学院是创建于法国大革命时期的学术机构。

在巴黎高等师范学院学习数学的同时，韦伊继续钻研古典语言。他对古典语言的这种热爱后来创造出新的数学世界，但在当时，韦伊只是希望能够阅读原版的古希腊史诗和古印度史诗。其中一篇史诗伴随了他的一生，这便是《薄伽梵歌》，它是《摩诃婆罗多》中关于神的诗歌。在巴黎时，韦伊如痴如醉地同时学习梵文和数学。

韦伊认为，不仅是史诗，欣赏任何文字的最佳方法都是阅读原版。他认为数学也是一样，需要阅读原作者的论文，而不是他人的转述。他在自传 The Apprenticeship of a Mathematician 中写道："我现在确信，人类历史最重要的就是伟人的思想，了解这些伟人的唯一途径则是直接阅读他们的著作。"正因为如此，韦伊开始阅读黎曼的著作。他写道："一直以来，我都感激这一次幸运的开始。"黎曼关于素数性质的假设为韦伊的数学生命注入了活力。

在巴黎高等师范学院完成考试之后，韦伊还没到服兵役的年龄。于是，他便踏上了一段伟大的数学之旅。期间，他穿越了欧洲大陆——米兰、哥本哈根、柏林、斯德哥尔摩——聆听演讲，和当时的数学先驱讨论。在哥廷根，韦伊有了一些想法，这些想法为他的博士论文奠定了基础。哥廷根孕育了欧洲数学三杰——高斯、黎曼和希尔伯特。在这里，韦伊强烈地意识到，巴黎已经失去了数学地位，不再有傅里叶和柯西当年的辉煌。一部分原因是，许多崭露头角的法国数学家在第一次世界大战中失去了生命，这是缺失的一代。战后，很少有德国数学家给巴黎带来新思路。拥有伟大数学史的巴黎，将何去何从？退回到费马时代吗？韦伊和一众年轻数学家决意用自己的双手改变这一切。

面对群龙无首的境遇，雄心勃勃的年轻人创造了一个首领形象：尼古拉斯·布尔巴基。利用这个笔名，他们共同梳理当代数学的现状。他们的指导思想来自数学的特质，正是这种特质令这门学科与众不同。数学就像是建造在公理之上的大厦，古希腊人证明的定理在 21 世纪依然成立。布尔巴基学派勘查了现代数学大厦，并利用现代数学语言完成了一份详尽的报告。受到 2000 多年前欧几里得以其恢宏著作开启西方数学文明的启发，他们给自己的工作成果命名为《数学原本》。虽然拥有希腊血统，但《数学原本》是具有法国特征的作品。它重在包罗万象，而不是专注于研究具体的数学问题。

尼古拉斯·布尔巴基其实是一位名不见经传的法国将军。选择它作为笔名的缘由是 20 世纪初巴黎高等师范学院的入学仪式。在仪式上，高年级学生假扮成杰出的外国访问学者进行一场关于著名定理的学术讲座。演讲者故意在证明当中露出马脚，一年级学生则必须指出问题所在。线索就是，错误的定理往往用一些不出名的将军来命名，而不是真正的数学家。

布尔巴基学派的聚会喧闹又混乱。让·迪厄多内是发起人之一，他描述道："某些外国人被请来观摩布尔巴基学派的聚会，他们总以为这是一群疯子，并且不能想象这群大喊大叫的人——有时候是三四个人同时喊叫——能够做出体现才智的事情。"不过，布尔巴基学派认为，这种自由状态对项目运作来说十分重要。在他们努力梳理数学现状的同时，韦伊逐渐发展出新的数学语言。

对古典语言和梵语文学的热爱让韦伊于 1930 年在印度阿里格尔穆

斯林大学谋得教授一职，那个地方离德里不远。起初，学校方面希望他教授法国文化，但是最终还是让他教数学。在印度的这段时间里，韦伊见到了甘地。甘地的思想以及他对《薄伽梵歌》的解读，在韦伊回到战前的欧洲时对他产生了不可磨灭的影响。在《薄伽梵歌》中，克里希那给阿周那的建议是依照自己的行为准则行事。对于战士阿周那来说，这不可避免地会造成战争。韦伊则认为，自己的行为准则刚好相反——他要忠于自己的和平主义信仰。他下定决心，如果战争爆发，就要逃往中立国，从而避免服兵役。

1939 年夏天，韦伊和妻子一起去了芬兰。他本希望借助芬兰逃往美国，然而他大错特错了。1939 年 8 月 23 日，苏联和德国签订了《苏德互不侵犯条约》，爱沙尼亚、拉脱维亚、波兰东部和芬兰被列入苏联中立的交换条件。同年 9 月，战事打响。芬兰政府知道不久后自己的国家就会被卷入战争，因此任何与苏联的联系都被视为极度可疑。此时，芬兰当局发现了一些寄往苏联的信件，其上写满了复杂的公式。他们很快判定寄信的游客是间谍，韦伊因而被捕入狱。在他即将被处决的前一个晚上，警察局长参加了一场晚宴，旁边坐的是来自赫尔辛基大学的数学家罗尔夫·奈望林纳。

闲聊时，警察局长向奈望林纳说道："明天我们会处决一个间谍，他说他认识您。通常情况下，我是不会拿这种事情来打扰您的，不过既然碰到了，我还是想向您咨询一下。"奈望林纳问道："他叫什么？""安德烈·韦伊。"警察局长回答。奈望林纳大吃一惊。夏天时，他还在湖边的家中招待过韦伊和他的妻子。"真的非要处决不可吗？"他恳求道，"能否只将他驱逐出境呢？"警察局长回答说："好吧，这也是个主意，我之前没想到。"正是这次偶然的会面，让韦伊躲过了子弹，数学界也因此留住了 20 世纪最伟大的实践者。

1940 年 2 月，韦伊回到了法国，但是依然在鲁昂的监狱里煎熬地等待因为逃兵役而要面临的审判。数学的一个有趣之处在于，仅凭纸、笔和想象力即可开始探索。监狱会提供前两项，韦伊自己则不缺第三项。在挪威老家的塞尔伯格发现，战时带来的孤独感为研究数学提供了完美的机会。即使根本没有接受过正规教育，印度小职员拉马努金也能在数学世界里茁壮成长。在印度时，韦伊曾与哈代的学生提努坎纳普拉姆·维贡伊拉卡文共事。维贡伊拉卡文常常和韦伊开玩笑说："如果可以在监狱里呆上一年半载，我就一定能证明黎曼假设。"现在，韦伊有机会证实维贡伊拉卡文的说法了。

在黎曼构建的图景中，海平面上的点蕴含素数的奥秘。要证明黎曼假设，韦伊需要知道这些点排成直线的原因。他针对黎曼图景做了许多尝试，但都以失败告终。不过，自从黎曼将素数和 ζ 函数图景联系在一起，数学家已经遇到了许多相似的图景，并用它们解决了其他数论问题。每一个图景都由不同的 ζ 函数定义，数学家对它们充满崇拜之情。图景几乎成为了解答数论问题的必用方法，以至于塞尔伯格呼吁数学家签署一份"全面禁止 ζ 函数条约"，以防 ζ 函数进一步扩散。

正是在探索这些相关图景的过程中，韦伊发现了一种方法，可以解释海平面上的点倾向于排成直线的原因。韦伊所用的图景和素数并没有关系，但是在利用高斯的时钟计算器计算形如 $y^2 = x^3 - x$ 的方程到底有多少个解时，这些图景起到了关键作用。举例来说，假设要利用高斯的 5 小时时钟计算器来解以上方程。令 $x = 2$，则有 $2^3 - 2 = 8 - 2 = 6$。在 5 小时的表盘上，结果就是 1 点。类似地，令 $y = 4$，则有 $4^2 = 16$，5 小时的表盘也将指向 1 点。形如 $(x, y) = (2, 4)$ 的结果，称作该方程的解，这是因为如果分别代入两边的数字，5 小时时钟计算器会得到相同的结果。实际上，该方程的解有 7 个，如下所示：

$$(x, y) = (0, 0),\ (1, 0),\ (2, 1),\ (2, 4),\ (3, 2),\ (3, 3),\ (4, 0)$$

如果选择其他素数，令时钟计算器的表盘显示 p 小时，会如何呢？

在这种情况下，解的个数大约是 p，但不一定等于 p。就像高斯对素数个数的猜想一样，数字 p 也在解的实际个数上下浮动。事实上，正是高斯在他的数学日记当中针对该方程首先证明了其估计值的误差不会超过 $\sqrt{p}$ 的两倍。高斯所用的方法不能推广到其他的方程中，韦伊的方法则适用于所有二元方程。针对二元方程所对应的 ζ 函数图景，通过证明海平面上的点排成直线，韦伊拓展了高斯的发现，指出估计值的误差不会超过 $\sqrt{p}$。

尽管与黎曼假设和素数没有直接的关系，但是韦伊的证明仍然是重要突破。他已经找到了一种方法，可以证明在像 $y^2=x^3-x$ 这样的二元方程所对应的图景中，海平面上的点排成直线。嘉当之所以在拆开韦伊的信后兴奋不已，是因为他能够想象，眼前的这种技巧如何帮助数学家理解黎曼图景。

就这样，韦伊朝着使用全新的语言理解方程根迈出了第一步。弗朗西斯科·塞韦里和圭多·卡斯泰尔诺沃居住在意大利罗马，由他们带领的一众数学家已经在做类似的研究了，韦伊在他的欧洲之旅期间了解到这些人的研究成果。但是，这些意大利人的发现并不完备，无法支撑韦伊所需要的数学。后来，韦伊的思想成为代数几何的基础，正是这门学科在费马大定理的证明过程中起到了关键作用。

利用新的数学语言，韦伊可以给每个方程构建特殊的数学鼓。这种数学鼓的振动频率是有限的，而并非像现实世界中的鼓那样有无穷多个振动频率，也不像量子力学中的能级那样有无穷多个。韦伊的数学鼓所对应的振动频率精确地体现了海平面上的点在方程图景中的坐标。但是，他仍然需要努力让这些点都落在一条直线上。在量子鼓的类比中，振动频率对应能级；位于线外的零点对应虚数能级，这在理论上是不可能的。然而，韦伊面对的不是量子鼓，他需要借助不同的工具来迫使零点落在直线上。

正当他坐在牢房里"聆听"数学鼓的鼓声时，韦伊忽然意识到自己已经找到了最后的拼图块——他可以解释数学鼓的振动频率落在直线上的原因。欧洲行期间，他从意大利数学家圭多·卡斯泰尔诺沃那里了解到一个定理，正是它迫使方程图景中的零点排成一条直线。如果不是卡斯泰尔诺沃带来的运气，这些方程图景可能会和黎曼图景一样难以理解。彼得·萨那克曾说过："韦伊完成的这项证明工作堪称奇迹。"

韦伊已经部分实现了维贡伊拉卡文的梦想。虽然还没有证明黎曼假设，但是他已经能够解释相关图景中的零点倾向于排成直线的原因。1940 年 4 月 7 日，他在给妻子伊夫琳的信中写道："我的数学工作进展超乎想象，我甚至有点担心——如果只有在监狱里才能把工作完成得这么漂亮，我可能以后每年都需要在监狱里度过两三个月。"通常，韦伊在发表文章之前都会等上一段时间，但是牢狱之灾令他感到前途未卜。于是，他把自己整理的笔记寄给了《法国科学院报》的编辑嘉当。

在给妻子的信中，韦伊提到了论文的事。他写道："我对此感到非常满意，尤其是因为写作的地方（这肯定能载入数学史），同时也是因为可以让我在世界各地的朋友知道我还活着。而且，我的定理美得令人心醉。"读罢文章，嘉当的儿子昂利——同为数学家的他是韦伊的朋友——羡慕地回信说："我们都没有你那么幸运，能够待在那样一个没人打扰的地方……"

嘉当沉浸在喜悦中，还没有来得及帮韦伊发表论文。1940 年 5 月 3 日，韦伊高产的监狱时光到了尽头。嘉当出庭为他作证，韦伊后来将嘉当的表现形容为"蹩脚的喜剧表演"。最终，韦伊因为逃兵役被判 5 年刑期，但如果他服兵役，就可以获得缓刑。尽管在监狱中十分高产，韦伊还是选择了参军。事实证明，这是明智的选择。一个月之后，当德国人打进来时，看守为了加速撤退进度，杀死了监狱里的所有囚犯。

利用从英国医院拿来的医学证明，韦伊于 1941 年以肺炎为由离开了军队。随后，他设法给自己和家人拿到了美国签证，并在普林斯顿高等研究院见到了西格尔。韦伊在欧洲旅行时就和西格尔成了好友。当西格尔去图书馆取黎曼未发表的手稿时，陪伴他的就是韦伊。显然，西格尔非常希望了解韦伊在相关图景中取得的成功能否推广到黎曼图景中。

包括西格尔在内的很多人相信，韦伊在相关图景中取得的成功无论如何都应该能够给寻找黎曼假设的"圣杯"带来实实在在的帮助。韦伊自己花了许多年头寻找他的研究与黎曼图景的联系。不幸的是，恢复自由身的他再也没能取得在监狱里时的那种成就。韦伊晚年在描述自己如何渴望重回学术巅峰时充满了惆怅："每个成名的数学家都经历过……那种清晰的状态，感觉想法一个接一个地出现，就像奇迹一般……这种感觉一次可能持续数小时，甚至数天。一旦经历过，你就会渴望再次进入这种状态，却发现无能为力，除非拼命工作……"

1979 年，在接受 *La Science* 的采访时，韦伊被问到他最希望自己能证明哪个定理。他回答道："我曾想，如果能证明黎曼在 1859 年提出的假设，我肯定会一直保密到 1959 年，直到 100 周年时才公布。"虽然大家齐心协力，仍然没能证明黎曼假设。韦伊说："自从 1959 年以来，我感到自己和它渐行渐远；我逐渐放弃了，其中不无遗憾。"

韦伊与日本数学家志村五郎长期保持着密切的联系。安德鲁·怀尔斯在证明费马大定理的过程中顺手证明了志村五郎和另一位日本数学家提出的一个猜想[①]。韦伊在晚年时曾对志村五郎说："我希望能在有生之年看到黎曼假设的证明，但是好像不太可能。"志村五郎记得当时两人还说到卓别林。年轻时，卓别林拜访过一位算命先生，他对卓别林的未来预测得十分准确。韦伊自嘲道："我要在自传里这样写：一位算命先生在我年轻时告诉我，我永远也证明不了黎曼假设。"

---

① 此处应指谷山–志村猜想，另一位日本数学家即谷山丰。——编者注

虽然韦伊自己证明或者见证他人证明黎曼假设的梦想都没有实现，但是他的工作成果无疑意义非凡。韦伊让数学家相信，黎曼假设之峰终将被征服。并且，数学家相信，黎曼的直觉很可能是对的。既然海平面上的点在某一个 ζ 函数图景中排成直线，那么就有希望证明它们在黎曼图景中也排成直线。不仅如此，早在人们发现量子混沌和黎曼假设的联系之前，韦伊就已经通过奇怪的数学鼓在图景中漫游了。正如彼得·萨那克所说："在试图证明黎曼假设的路上，韦伊的成果就是我们的指明灯。"

韦伊创造了代数几何这门新的数学语言，这让他能够清晰地表达方程根的微妙之处。不过，如果要将韦伊的思路推广到黎曼假设的证明中，明显需要更多的基础。幸好有来自巴黎的另一位数学家相助，这便是 20 世纪最有个性和最具革命精神的数学家——亚历山大·格罗滕迪克。

12.2　新的法国革命

拿破仑通过创立学校实施自己的学术革命，这些学校包括巴黎综合理工大学和巴黎高等师范学院。但是，因为过于强调数学要服务于国家，所以巴黎逐渐失去了数学之都的地位。取而代之的是中世纪小城哥廷根，那里孕育了高斯和黎曼的抽象思想。20 世纪下半叶，法国数学家变得乐观起来，他们认为巴黎有望重新成为数学之都。

在热爱科学的实业家莱昂·莫查纳的倡导下，一所旨在比肩普林斯顿高等研究院的新学术机构诞生了。布尔巴基学派的一些关键人物为该研究所提供了学术指导。和在拿破仑时期创立的学术机构不同的是，该研究所并不受当局管束。1958 年，法国高等科学研究所正式创立，其资金来自私人企业。研究所离巴黎不远，它的成功实现了前所长马塞尔·布瓦特的梦想。布瓦特是该研究所的创办人之一，他将研究所形容为"热气腾腾的壁炉、繁忙的蜂房、一座修道院，深埋的种子在这里发芽，并且按照自己的节奏成长和成熟"。在研究所的第一批教授里，有一位数学新星，他就是亚历山大·格罗滕迪克。这一颗"种子"后来以最绚烂的方式开花结果。

格罗滕迪克是艰苦朴素的数学家。除了父亲的油画之外，他的办公室空空如也。这幅油画是他父亲在集中营的室友为他画的。之后，父亲被送进奥斯维辛，于 1942 年罹难。和画像中被剃光头的父亲一样，格罗滕迪克也有一双炽热的眼睛。

格罗滕迪克从母亲那里听说过父亲的革命生涯。尽管对父亲知之甚少，母亲的描述还是对格罗滕迪克产生了深远的影响。

对于格罗滕迪克自己来说，数学是他的革命舞台。在韦伊的基础上，格罗滕迪克也发展出了自己的数学语言。就像黎曼的新视角成为数学发展史的转折点，格罗滕迪克关于几何和代数的新语言见证了全新的逻辑论证的诞生，可以令数学家清晰地表达原来无法表达的想法。这个新的角度可以与 18 世纪末数学家接受虚数概念的景象相提并论。但是，格罗滕迪克的数学语言并不容易学，连韦伊也因他的抽象世界而感到困惑。

二战结束后，法国高等科学研究所自然而然地成为了布尔巴基学派的家园。他们忙于整理现代数学百科全书，格罗滕迪克成为主要贡献者之一。到了 50 岁，老一代数学家退了下来，新鲜的血液注入布尔巴基学派。他们的著作帮助巴黎夺回数学之都的地位。在许多数学家的心中，布尔巴基是一个独立的人，他甚至还申请加入美国数学学会。

法国之外的许多人质疑布尔巴基学派给数学带来的影响，认为他们的整理不全面。很多人批评布尔巴基学派将数学看作成品，而不是仍在继续演化的有机体；他们认为布尔巴基学派求多求全，却忽视了数学古怪和特别的方面。但是，布尔巴基学派则认为，自己的工作被误解了。署名"布尔巴基"的大部头印证了现代数学大厦的坚固，它们旨在成为新的"原本"，与欧几里得 2000 多年前的巨著《几何原本》遥相呼应。

二战前就活跃在数学舞台上的保守派开始抱怨，他们对自己从事多年研究的学科感到陌生。对于使用新的数学语言，西格尔有这样一番描述：

自己对这门学科的贡献被搞得面目全非，这令我反感。整个风格……背离了拉格朗日、高斯、哈代、兰道等数论大师所推崇的简约和真诚。在我看来，这就像一头猪闯进美丽的花园，在其中肆意地大嚼花草。

这种抽象令西格尔对数学的前景感到悲观："我将这种无意义的抽象称为空集理论。如果不能阻止它成为潮流，我担心数学会在 20 世纪末消亡。"

很多人持同样的观点。听完关于如何通过一个抽象框架证明黎曼假设的报告之后，塞尔伯格这样描述自己的印象："我认为这类报告在之前从未有过。在听完报告后，我对某人说：'愿望若是骏马，乞丐亦可驰骋。①'"演讲者提出了完整的抽象假设框架。如果这种数学语言适合描述素数理论，那么演讲者早就能证明黎曼假设了。塞尔伯格抱怨说："他并不想做这些假设。这可能不是思考数学的正确方式。人们应该从自己已经掌握的知识着手。这份报告谈到了一些很有趣的内容，但是它所体现的趋势在我看来非常危险。"

但是，对于格罗滕迪克来说，并不是为了抽象而抽象。在他看来，抽象是数学为了解答问题而必须进行的革命。他写了一卷又一卷来描述新的数学语言。格罗滕迪克有着救世主一般的愿景，并且逐渐吸引了一些年轻的追随者。他的著作篇幅宏大，足足有一万页左右。当到访者抱怨研究所的图书馆环境差时，他回应说："我们不是来这里读书的，而是来写书的。"

① 暗指只靠空想实现不了愿望。——编者注

哥德尔说过，在证明黎曼假设之前，需要为数学找到新的基石。格罗滕迪克的革命性语言就是朝着这个方向迈出的第一步。不过，尽管他付出了很多努力，但是黎曼假设之峰始终遥不可及。格罗滕迪克的新语言解开了许多难题，包括韦伊关于方程根的重要猜想，但是没能证明黎曼假设。

实际上，父亲的政治背景才是格罗滕迪克攀登黎曼假设之峰失败的根本原因。格罗滕迪克一生不愿辜负父亲的政治理想。作为坚定的和平主义者，他在 20 世纪 60 年代强烈反对大力发展军事力量。1966 年，格罗滕迪克因在代数几何方面的成就获得菲尔兹奖。不过，他拒绝前往莫斯科领奖，以此抗议苏联的军事策略。

因为长期在数学世界里探索，所以格罗滕迪克在政治方面十分天真。有一次，他本来将作为主要发言人参加一个会议。当看到海报上写着该会议由 NATO（北大西洋公约组织）赞助时，他很天真地去问 NATO 是什么。一了解到这是军事组织，他立即给会议组织者写信，扬言要退出。（为了留住他，会议组织者放弃了赞助费。）1967 年，格罗滕迪克在越南北部的丛林里做了一场关于抽象代数几何的简短报告，以自己充满深奥观点的演讲抗议近在咫尺的战争。

1970 年，格罗滕迪克发现与法国高等科学研究所合作的一些商业机构有军方背景。他直接找到所长莱昂·莫查纳，扬言要辞职。作为研究所的重要创办者，莫查纳不像几年前的会议组织者那么灵活。为了坚持自己的原则，格罗滕迪克离开了研究所。他的朋友认为，格罗滕迪克可能是利用抗议军方资助作为借口来逃离研究所这个"金鸟笼"。在他看来，自己不过是做数学报告的高级文官；相比于呆在舒适的内部环境里，他更乐意在外漂泊。很多人说，数学家在 40 岁之后就很难再建功立业，这令已经 42 岁的格罗滕迪克开始焦虑。如果他的数学生涯从此缺乏创造力，那该如何是好？他不是一个活在以往成就中的人。而且，他越来越对自己没能在绘制海平面上的点这个方面取得进展感到失望。研究所的舒适环境并没有让他比监狱中的韦伊有更多的突破。离开研究所之后，他也几乎告别了数学领域。

格罗滕迪克开始漂泊。他成立了一个名为"生存"的组织，致力于反战和保护生态。同时，他开始修习佛法。他将自己无法实现数学梦想的痛苦化作上千页的自传。在其中，他抨击自己的数学遗产。他无法接受自己曾经的追随者开始领导由他引发的数学革命，并在其上留下他们的个人烙印。

离开法国高等科学研究所 30 年后，格罗滕迪克住在位于比利牛斯山脉的一个偏僻的小村庄里。前去看望他的一些数学家说："他现在被'魔鬼'困扰。在他看来，这个无处不在的'魔鬼'破坏了神圣的和谐。"格罗滕迪克认为是"魔鬼"将光速从 300 000 千米/秒变到了"丑陋"的 299 887 千米/秒。其实，要在数学世界里自由自在地探索，任何人都需要有一些疯狂的想法。然而，格罗滕迪克花了太多时间探索数学世界的边缘地带，以至于找不到回家的路了。

格罗滕迪克不是唯一因研究黎曼假设而走火入魔的数学家。20 世纪50 年代末，约翰·福布斯·纳什在成名后也被黎曼假设迷住了。在为纳什所写的传记《美丽心灵》中，西尔维娅·娜萨写道，人们曾经"八卦说纳什和科恩相爱了"。当时，保罗·科恩也在尝试证明黎曼假设。纳什向科恩详细地说明了自己的想法，但是科恩认为他们不会有任何进展。一些人认为，正是科恩的排斥——无论是情感上的还是数学上的——对纳什的精神崩溃负有不可推卸的责任。1959 年，纳什受邀参加美国数学学会在纽约哥伦比亚大学举办的会议，并展示了自己对黎曼假设的证明思路。这就是一场灾难，观众茫然地看着他前言不搭后语地给出一些无意义的论证。格罗滕迪克和纳什的故事都说明了沉迷数学的危险性。（与格罗滕迪克不同的是，纳什恢复了过来，还因为在博弈论领域的突出贡献于 1994 年获得诺贝尔经济学奖。）

虽然格罗滕迪克的精神崩溃了，但是他的数学大厦依然矗立。许多人认为，只要找到缺失的拼图块，就能拓展格罗滕迪克的思路，从而揭开素数的面纱。20 世纪 90 年代中期，数学界开始躁动，下一个格罗滕迪克可能已经出现。

12.3　笑到最后

听说阿兰·孔涅尝试证明黎曼假设，很多人表示吃惊。孔涅是法国高等科学研究所和法兰西公学院的教授，其名声与格罗滕迪克相当。由他创立的非交换几何的确超越了韦伊和格罗滕迪克的工作。和格罗滕迪克一样，孔涅也能够在纷乱中清楚地看到事物的脉络。

在数学中，非交换性意味着顺序会影响结果。例如，拿一张人物照片，将人脸倒过来。首先，将其从右向左翻转，再顺时针旋转 90 度；然后重复这个操作，但是先旋转，再从右向左翻转，你会发现人脸是反的。在这个例子中，结果与操作顺序有关。量子力学的核心正在于此。海森堡的不确定性原理告诉我们，不可能同时精确地知道粒子的位置和动量。不确定性背后的数学原理是，位置和动量的测量顺序对结果有影响。

孔涅将韦伊和格罗滕迪克的代数几何带入了一个全新的非对称世界。大多数数学家为理解周遭的数学图景穷其一生，每几代才会出现一个发现新大陆的探索者。孔涅就是其中一位。

孔涅对探索数学难题充满热情。他对数学的热爱可以追溯到 7 岁那年，当时的他已经开始思考基本的数学问题。他回忆道："我对集中精力思考数学问题的那种愉悦感记忆犹新。"他似乎从未走出这种状态。对于提出的所有令人生畏的抽象理论，孔涅都保持着一颗童心。在他看来，数学比其他任何学科都更能带他接近终极真理。追逐真理所带来的快乐从童年时起就一直伴随着他。他说："数学无法在时空中捕捉，当人们有幸参透其中一隅时，感受它带来的永恒体验也是一种非凡的喜悦。"

孔涅认为，数学家应该充满活力，并且总是积极地探寻新领域。很多人沿着自己熟悉的海岸线航行，孔涅则选择远离自己熟悉的陆地，驶向未知的数学海洋。他能够看出素数和非交换几何的联系，这在很大程度上归功于他善于借鉴不同的数学文化。一些数学家倾向于两人或者多人合作，这比单打独斗更有利于跨越数学海洋。不过，孔涅是享受孤独的旅行者，他说："如果想有所发现，就必须独行。"

基于韦伊和格罗滕迪克的代数几何，孔涅构建出新的几何世界。韦伊和格罗滕迪克提供了新的词典，供人们将几何转换成代数。这种词典的好处在于，能将以几何语言描述的晦涩问题用代数语言清楚描述，使人豁然开朗。正因为如此，韦伊才得以给出方程根的个数，并且证明相关图景中的零点排成直线。若执意从几何角度理解方程，韦伊可能一无所获。不过，在代数几何词典的帮助下，理解起来就容易多了。

韦伊的几何解答了纯数论问题，孔涅的思想则为弦理论家和量子物理学家提供了梦寐以求的数学工具。20 世纪末，物理学家急切盼望找到新的几何体来支撑弦论。这个理论诞生于 20 世纪 70 年代，弦理论家希望用它来统一量子力学和相对论。孔涅对此很感兴趣，于是他开始寻找物理学家认为必定存在的几何体。他意识到，即使没有清晰的几何图像，他也能从抽象代数的角度描述。只有在抽象的数学世界中长大的人才能有这样的发现，单凭物理直觉无法做到。

古怪的亚原子世界迫使孔涅抛开理解传统几何学的方法。如果说黎曼的几何革命为爱因斯坦提供了描述宏观世界的数学方法，那么孔涅的几何语言便为数学家带来了触碰微观世界的机会。感谢孔涅，我们终于有机会破解空间结构的奥秘了。

蒙哥马利和贝里指出，素数和量子混沌可能存在一定的联系。孔涅的新语言与量子力学完美契合，这一点令人们对他证明黎曼假设更有信心。考虑到他背后的法国数学复兴为探索 ζ 函数图景提供了新技巧，数学界认为曙光即将到来。围绕黎曼假设的谜团似乎终于要解开了。

孔涅认为自己在代数世界里发现了一个复杂的几何空间，即定义在赋值向量类上的非交换空间。为了构建这个空间，他用了人们在 20 世纪初发现的 p 进数。对于每个素数 p，都有一组 p 进数与之对应。孔涅认为，如果将 p 进数聚在一起，并在高度奇异的空间里研究乘法，那么黎曼零点就会自然而然地以共振态出现在这个空间里。孔涅的方法就像一杯带有异国情调的鸡尾酒，其中混合了几个世纪以来研究素数的多种方法。正因为如此，数学家对孔涅寄予厚望也就不足为奇了。

孔涅不只是技艺娴熟的数学家，还是颇具魅力的表演家。他关于黎曼假设的演讲让很多人着迷，包括我自己。孔涅让我相信，他的证明思路终将引领我们登上黎曼假设之峰，他已经完成大部分工作，只待他人画龙点睛。不过，尽管为大家提供了梦寐以求的思路，但是孔涅自己知道还有很多工作要做。他说："验证过程十分痛苦：人们很害怕出错……其中最多的是焦虑，因为你永远不知道自己的直觉是否正确，正如梦里的直觉常常是错误的。"

1997 年春天，孔涅到普林斯顿高等研究院介绍自己的新思路。听众是重量级人物：邦别里、塞尔伯格和萨那克。虽然巴黎努力夺回自己的主导地位，但是普林斯顿依然是无可争议的黎曼假设圣地。塞尔伯格已经成为这个领域的权威，作为半辈子都在和素数斗争的人，没有什么能逃过他的眼睛。萨那克则属青年才俊，他那利剑般的才智不会放过任何疏漏。当时，他刚开始与尼克·卡茨合作，后者是毫无争议的代数几何大师。他们一同证明，人们认为可以用来描述黎曼零点的数学鼓必定存在于韦伊和格罗滕迪克所考虑的图景中。卡茨目光犀利，不放过任何线索。数年前，正是他发现了怀尔斯在尝试证明费马大定理时犯下的一个错误。

邦别里是当之无愧的黎曼假设大师。在研究素数个数的真实值与高斯的估计值之间的误差时，邦别里取得了迄今为止最重要的结果，并且因此获得了菲尔兹奖。一些数学家称邦别里证明了“平均黎曼假设”。坐在安静的办公室里，俯瞰研究院周围的树木，邦别里一直在整理前些年的所有成果，并且致力于完成证明黎曼假设的最后一步。和卡茨一样，邦别里也不放过任何细节。他热衷于集邮，曾有机会买到特别珍贵的邮票。在仔细检查之后，他发现了其中三处瑕疵。于是，他把邮票退给了卖家，并指出了其中的两处。他留了一手，并没有指出第三处瑕疵，以防未来遇到改良的赝品。黎曼假设的任何有潜力的证明思路都会经历同样严格的考验。

面对如此强大的听众阵容，孔涅并没有退缩。强有力的论点和人格魅力使他和普林斯顿的大人物一拍即合。他知道自己还没有最终证明黎曼假设，但是确信自己的思路提供了最有希望的解决方案。这个思路结合了量子物理学家的许多观点以及韦伊和格罗滕迪克的数学视角。

普林斯顿的各位大人物承认，孔涅确实取得了一些进展，但是问题依然存在。萨那克发现，孔涅发展了自己从导师科恩那里听过的一种方法，那时候他才刚到斯坦福大学不久。不同的是，孔涅已经掌握了复杂的新语言和技巧，这让他能够将科恩的思想具体化。不过，孔涅的方法有这样一个问题：他似乎做了一些安排，让那些不在黎曼临界线上的点不可见。就像魔术师一样，孔涅让人们只能看到黎曼临界线上的点，而把其余的点藏进了衣袖。

“孔涅催眠了观众，”萨那克说，“他很有说服力，也很有魅力。你要是指出他的方法有何问题，下次见到你的时候，他就会说：‘你是对的。’他就是这样轻易地赢得了你的心。”不过，萨那克认为孔涅仍然缺少一股魔力，这令他无法像韦伊当年在监狱中那样取得突破。邦别里表示同意："我也觉得缺了某种重要的思想。"

在听完孔涅的演讲后不久，邦别里收到来自天普大学的朋友多伦·泽尔伯格的邮件，他似乎是说自己发现了关于 π 的最新性质。不过，邦别里机智地发现日期是 4 月 1 日。为了表明自己知道这是玩笑，邦别里按同样的套路回了一封邮件。他淘气地将孔涅发现素数新规律的事情融合了进去，并写道："上周三，阿兰·孔涅在 IAS 的讲座上提到黎曼假设取得了突破……" 一位年轻的物理学家看了一眼就"灵光一现"。黎曼假设是正确的。邦别里还在邮件结尾处写道："哇！请给他最高的赞誉吧！"

泽尔伯格照做了。一周之后，这则消息在即将召开的国际数学家大会的公告栏上传开了。兴奋的数学家用了好长一段时间才平复下来。回到巴黎后，孔涅发现人们在讨论这则消息。尽管邦别里意在开物理学家的玩笑，但是孔涅显然相当不开心。

邦别里的愚人节玩笑看似标志着孔涅热潮的结束。现在尘埃落定，孔涅揭开素数奥秘的希望似乎破灭了。即使是在复杂的非交换几何空间里，素数依然晦涩难懂。多年之后，黎曼城堡仍然固若金汤。当然，孔涅的方法依然有可能开花结果，还有很多工作可以做。不过，人们不再认为他发现了通往证明之路的捷径。保护黎曼假设的城墙似乎看起来有些不同，但是依然难以逾越。

面对僵局，孔涅自己倒是十分冷静。当听说成功证明黎曼假设的人将有机会获得 100 万美元的奖金时，孔涅说："对我来说，数学一直是学习谦卑的最佳学校。各种难题体现了数学的主要价值，它们就是数学世界的喜马拉雅山脉。登顶数学世界之巅要经历极端的考验，或许还要付出代价。但是有一点可以肯定，那就是当我们站在世界之巅俯瞰时，脚下的风景一定十分绚烂。"孔涅没有停止探索的脚步，他依然在战斗，希望找到完成这场旅行的最终思路。他渴望迎来茅塞顿开的时刻："当一切被点亮的那一刻来临时，情绪排山倒海般袭来，你将无法继续保持冷漠。在我极为有限的真实经历中，这种时刻令我热泪盈眶。"

我们继续聆听着素数的神秘鼓点：2，3，5，7，11，13，17，19，…，这一旋律绵绵不绝，径直飘向数字宇宙的深处。素数是数学之心，也是其他一切的基石。尽管渴望找到其中的规律，但我们是否真的要接受永远无法洞悉这些基本数字的现实？

欧几里得证明素数有无穷多个。高斯猜想素数是随机的，就好像通过抛硬币决定的一样。黎曼穿过虫洞进入虚数图景，并在这里听到素数的乐章。在这个图景中，海平面上的每一个点都是一个音符。人们苦苦探索黎曼的藏宝图，试图找到海平面上每一个点的位置。利用自己的一个秘密公式，黎曼发现，尽管素数看起来杂乱，藏宝图中的零点却是有序的——它们排成一条直线，而不是随机分布的。黎曼无法看到更远处的零点，但他相信所有零点都在这条直线上。由此，黎曼假设诞生了。

如果黎曼假设是正确的，就意味着没有哪个音符比其他音符更高；假设请管弦乐队来演奏素数的乐章，那么所有乐器的音量将完全一样。这就能解释为什么我们在素数中看不到明显的规律。有规律意味着一个乐器的音量比其他的更大。在素数管弦乐队中，似乎所有乐器都按照自己的模式演奏，但是合在一起时，高低音相互抵消，只留下舒缓的曲调。

如果能证明黎曼假设，我们就能知道为什么素数看起来像是抛硬币决定的。不过，或许黎曼只是一厢情愿地猜测。或许，随着素数管弦乐队继续演奏，其中某个乐器会逐渐成为主导。或许，遥远的零点蕴含着新的规律。或许，决定素数的硬币并不均匀。就像我们发现的一样，素数是一群充满恶意、深藏不露的家伙。

因此，人们开始朝着黎曼假设之峰迈进。本书重温了历史：拿破仑时期的法国；德国的新人文主义革命；从宏伟的柏林到中世纪小城哥廷根；剑桥大学和印度的奇妙联盟；饱受战争摧残的挪威；战时逃离欧洲的那些勇敢的黎曼"圣杯"探寻者，以及为他们提供学术支持的普林斯顿高等研究院；最后还有近代巴黎，以及诞生于监狱、曾令其重要开发者精神崩溃的一门新的数学语言。

素数的故事早已延伸到数学世界之外。科技的进步改变了数学家的工作方式。诞生于布莱切利园的那台计算机让数学家踏入全新的数字世界；量子力学让数学家看到新的规律和联系，如果没有孕育交叉学科的土壤，这些规律和联系就不会被发现；甚至连 AT&T、惠普和弗赖伊电子等公司也在这个故事中客串了角色。由于在计算机安全领域的核心地位，素数被摆在了聚光灯下。如今，素数正在全球范围内保护着人们的秘密免受黑客窥视，它们与每个人的生活都息息相关。

尽管经历了千回百转，但是素数依然难以捉摸。从孔涅的非交换几何空间到贝里的量子混沌世界，每当被逼入绝境时，素数总能找到新的藏身之处。

在帮助我们了解素数的数学家里，不乏长寿之人。于 1896 年证明素数定理的阿达马和德·拉·瓦莱－普桑都活到了 90 多岁。一些人相信，是素数定理使其不朽。塞尔伯格和埃尔德什令人们更加相信素数和长寿有联系。二者在 20 世纪 40 年代给出了素数定理的初等证明，并且都活到了 80 岁以上。数学界流传着这样一个玩笑似的猜想：证明黎曼假设者得永生。另一个玩笑说的是，也许在某个地方，某个数学家已经证伪了黎曼假设；之所以没人听说过，是因为这个不幸的数学家当即去世了。

至于离终点还有多远，各方说法不一。奥德里兹科已经计算出相当多的零点，他认为无法预测何时抵达终点："可能是下周，也可能是下个世纪。问题似乎很难。我怀疑能否找到巧妙的办法，因为这么多优秀的人已经研究了太久、太久。不过，或许下周就会有人想到一个巧妙的方法。"其他人则认为，一个方法还不够，至少需要两个。

　　蒙哥马利认为，有了他和量子物理学家戴森在普林斯顿下午茶聚会上的交流结果，我们已经完成了攀登黎曼假设之峰的重要一步。不过，他清醒地认识到不能盲目乐观："我有时觉得，黎曼假设的证明和我们就只隔了一条沟。不幸的是，这条沟从一开始就存在。"正如蒙哥马利所说，这条沟出现得真不是地方，任何沟都会致命。在路途的中段遇到山沟至少表明，之前的路没有白走。而一开始就发现有一条沟横在眼前，则表明除非设法通过第一关，否则将寸步难行。蒙哥马利写道："理论研究陷入僵局，我们连第一个定理都证明不了。"

　　虽然有 100 万美元的奖金，但是许多数学家依然不敢接近黎曼假设这个著名的难题。碰壁的大人物太多了：黎曼、希尔伯特、哈代、塞尔伯格、孔涅……不过，依然有人敢于挑战，其中值得关注的有德国的克里斯托弗·德林格和以色列的沙伊·哈兰。

　　很多人预测，自提出之日起，200 年内不会有人证明黎曼假设；另一些人则认为时候到了，现在已经有很多证据为我们指出正确的方向，成功指日可待。一些人认为，黎曼假设的命运掌握在哥德尔的手中——它是正确的，但无法证明；另一些人则认为黎曼假设是错误的；还有一些人认为自己已经证明了黎曼假设，只不过其他人不敢相信。在追寻答案的路上，一些人走火入魔了。

　　或许，我们太习惯于从高斯和黎曼的视角来看待素数，以至于缺乏理解这些神秘数字的新视角。高斯给出了素数个数的估计值；黎曼预测估计值的最大误差是 $\sqrt{N}$；李特尔伍德指出找不到更小的误差了。或许还有一个全新的视角，之所以还没有发现它，是因为我们已经住惯了高斯所建造的房屋。

　　就像调查谋杀案的侦探一样，我们一直在审视那些数学嫌疑人。是何人或何物将零点放在了黎曼临界线上？现场到处都是物证和指纹，我们也有了嫌疑人画像。然而，真相却一直和我们捉迷藏。值得欣慰的是，即使永远不会交出自己的秘密，素数也引导我们踏上了最不平凡的征途。素数的重要性远远超过了最初作为算术原子的基本地位。正如我们发现的那样，素数为彼此不相关的领域打通了隔阂。数论、几何学、分析学、逻辑学、概率论、量子力学，所有这些都在黎曼假设的证明之路上交汇。这条路让我们以全新的视角看待数学。我们惊叹于数学非凡的互联性：它已经从一门研究规律的学科变成了一门融会贯通的学科。

这些联系不仅仅存在于数学世界中。素数曾经被视作最抽象的概念，在象牙塔之外毫无意义。以哈代为代表的数学家曾经欣喜于自己能够与世隔绝地做研究，毫不受外界的干扰。但是，再也没有人能够把素数当作逃避现实世界的借口。如今，素数已经成为信息安全的核心，它们与量子力学的联系或许还能帮助我们更加了解物理世界的本质。

即使成功证明了黎曼假设，也还有许许多多的猜想等待验证，很多新的、精彩的数学研究有待启动。黎曼假设的证明将仅仅是一个开始，它将开启通往未知领域的大门。用怀尔斯的话说，黎曼假设的证明将让我们能够以全新的方式探索世界，就像解决了经度问题的 18 世纪航海家得以环游世界一样。

在那之前，我们依然惊叹于这变幻莫测的数学乐章，无法掌控它的婉转旋律。在我们探索数学的路上，素数是永恒的伙伴，却也是最神秘的伙伴。尽管已有伟大的数学家付出了极大的努力，素数依然是未解之谜。我们对那个奏响素数乐章的人翘首以盼，他或她的名字将永远被铭记。

致　谢

　　我的许多同事十分慷慨地付出时间支持我的写作，我尤其要感谢的是以下各位，他们愿意坐下来和我讨论他们的观点和思路：伦纳德·阿德曼、迈克尔·贝里爵士、布莱恩·伯奇、恩里科·邦别里、理查德·布伦特、葆拉·科恩、布赖恩·康瑞、佩尔西·戴康尼斯、格哈德·弗赖、威廉·蒂莫西·高尔斯爵士、弗里茨·格伦瓦尔德、沙伊·哈兰、罗格·希思－布朗、乔纳森·基廷、尼尔·科布利茨、杰弗里·拉加瑞阿斯、阿尔杨·伦斯特拉、亨德里克·伦斯特拉、阿尔弗雷德·梅内塞斯、休·洛厄尔·蒙哥马利、安德鲁·奥德里兹科、塞缪尔·帕特森、罗纳德·L.李维斯特、泽埃夫·鲁德尼克、彼得·萨那克、丹尼尔·西格尔、阿特勒·塞尔伯格、彼得·肖尔、赫尔曼·特里尔、斯科特·万斯通，以及唐·察吉尔。

　　我特别要感谢的是贝里爵士，我们第一次见面还是在唐宁街10号的楼梯上排队和首相握手时，他让我注意到了素数中包含的音乐。本书的英文书名也是为了纪念那次相遇。

　　我还要感谢那些仔细阅读了本书的部分或全部书稿的朋友：迈克尔·贝里爵士、杰里米·巴特菲尔德、伯纳德·杜·索托伊、杰里米·格雷、弗里茨·格伦瓦尔德、罗格·希思－布朗、安德鲁·霍奇斯、乔纳森·基廷、安格斯·麦金太尔、丹尼尔·西格尔、吉姆·森普尔，以及埃里克·韦恩斯坦。本书内容若有任何错误，由我本人负责。

本书的写作参考了许多书和文章，它们为本书提供了宝贵的背景资料。这些书和文章收录在本书的"延伸阅读"中。此处要特别提到《美国数学学会通告》(*Notices of the American Mathematician Society*)，这份刊物持续不断地为我们提供精彩的文章，既有关于数学本身的，又有关于数学家团体的。

本书在写作过程中还得到了一些机构的大力支持，包括美国数学研究所、Certicom 公司、哥廷根大学图书馆、AT&T 实验室、普林斯顿高等研究院、惠普实验室，以及马克斯·普朗克数学研究所。

我要对促成此书出版的朋友们致以由衷的谢意：我的出版经纪人、Greene & Heaton 公司的安东尼·托平，从书稿最初成型到出版完成，他都一直在我身边提供帮助；朱迪丝·默里促成了这次合作；还要感谢我的编辑，来自 Fourth Estate 出版社的克里斯托弗·波特、利奥·霍利斯和米次·安杰尔，来自 HarperCollins 出版社的蒂姆·达根，以及我的技术编辑约翰·伍德拉夫。我特别要感谢利奥，他花了很长时间来研究四维空间。

幸好有英国皇家学会的支持，我才能完成本书的写作。作为英国皇家学会的研究员，我不仅有机会实现我的数学梦想，还能向公众分享我一路走来的经历。英国皇家学会并不只是一个银行账户——它关注它所资助的对象。它对我从事数学传播工作的支持是无价的。

我还要感谢几位媒体界的朋友。他们有的敢于承担风险，在各自的平台上发布了我的一些有关严肃数学的早期文字，有的专门花时间教我这个数学家如何流畅地写作。他们是《泰晤士报》的格雷厄姆·帕特森、菲莉帕·英格拉姆和安加娜·阿胡贾，英国广播公司的约翰·沃特金斯和彼得·埃文斯，以及科普杂志 *Science Spectra* 的格哈特·弗里德兰德。同时也要感谢 NCR 公司和 Milestone Pictures 公司提供的机会，让我可以为银行界人士讲授数学知识。

我之所以成为一名数学家，是受到了我的初中老师巴尔森先生的影响，他的课堂让我第一次领会到了算术中的奇妙之美。我还要感谢Gillotts 中学、詹姆斯国王预科学校、牛津大学瓦德汉学院以及剑桥大学给予我的特别的教育。

还要感谢阿森纳球队在我写书的过程中赢得了双料冠军。海布里球场给我提供了一个重要场所，让我能释放思考黎曼假设之后的压力。

在个人生活方面，我要感谢家人和朋友给予我的支持：我的父亲让我理解了数字的力量；我的母亲让我感受到文字的强大；我的祖父母，尤其是祖父彼得，是我的写作动力；我的爱人沙尼，在我的写作过程中给了我极大的包容和信任。我最要感谢的人是我的儿子托马尔，感谢他在我一天工作结束之后的陪伴。如果没有他，我可能无法坚持完成本书。

延伸阅读

下列图书和文章为本书写作提供了重要的参考资料。建议想要进一步研究相关方向的读者阅读列表中的任意资料。这里我没有列出任何需要数学背景知识才能理解的较高层次的资料，除非它包含一些有趣的非技术性的见解。

[1] Albers D J. Interview with Persi Diaconis[G]// Albers D J, Alexanderson G L. Mathematical people: profiles and interviews. Boston: Birkhäuser, 1985: 66–79.

[2] Aldous D, Diaconis P. Longest increasing subsequences: from patience sorting to the Baik-Deift-Johansson theorem[J]. Bulletin of the American Mathematical Society, 1999, 36(4): 413–433.

[3] Alexanderson G L. Interview with Paul Erdős[G]// Albers D J, Alexanderson G L. Mathematical people: profiles and interviews. Boston: Birkhäuser, 1985: 82–91.

[4] Babai L, Pomerance C, Vértesi P. The mathematics of Paul Erdős[J]. Notices of the American Mathematical Society, 1998, 45(1): 19–31.

[5] Babai L, Spencer J. Paul Erdős (1913–1996)[J]. Notices of the American Mathematical Society, 1998, 45(1): 64–73.

[6] Barner K. Paul Wolfskehl and the Wolfskehl Prize[J]. Notices of the American Mathematical Society, 1997, 44(10): 1294–1303.

[7] Beiler A H. Recreations in the theory of numbers: the queen of mathematics entertains[M]. New York: Dover Publications, 1964.

[8] Bell E T. Men of mathematics[M]. New York: Simon & Schuster, 1937.

[9] Berndt B C, Rankin R A. Ramanujan: letters and commentary[M]// History of Mathematics. vol. 9. Providence, RI: American Mathematical Society, 1995.

[10] Berndt B C, Rankin R A. Ramanujan: essays and surveys[M]// History of Mathematics. vol.22. Providence, RI: American Mathematical Society, 2001.

[11] Berry M. Quantum physics on the edge of chaos[J] New Scientist, 1987, November 19: 44–47.

[12] Bollobás B. Littlewood's miscellany[G]. Cambridge: Cambridge University Press, 1986.

[13] Bombieri E. Prime territory: exploring the infinite landscape at the base of the

number system[J]. The Sciences, 1992, 32(5): 30–36.

[14] Borel A. Twenty-five years with Nicolas Bourbaki, 1949–1973[J]. Notices of the American Mathematical Society, 1998, 45(3): 373–380.

[15] Borel A, Cartier P, Chandrasekharan K, et al. André Weil (1906–1998)[J]. Notices of the American Mathematical Society, 1999, 46(4): 440–447.

[16] Bourbaki N. Elements of the history of mathematics[M]. Berlin: Springer-Verlag, 1994.

[17] Breuilly J. Nineteenth-century Germany: politics, culture and society 1780–1918[G]. London: Arnold, 2001.

[18] Calaprice A. The expanded quotable Einstein[G]. Princeton, NJ: Princeton University Press, 2000.

[19] Calinger R. Leonhard Euler: the first St Petersburg years (1727–1741)[J]. Historia Mathematica, 1996, 23(2): 121–166.

[20] Campbell D M, Higgins J C. Mathematics: People, Problems, Results[G]. 2 vols. Belmont, CA: Wadsworth International, 1984. (本书内容涵盖布尔巴基、高斯、李特尔伍德、哈代、哈塞、剑桥数学、希尔伯特及其 23 个问题，证明的本质，以及哥德尔不完全性定理。)

[21] Cartan H. André Weil: memories of a long friendship[J]. Notices of the American Mathematical Society, 1999, 46(6): 633–636.

[22] Cartier P. A mad day's work: from Grothendieck to Connes and Kontsevich. The evolution of concepts of space and symmetry[J]. Bulletin of the American Mathematical Society, 2001, 38(4): 389–408.

[23] Changeux J -P, Connes A. Conversations on mind, matter, and mathematics[M]. Princeton, NJ: Princeton University Press, 1995.

[24] Connes A, Lichnerowicz A, Schützenberger M P. Triangles of thoughts[M]. Providence, RI: American Mathematical Society, 2001.

[25] Connes A. Noncommutative geometry and the Riemann zeta function[G]// Arnold V, Atiyah M, Lax P, et al. Mathematics: frontiers and perspectives. Providence, RI: American Mathematical Society, 2000: 35–54.

[26] Courant R. Reminiscences from Hilbert's Göttingen[J]. The Mathematical Intelligencer, 1981, 3(4): 154–164.

[27] Davenport, H. Reminiscences of conversations with Carl Ludwig Siegel. Edited by Mrs Harold Davenport[J]. The Mathematical Intelligencer, 1985, 7(2): 76–79.

[28] Davis M. The universal computer: The road from Leibniz to Turing[M]. New York, NY: W.W. Norton, 2000.

[29] Davis M. Book review: Logical dilemmas: the life and work of Kurt Gödel

and Gödel: a life of logic[J]. Notices of the American Mathematical Society, 2001, 48(8): 807–813.

[30] Dyson F. A walk through Ramanujan's garden[G]// Andrews G E, Askey R A, Berndt B C, et al. Ramanujan revisited. Boston, MA: Academic Press, 1988: 7–28.

[31] Edwards H M. Riemann's zeta function[M]. Pure and Applied Mathematics. vol. 58. New York, NY: Academic Press, 1974. (本书有一篇黎曼论文的英译版，即 *Über die Anzahl der Primzahlen unter einer gegebenen Grösse*，放在了附录中。这篇论文有 10 页，是黎曼关于素数的一篇重要论文。)

[32] Flannery S, Flannery D. In code: a mathematical journey[M]. London: Profile Books, 2000.

[33] Gardner J H, Wilson R J. Thomas Archer Hirst – Mathematician xtravagant III. Göttingen and Berlin[J]. American Mathematical Monthly, 1993, 100(7): 619–625.

[34] Goldstein L J. A history of the prime number theorem[J]. American Mathematical Monthly, 1973, 80(6): 599–615.

[35] Gray J J. Mathematics in Cambridge and beyond[G]// Mason R. Cambridge minds. Cambridge: Cambridge University Press, 1994: 86–99.

[36] Gray J J. The Hilbert challenge[M]. Oxford: Oxford University Press, 2000.

[37] Hardy G H. Mr S. Ramanujan's mathematical work in England[J]. Journal of the Indian Mathematical Society, 1917, 9: 30–45.

[38] Hardy G H. Obituary notice: S. Ramanujan[C]// Proceedings of the London Mathematical Society, 1921, 19: xl-lviii.

[39] Hardy G H. The theory of numbers[J]. Nature, 1922, September 16: 381–385.

[40] Hardy G H. The case against the Mathematical Tripos[J]. Mathematical Gazette, 1926, 13: 61–71.

[41] Hardy G H. An introduction to the theory of numbers[J]. Bulletin of the American Mathematical Society, 1929, 35: 778–818.

[42] Hardy G H. Mathematical proof[J]. Mind, 1929, 38: 1–25.

[43] Hardy G H. The Indian mathematician Ramanujan[J]. American Mathematical Monthly, 1937, 44(3): 137–155.

[44] Hardy G H. Obituary notice: E. Landau[J]. Journal of the London Mathematical Society, 1938, 13: 302–310.

[45] Hardy G H. A mathematician's apology[M]. Cambridge: Cambridge University Press, 1940.

[46] Hardy G H. Ramanujan. Twelve lectures on subjects suggested by his life and work[M]. Cambridge: Cambridge University Press, 1940.

延伸阅读 | 331

[47] Hodges A. Alan Turing: The Enigma[M]. New York, NY: Simon & Schuster, 1983.

[48] Hoffman P. The man who loved only numbers. The story of Paul Erdős and the search for mathematical truth[M]. London: Fourth Estate, 1998.

[49] Jackson A. The IHÉS at forty[J]. Notices of the American Mathematical Society, 1999, 46(3): 329–337.

[50] Jackson A. Interview with Henri Cartan[J]. Notices of the American Mathematical Society, 1999, 46(7): 782–788.

[51] Jackson A. Million-dollar mathematics prizes announced[J]. Notices of the American Mathematical Society, 2000, 47(8): 877–879.

[52] Kanigel R. The man who knew infinity: a life of the genius Ramanujan[M]. New York, NY: Scribner's, 1991.

[53] Koblitz N. Mathematics under hardship conditions in the Third World[J]. Notices of the American Mathematical Society, 1991, 38(9): 1123–1128.

[54] Knapp A W. André Weil: a prologue[J]. Notices of the American Mathematical Society, 1999, 46(4): 434–439.

[55] Lang S. Mordell's review, Siegel's letter to Mordell, Diophantine geometry, and 20th century mathematics[J]. Notices of the American Mathematical Society, 1995, 42(3): 339–350.

[56] Laugwitz D. Bernhard Riemann, 1826–1866: Turning points in the conception of mathematics[M]. Boston, MA: Birkhäuser, 1999.

[57] Lesniewski A. Noncommutative geometry[J]. Notices of the American Mathematical Society, 1997, 44(7): 800–805.

[58] Littlewood J E. A mathematician's miscellany[M]. London: Methuen, 1953.

[59] Littlewood J E. The Riemann hypothesis[G]// Good I J, Mayne A J, Smith J M. The scientist speculates: an anthology of partly-baked ideas. London: Heinemann, 1962: 390–391.

[60] Mac Lane S. Mathematics at Göttingen under the Nazis[J]. Notices of the American Mathematical Society, 1995, 42(10): 1134–1138.

[61] Neuenschwander E. A brief report on a number of recently discovered sets of notes on Riemann's lectures and on the transmission of the Riemann Nachlass[J]. Historia Mathematica, 1988, 15(2): 101–113.

[62] Pomerance C. A tale of two sieves[J]. Notices of the American Mathematical Society, 1996, 43(12): 1473–1485. （这是一篇关于因数分解的文章。）

[63] Reid C. Hilbert[M]. New York, NY: Springer, 1970.

[64] Reid C. Julia, A life in mathematics[M]. Washington, DC: Mathematical Association of America, 1996. （丽斯勒·加尔、马丁·戴维斯和尤里·马季亚谢

维奇对本书内容有所贡献。）

[65] Reid C. Being Julia Robinson's sister[J]. Notices of the American Mathematical Society, 1996, 43(12): 1486-1492.

[66] Reid L W. The elements of the theory of algebraic numbers[M]. New York, NY: Macmillan, 1910.（本书由大卫·希尔伯特作序。）

[67] Ribenboim P. The new book of prime number records[M]. New York, NY: Springer, 1996.

[68] Sacks O. The man who mistook his wife for a hat[M]. New York, NY: Simon & Schuster, 1985.

[69] Sagan C. Contact[M]. New York: Simon & Schuster, 1985.

[70] Schappacher N. Edmund Landau's Göttingen: from the life and death of a great mathematical center[J]. The Mathematical Intelligencer, 1991, 13(4): 12-18.

[71] Schechter B. My brain is open. The mathematical journeys of Paul Erdős[M]. New York, NY: Simon & Schuster, 1998.

[72] Schneier B. Applied cryptography[M]. 2nd ed. New York, NY: John Wiley, 1996.

[73] Segal S L. Helmut Hasse in 1934[J]. Historia Mathematica, 1980, 7(1): 46-56.

[74] Selberg A. Reflections around the Ramanujan centenary[G]// Berndt B C, Rankin R A. Ramanujan: essays and surveys. History of Mathematics. vol. 22. Providence, RI: American Mathematical Society, 2001: 203-213.

[75] Shimura G. André Weil as I knew him[J]. Notices of the American Mathematical Society, 1999, 46(4): 428-433.

[76] Singh S. The code book[M]. London: Fourth Estate, 1999.

[77] Struik D J. A concise history of mathematics[M]. New York, NY: Dover Publications, 1948.

[78] Weil A. Two lectures on number theory, past and present[J]. L'Enseignement Mathématique, 1974, 20(2): 87-110.

[79] Weil A. Number theory: an approach through history from Hammurapi to Legendre[M]. Boston, MA: Birkhäuser, 1984.

[80] Weil A. The apprenticeship of a mathematician[M]. Basel: Birkhäuser, 1992.

[81] Wilson R. Four colours suffice: how the map problem was solved[M]. London: Allen Lane, 2002.

[82] Zagier D. The first 50,000,000 prime numbers[J]. Mathematical Intelligencer, 1977, 0: 7-19.（因为这家期刊是由一群数学家创办的，所以将创刊号的编号设为"0"还是挺合适的。）

引用说明

本书引用了卡尔·萨根的《接触》一书的文字，版权所有者为卡尔·萨根（1985、1986、1987 年版）。本书重印得到西蒙与舒斯特出版集团以及 Orbit 出版社的许可。

本书 8.4 节中和朱莉娅·鲁宾逊相关的文字引自 *Julia, A Life in Mathematics* 一书的第 8 章。12.1 节中安德烈·韦伊的引言来自 *The Apprenticeship of a Mathematician* 一书。全书哈代的引言出自《一个数学家的辩白》一书，以及"延伸阅读"中哈代的其他文章。

关于本书

对本书的评论

"即使那些厌恶数学的读者，也会被马库斯·杜·索托伊书中的人物描写所吸引。"《泰晤士报》的马丁·里斯如此评论本书。他还称赞马库斯·杜·索托伊的写作是"一种有趣的结合体，让原本严肃沉闷的话题变得轻松活泼"。

其他评论者似乎也感到惊讶，没想到一本数学科普书居然能带来如此多的乐趣。《金融时报》的彼得·福布斯对此感到十分惊奇："就像马库斯·杜·索托伊所展示的那样，数学家对数字如此热爱，以至于他们会将身边的一切都投入进去。"

《卫报》的格雷厄姆·法米罗如此称赞本书："这本引人入胜的书借助对生活趣事的描写和巧妙的点评，丝丝入扣地刻画了每一位数学家的形象。"

《独立报》的斯佳丽·托马斯认为本书"扣人心弦、生动有趣且引人深思"，并告诉她的读者"马库斯·杜·索托伊的确是讲故事的一把好手"。

耶日·格洛托夫斯基

作者：乔什·莱西（Josh Lacey）

它是一个抽象的空间，可供你创造只存在于想象中而无法在现实世界中表达出来的事物。它是一种在诸多限制下创造出来的艺术形式。它是一种对表达不可表达的事物的尝试。它必须是精英主义的，因为它是如此昂贵、耗时，且消耗精力和体力。很少有人具备所需的技巧和耐心来完成它的训练，而训练出来的成果也很少有人能欣赏。**格洛托夫斯基剧场是 20 世纪最有趣的艺术实践之一**，并且按照马库斯·杜·索托伊的说法，无论是从字面意义上还是从隐喻意义上来说，它都和数学研究有很多相通之处。

1933 年 8 月 11 日，耶日·格洛托夫斯基（Jerzy Grotowski）出生于靠近波兰东部边境的小镇热舒夫。他的父亲参加了二战，之后抛弃了家庭，从波兰逃往南非。格洛托夫斯基一直与母亲和哥哥一起生活在乡下，再也没见过父亲。17 岁那年，由于考上了当地的戏剧学校，格洛托夫斯基搬到了克拉科夫居住。毕业之后，他前往莫斯科游学，在俄罗斯国立戏剧学院学习了一年，投身于严肃的斯坦尼斯拉夫斯基[①] 理论和方法的研究中。

回到克拉科夫之后，格洛托夫斯基找到了一份导演的工作。他导演的首部专业戏剧是尤内斯库的《椅子》，之后是契诃夫的《万尼亚舅舅》。由于作品得到了一些好评，他被任命为奥波莱一家小剧场的艺术总监。靠着微薄的公共补贴，他和一小群演员创造了鲜为人知的、非凡的表演艺术。他调整了剧院的空间，使其只能容纳 25 个人。不过即使这样，剧场的座位也经常是空荡荡的。

1963 年，波兰的一个戏剧节的几位国际来宾被带到奥波莱欣赏戏剧《浮士德》。他们热情的回应令格洛托夫斯基声名鹊起。他搬到了弗罗茨瓦夫，并在那里创立了"戏剧实验所"，一个致力于探索艺术理论和戏剧理念的团体。尽管演出场次很少，观众也不多，格洛托夫斯基的名气

[①] 俄罗斯著名演员，导演，戏剧教育家、理论家，代表作有《演员的自我修养》。——译者注

仍然与日俱增。他应邀前往欧洲和美国巡回演出，吸引了一大批热情的支持者，其中最著名的是彼得·布鲁克①和安德烈·格雷戈里②。

格洛托夫斯基创立的"戏剧实验所"刻意模仿了尼尔斯·玻尔研究所，也就是丹麦物理学家尼尔斯·玻尔在哥本哈根大学建立的研究所。格洛托夫斯基在他的作品中尝试加入科学的严谨性。他拒绝将戏剧当作娱乐，并且对观众的体验也没什么兴趣。虽然他重新设计了空间，让观众和演员离得更近了，但在他眼里，**观众只是一群拥有特权的旁观者，而演员必须亲身去经历神秘的体验。**他写道："我在寻找生活中最必不可少的东西。人们为它发明了许多不同的名字。在过去，这些名字往往具有神圣的意义。我觉得自己不可能创造神圣的名字。更进一步地说，我觉得自己没必要发明新词。"他发展了一套戏剧表演方法，最初是基于斯坦尼斯拉夫斯基的形体动作方法，要求演员全身心投入角色中。**他还从部落文化和宗教仪式中借鉴行为和理念，试图重新创造曾流行于原始文化，但在现代社会中无法获得的先验体验。**

格洛托夫斯基游历甚广，并涉猎多种戏剧表演形式。他要求演员接受严格的体能训练，并学习哑剧、太极、瑜伽、日本能剧，以及其他各种能塑造肢体语言的事物，借此来寻找支配艺术过程和戏剧体验的客观规律。这些形体技巧结合了精神和心灵方面的训练，旨在挖掘演员的内心世界，最终发现格洛托夫斯基所说的"普遍自我"。

戏剧实验所必然属于小众艺术。格洛托夫斯基的出名很大程度上缘于其继承者和模仿者，能亲眼观看他出品的戏剧的人寥寥无几。随着年

---

① 英国著名戏剧及电影导演，被称为"现代戏剧实验之父"，对20世纪的戏剧发展影响深远。重要戏剧作品有《李尔王》《马拉/萨德》《仲夏夜之梦》《摩诃婆罗多》等。重要著作有《空的空间》《敞开的门》等。——译者注

② 法国演员、导演和编剧，代表作品有《再见爱人》《名人百态》《花街传奇》等。——译者注

龄的增长，格洛托夫斯基更加深居简出。他对戏剧的痴迷从未掺杂对金钱和名声的考虑，但他慢慢失去了对表演的兴趣，甚至不愿意和外界多沟通。他在意大利托斯卡纳成立了一个工作室，召集了一批演员。为了寻求艺术的真理，这些演员不惜牺牲金钱、梦想、朋友、家庭，乃至一切。格洛托夫斯基就这样继续他的研究，直到 1999 年去世。

就像数学一样，格洛托夫斯基的戏剧集智力资源、精英主义和创造性于一身。数学和戏剧都要求大量严格的训练和全身心的投入，它们的受众范围也都很小。数学和戏剧最大的区别不在于创造过程，而在于最终的结果。当数学家开始在台上向观众讲解自己的发现的时候，他希望观众能听懂逻辑证明的每一步。如果观众最后知道他想要表达什么，并且也同意他的结论，那么他就成功了。数学里面容不得含糊。

戏剧则是另一番光景。一场演出结束后，每一位观众都会对它有完全不同的观点、印象和情感。只有糟糕的戏剧才会让观众的意见达成一致，或者让评论者能够写出"剧作家想表达的是如此这般的思想"之类的话。**好的数学是清晰明确的，坏的艺术则是过于直白的。**

电子书

扫描如下二维码，即可购买本书电子版。

关于作者

马库斯·杜·索托伊剪影

作者：乔什·莱西（Josh Lacey）

当我见到马库斯·杜·索托伊的时候，我带着他在《悠扬的素数》中讨论和推荐的"最喜爱的 10 本书"之一——《一个数学家的辩白》①，作者哈代是英国 20 世纪最伟大的数学家之一。这本书很薄，内容精妙而引人入胜。我翻到第 63 页，读了这一段文字："如果我发现自己没有在写数学论文，而是在介绍数学的话，那就说明我已经力不从心了，我也理应为此受到更年轻或精力更充沛的数学家的嘲笑或同情。我介绍数学是因为，和其他 60 岁以上的数学家一样，我的脑子不再冒出新观点，我的精力和耐心也无法胜任目前的工作了。"

马库斯·杜·索托伊听后直摇头："这些话真令人难过。"虽然这段文字是他所崇敬的人写下的，但其中流露的情绪令他多少有些恐惧。他是一位年轻、精力充沛的数学家，拥有充足的精力、耐心和新的观点，在国际上具有一定影响力，并在牛津大学担任教授。如果他也像哈代一样恃才傲物、与世隔绝的话，那也是可以理解的。不过，**他决定跳出纯数学的象牙塔，为非数学科班的人们讲述他愿意将此生奉献给数学**

---

① 本书中文版预计于 2019 年底由人民邮电出版社出版，敬请广大读者关注。

——编者注

的原因。

和许多"畅销科普读物"的作者不同，杜·索托伊是一位严肃而值得尊敬的科学家。他没有必要为了提升名气而讨好普通的读者。他这么做是因为他确信，自己的工作中很重要的一部分就是将自己的技能和对工作的热爱传播给大众。他为报纸撰写文章，接受广播节目的采访，给银行家做报告，同艺术家聊天。他给小学生展示数学之美，利用素数和足球之间的关系来激发孩子们对数学的热情。你知道大卫·贝克汉姆为什么会选择 23 号球衣吗？① 如果杜·索托伊去过你的学校，你就会知道答案。

杜·索托伊把自己形容为一个幸运的人。他有足够好的条件来追逐自己的梦想。他在家工作，因为办公室的环境太嘈杂了。每天早晨，他先骑自行车送儿子上学，然后回到自己的公寓里，边听音乐边思考。当他想要多休几天假时，就会周游世界，与一小群和他一样精通数学的人讨论问题。同时，他也会用更加通俗易懂的语言向公众传播数学知识，让那些没有数学背景但同样为数学的魅力所倾倒的人们有机会聆听数学的乐章。

这些好运都要归功于一个人：他的数学老师。在这位聪明的老师的引领下，他感受到了研究数学的乐趣。当他 12 岁时，这位老师推荐他阅读马丁·加德纳在《科学美国人》上的专栏"数学游戏"。要是没有这位老师的话，杜·索托伊可能永远都不会对数学着迷。他想知道究竟有多少人与认识数学之美的机会擦肩而过。有多少孩子因老师的教学方法不当而对数学丧失信心？又有多少成年人在人生的十字路口选择了另一条路，并且再也没有机会重新开始？

① 贝克汉姆在曼联俱乐部以及代表英格兰参加世界杯时的球衣都是 7 号。但他在皇家马德里俱乐部的球衣是 23 号，因为劳尔是 7 号。关于贝克汉姆的球衣号码还有很多猜测，参见 http://www.ituring.com.cn/article/23138。——编者注

至于那些对数学感到困惑和厌倦的人，杜·索托伊为其提供了一个简单的隐喻：将数学比作音乐。许多作曲家能够理解乐谱中那些复杂精妙的结构，但是听者无须了解这些专业技巧。有人演奏音乐时，只要闭上眼睛认真聆听就好。同理，杜·索托伊坚信"我们都能够练就欣赏数学之美的能力"。即使我们不能理解方程中的每个公式，或者不能懂得证明中的每个步骤，我们依然可以欣赏数学的精确、美丽和完美。我们的确能够聆听数学的音乐。

个人简介

马库斯·杜·索托伊，生于 1965 年。牛津大学数学教授、西蒙义讲座教授，英国工程暨物理研究委员会研究员，英国皇家学会研究员，美国数学学会会员。

杜·索托伊在 2001 年被授予贝维克奖，该奖项旨在表彰 40 岁以下具有杰出成就的数学家，由伦敦数学学会颁发，每两年评选一次。2010年，为了表彰他对科学所做的杰出贡献，他被授予大英帝国官佐勋章（OBE）。杜·索托伊发表了很多著作和文章，曾赴巴黎高等师范学院、马克斯·普朗克研究所、希伯来大学和澳大利亚国立大学进行学术访问。

杜·索托伊和妻子、孩子还有一只猫生活在伦敦，平时喜欢踢足球和演奏小号。

最喜爱的 10 本书

(1)《玻璃球游戏》（*The Glass Bead Game*），赫尔曼·黑塞著

(2)《耶稣重上十字架》（*Christ Recrucified*），尼科斯·卡赞扎基斯著

(3)《泰忒斯诞生》（*Titus Groan*），马尔文·皮克著

(4)《空的空间》（*The Empty Space*），彼得·布鲁克著

(5)《魔法师的帽子》（*Finn Family Moomintroll*），托芙·扬松著

(6)《维罗纳的一季》（*A Season with Verona*），蒂姆·帕克斯著

(7)《一个数学家的辩白》（*A Mathematician's Apology*），G. H. 哈代著

(8)《丁丁历险记：月球探险》（*The Adventures of Tintin: Destination Moon*），埃尔热著

(9)《奥斯特利茨》（*Austerlitz*），W. G. 塞巴尔德著

(10)《撒马尔罕》（*Samarkand*），阿敏·马洛夫著

版 权 声 明